中国劳动关系学院"十四五"规划教材

软件性能测试实战教程

（LoadRunner与JMeter）

张 伟 周百顺 主编

化学工业出版社

·北京·

内容简介

本书系统地介绍了软件性能测试的基本概念、测试技术、测试工具以及测试流程，详细说明了性能测试工具 HP LoadRunner 和 Apache JMeter 的基本操作以及实际应用案例。本书具体内容包括：第 1 章介绍了软件性能测试的基本概念、测试指标、测试方法、测试策略以及典型测试工具等；第 2～6 章介绍性能测试工具 HP LoadRunner 的常用操作、关键技术以及使用 HP LoadRunner 实施性能测试的过程；第 7～9 章介绍性能测试工具 Apache JMeter 的常用操作、关键技术以及使用 Apache JMeter 实施性能测试的过程。

本书可作为软件测试方向应用型人才培养的教材，也可作为计算机相关专业的教材和参考书；同时，本书也适合 HP ALM 和 Apache JMeter 的初学者，及具有一定软件性能测试经验的测试工程师学习和参考。希望本书能够对读者从事软件性能测试工作有所帮助。

图书在版编目（CIP）数据

软件性能测试实战教程：LoadRunner 与 JMeter/张伟，周百顺
主编 . —北京：化学工业出版社，2023.9
ISBN 978-7-122-44031-0

Ⅰ.①软… Ⅱ.①张…②周… Ⅲ.①软件-测试-高等学校-教材
Ⅳ.①TP311.55

中国国家版本馆 CIP 数据核字（2023）第 153156 号

责任编辑：王　烨　　　　　　　　　文字编辑：王　硕
责任校对：宋　夏　　　　　　　　　装帧设计：刘丽华

出版发行：化学工业出版社（北京市东城区青年湖南街 13 号　邮政编码 100011）
印　　装：大厂聚鑫印刷有限责任公司
787mm×1092mm　1/16　印张 15　字数 374 千字　2023 年 11 月北京第 1 版第 1 次印刷

购书咨询：010-64518888　　　　　　售后服务：010-64518899
网　　址：http://www.cip.com.cn

前　言

21世纪是社会信息化高速发展的时代，软件系统改变着人们的生活、工作和学习方式。随着软件系统应用领域的扩大以及软件规模和复杂性的增加，软件产生错误的概率也大大增加，这给软件质量的保障工作带来了挑战。软件测试是保障软件质量的重要手段，也是发现与排除缺陷最有效的手段之一，可以说，通过软件测试发现软件中的缺陷并进行修复是提升软件产品质量的重要途径。软件性能测试是软件测试的重要测试类型，旨在发现软件的并发性、响应时间、资源利用率等性能问题，这些性能问题的好坏关乎软件的使用与推广，因此，软件系统在发布或交付客户使用之前，要进行严格的性能测试，以排除软件中的性能缺陷。

本书以软件系统为测试对象，较系统地介绍了软件性能测试的基本概念、测试方法和策略、主流测试工具及关键技术等内容。软件性能测试是软件测试工程师职业进阶所必备的专业技能。本书还设计了大量的案例和习题，适合实践性教学和读者自学。

随着软件测试地位的逐步提高，测试的重要性逐步显现，测试工具的应用已经成为普遍的趋势。本书选取主流的性能测试工具——商业性能测试工具 HP LoadRunner 和开源性能测试工具 JMeter，详细介绍了它们的基本操作和关键技术，并以规范的软件测试流程为基础，完整地呈现性能测试的整个过程。

本书的特色主要有：

1. 内容精练，结构清晰，涵盖了性能测试基本概念、原理、技术以及测试工具的使用。选取当前主流的新版测试工具，使读者将来可以更好地理解和迅速融入企业的软件测试项目中。

2. 可读性、可操作性和实用性强。以较规范的测试流程为主线，涵盖了分析测试需求、制定测试计划、设计并编写测试用例、开发测试脚本、执行测试、管理软件缺陷、分析测试结果等软件测试活动的各个环节。通过本书的学习，读者可以切身体会到测试知识在实际项目中的应用，实现从学校到企业的平滑过渡。

3. 重视分析过程，倡导 "what-how-why" 的学习三部曲。从对实际问题的分析入手，寻找合理的解决方案，并探究其背后的原因，而不仅仅是简单地讲述测试工具的使用。

本书可作为软件测试方向应用型人才培养的指定教材，也可作为计算机相关专业的选修教材，建议 64 学时。

本书由张伟、周百顺主编，王骋、王珺副主编，赵金秋、陈欣雨、丰淑成参加编写。本书的主要作者均具有企业一线工作经验，在航天软件测评中心、航天中认软件测评科技有限责任公司、中国软件测评中心等单位从事软件测试工作多年，参与过多项重大项目的测试和开发工作。同时，航天中认公司的多位工程师在本书的编写过程中给予了大量的技术支持，在此一并表示感谢。

由于作者水平所限，书中难免存在不足之处，希望能够与广大同行和读者共同讨论研究（编者团队邮箱：zhangwculr@ 163. com）。谢谢关注本书的所有读者。

张伟

2023 年 5 月

目 录

第 5 章　HP LoadRunner 测试结果分析　/ 109

第 6 章　HP LoadRunner 性能测试实践　/ 135

第 7 章　JMeter 基础　/ 159

第 8 章　JMeter 脚本开发　/ 183

CHAPTER

第 **1** 章

软件性能测试概述

作为软件测试工程师，要具备四心，即细心、信心、耐心和责任心。针对每个测试需求项，测试工程师应该有严谨的态度，认真仔细地检查实际结果与预期测试需求项特性是否一致。针对发现的软件缺陷，测试工程师应该持续地跟踪与确认，督促修改人员及时、正确地修改缺陷，以免影响软件用户的使用。对于软件性能测试来讲，应该在测试环境中进行测试实践，不可以在真实的生产使用环境中进行测试活动。如果在真实的生产环境中进行软件的性能测试，如并发性测试，则可能会耗尽系统的资源、破坏软件的可用性，这实际上是一种DDos（拒绝服务）攻击，这种行为可能会触犯到《中华人民共和国网络安全法》。

在软件测试行业中，性能测试是软件测试工程师职业进阶需要跨越的一道门槛。本章主要介绍软件性能测试的基础知识和常用的性能测试工具，这些内容是学习软件性能测试后续章节的基础。

 本章要点

- 软件性能测试的定义。
- 软件性能测试的目的。
- 软件性能测试指标。

- 软件性能测试方法。
- 软件性能测试策略。
- 软件性能测试工具。

1.1 软件性能测试基础知识

软件性能测试属于系统测试的范畴，它在功能测试的基础上，测试软件在集成系统中的运行性能。软件性能测试是发现软件性能问题的有效手段，在软件上线前，必须对系统进行严格的性能测试，以判断系统是否满足性能需求。不同于功能特性，软件性能关注的不是软件能否完成特定功能，而是在完成该功能时展示出来的及时性。性能的及时性可使用业务的响应时间或系统的吞吐量来衡量。由于感受软件性能的主体是人，不同层次的人关注软件性能的视角不同，下面从四个不同的层面对软件性能进行简要介绍。

（1）用户视角

从用户的角度看，软件性能就是软件对用户操作的响应时间，即用户提交一个操作后，需要花费多少时间才可以看到软件返回的结果信息。用户并不关心响应时间是由哪些因素造成的，只关心响应时间是否在自己的承受范围内。用户感受到的响应时间既有客观成分，也有主观成分，甚至掺杂着心理因素。

（2）系统管理员视角

从系统管理员的角度看，首先关注普通用户感受到的软件性能。其次，管理员还需要关注与系统状态相关的信息，如系统资源的使用情况，包括CPU、内存、网络的使用情况，磁盘I/O，数据的交互情况等。通过监控系统相关的运行信息，系统管理员可以发现和分析系统可能存在的问题，然后使用一定的手段进行性能调优。

（3）软件开发工程师视角

从软件开发工程师的角度看，除了要关注用户和系统管理员会关注的软件性能，还需要关注软件系统架构设计的合理性、数据库设计是否存在问题、代码执行效率、内存泄漏、中间件以及应用服务器等问题。

（4）软件测试工程师视角

测试人员是软件性能质量的把关者，在软件性能生命周期中占据至关重要的位置。软件性能测试工程师要对性能问题进行监控，分析并模拟实际使用过程中所出现的性能问题；还要与各个角色做好沟通工作，对测试出的各种性能问题要提供充分有力的数据，为后续的分析和定位性能问题、完成性能优化工作做好充分准备。

1.1.1 软件性能测试的概念

软件性能测试技术是软件测试工程师职业进阶必备的一门技能。对于软件性能测试，业界尚未有一个公认的、统一的定义。一般认为，软件性能测试就是通过使用测试工具模拟多种正常、峰值以及异常负载条件来对系统的各种性能指标进行测试，以判断系统能否达到预期的性能需求，同时分析并定位软件系统中可能存在的瓶颈，提出软件优化建议，最后优化软件性能，使软件能安全、可靠、稳定地运行。从上述定义可以看出，软件性能测试的目的不仅是验证系统是否满足预期的性能需求，还包括分析及定位性能瓶颈、系统优化配置、评估系统性能等内容。下面具体描述性能测试的目的。

（1）验证性能指标，评估系统能力

通常情况下，在测试需求中会给出具体的性能指标以及指标要求，例如：响应时间不超过3秒，事务失败率不超过2%，CPU利用率不超过75%等。因此，测试人员首先要通过性能测试来判断系统能否达到预期的性能要求，评估软件在正式交付使用之后的工作能力。

（2）分析及定位性能瓶颈

在软件性能测试实践中，当发现某些性能指标出现异常或者不符合预期性能要求时，测试人员需要分析出现这些情况可能的原因，并进一步定位到具体的代码或部件。例如：CPU处理能力不足、内存泄漏、磁盘I/O速度慢等。

（3）系统调优

在软件性能测试过程中，如果已经检测出系统存在的一些性能瓶颈以及性能不稳定性，可以在对系统参数和环境进行调整之后，多次执行同一业务的性能测试，不断验证系统的调优结果，直到达到系统的性能要求。

（4）验证软件的稳定性和可靠性

在性能测试执行过程中，通过大数据量和长时间的强度测试，可以检测软件的稳定性和可靠性。例如：可通过对软件的长时间测试，检查软件是否存在内存泄漏等造成系统崩溃的性能缺陷。

（5）检测软件中隐含的功能性错误

软件性能测试一般是在功能测试完成后进行的一种测试，但通过性能测试，还可以发现在软件功能测试过程中无法发现的一些功能性错误。例如，在一个订单系统中需要生成订单编号，如果软件使用时间戳来确定订单编号的唯一性，在功能测试过程中人工生成订单编号是不会出现错误的，但在性能测试阶段，通过加大订单生成数量，同一时间段可能生成多张订单，从而出现订单编号的重复，违反了订单编号的唯一性原则。从上例可以看出：通过性能测试可以检查和发现一些功能性缺陷。

1.1.2 软件性能测试指标

在软件性能测试实施的初期，一项重要工作就是性能指标的分析与提取，因此，测试人员首先需要了解相关性能指标的含义，才能进行性能测试。常见的性能指标如下。

（1）响应时间

响应时间是用户感受到的软件系统为其服务所耗费的时间。对于网站系统来说，响应时间指的是应用系统从发出请求开始到客户端接收到所有响应数据为止所消耗的时间。从上述定义可以看出，响应时间可细分为客户端响应时间、服务器端响应时间和网络响应时间三部分，具体如下。

① 客户端响应时间是指客户端构建请求和显示结果数据所耗费的时间。对于瘦客户端的网络应用来说，这个时间很短，通常可以忽略不计；但是对于胖客户端的网络应用来说，耗费的时间可能很长，从而成为系统的瓶颈。

② 服务器端响应时间指的是服务器对客户请求的分析、处理、回送数据等所花费的时间。如果该部分时间较长，则说明服务器的处理能力有问题。

③ 网络响应时间是指网络数据传输所花费的时间。

（2）注册用户数

注册用户数指软件中已经注册的用户数量，这些用户是系统潜在用户，随时可能上线。这个指标的意义在于让性能测试工程师了解系统数据库中的数据总量和系统最多可能有多少用户同时在线。

（3）在线用户数

在线用户数指某一时刻已登录系统的用户数量。在线用户数只是统计了登录系统的用户数量，这些用户不一定都对系统进行操作。例如，某在线游戏某一时刻的在线用户数量是20万人，其中部分用户只是登录游戏而没有在玩游戏，他们没有向服务器提交请求，不会产生压力，只有那些正在玩游戏的用户在向服务器发送请求，产生压力。在线用户数是场景模型分析时常用的数字，依据这个数字，通过应用软件的操作频度分析可辅助推测出并发用户数和每秒事务数等多个常用性能指标。

（4）并发用户数

不同于在线用户数，并发用户数是指某一时刻向服务器发送请求的在线用户数，它是衡量服务器并发容量和同步协调能力的重要指标，对此我们可能会有如下两种理解：

① 同一时刻向服务器发送相同或不同请求的用户数，也就是说，既可以包括对某一业务的相同请求，也可以包括对多个业务的不同请求。例如，电子商务软件测试中，有发送登录请求的，有发送查询请求的，有发送订单请求的，只要是向服务器发送请求的用户都算在并发用户数内。

② 同一时刻向服务器发送相同请求的用户数。仅限于对某一业务的相同请求，例如：登录业务的并发用户数就是指某一时刻用户向服务器发送登录请求的数量。

在测试实践中，可结合这两种方式对系统进行并发性测试。首先，我们需要去关注操作频度较高、对系统压力较大的核心业务操作，有针对性地对这些业务进行并发性测试，可以更快、更有效地衡量系统的性能。例如：系统的登录业务操作频度较大，就可以专门测试登录业务的并发用户数；系统的搜索业务对系统的压力较大，就可以专门测试搜索业务的并发用户数。其次，我们需要分析系统在真实环境中各种业务的使用比例，模拟出接近真实使用情况的业务集去访问被测系统，测试系统可承载的并发用户数，这种方式通常需要并发用户持续较长一段时间访问被测系统，偏向于测试系统的稳定性。

（5）每秒点击数

每秒点击数是指每秒内用户向 Web 服务器提交的 HTTP 请求数，它是衡量服务器处理能力的一个常用指标。需要注意，这里的点击并非指鼠标的一次单击操作，因为在一次单击操作中，客户端可能向服务器发出多个 HTTP 请求，切勿混淆。例如：用户单击搜狐网站上的首页按钮，虽然鼠标仅被点击一次，但实际上客户机向搜狐 Web 服务器发送了多条 HTTP 请求，依靠着这些请求，服务器才会将首页上的文字、图片、视频等所有信息发到用户计算机上。

（6）吞吐量

在性能测试中，吞吐量通常是指单位时间内从服务器返回的字节数，也可以指单位时间内客户提交的请求数。吞吐量是大型 Web 系统衡量自身负载能力的一个重要指标，一般来说，吞吐量越大，系统在单位时间内处理的数据越多，系统的负载能力也越强。吞吐量和很多因素有关，如服务器的硬件配置、网络带宽、网络拓扑结构、软件的技术架构等。

（7）业务成功率

业务成功率是指多用户对某一业务发起操作的成功率。例如，测试网络订票系统的并发处理性能，在早上 8:00—8:30 半个小时的高峰期里，要求能支持 10 万笔订票业务，其中成功率不低于 98%。也就是说，系统允许 2000 笔订票业务超时。这样的计算是比较简单的，却是性能测试最直观的性能衡量指标。

（8）TPS

TPS（Transaction Per Second）表示服务器每秒处理的事务数，它是衡量系统处理能力的一个非常重要的指标。在性能测试中，通过监测不同并发用户数的 TPS，可以估算系统处理能力的拐点。因此，测试执行时，要多关注这个指标的数值变化。

（9）资源使用率

资源使用率（Resource Utilization）就是指系统资源的使用情况，如 CPU 使用率、内存使用率、网络带宽使用情况、磁盘 I/O 等系统硬件方面的监控指标。一个完整系统由软件与硬件组成，缺了任何一方都不可能构成一个正常运作的系统，所以，系统资源使用率也是测试人员的一个监控点，并且在当前软件发展趋势下，硬件资源的成本也需要考虑在内。很多系统的服务器不是采用普通的 PC，而是专业的服务器，动辄上百万元的设备，如何发挥出这些设备的最大效能，是需要我们给出确切数据来衡量的，根据这些数据进行系统性能的调优。

1.1.3　软件性能测试方法

软件性能测试划分为很多种，测试方法也有很多种，更确切地说，测试方法的不同决定了测试划分情况，但在测试过程中，性能测试的划分没有绝对界限。常见的性能测试方法包括基准测试、负载测试、压力测试、疲劳测试、并发测试、大数据量测试等。

（1）基准测试

基准测试（Benchmark Testing，BMT）指通过设计科学的测试方法、测试工具和测试系统，实现对一类测试对象的某项性能指标进行定量的和可对比的测试。例如，在性能测试中，首先通过基准测试来获取每个业务在低负载压力下的指标值，然后，测试人员可以依据该指标值，计算和评估系统的并发用户数、业务并发所需的数据量等数值；再如，对计算机的 CPU 浮点运算以及对数据访问的带宽和延迟等指标进行的基准测试，可使用户清楚地了解每款 CPU 的运算性能及作业吞吐能力是否满足应用程序的要求。

可测量、可重复、可对比是基准测试的三大原则。其中，可测量指测试的输入和输出之间是可达的，也就是测试过程是可以实现的，并且测试的结果可以量化表现；可重复指按照测试过程实现的结果是相同的或处于接受的置信区间之内，不受测试的时间、地点和执行者的影响；可对比指一类测试对象的测试结果具有线性关系，测试结果的取值大小直接决定性能的高低。

（2）负载测试

负载测试（Load Testing）是指在给定的测试环境下，通过逐步增加系统负载，直到性能指标超过预定指标或者某种资源的使用已经达到饱和状态，从而确定系统在各种工作负载下的性能以及系统所能承受的最大负载量。例如：测试登录邮箱系统，先用 10 个并发用户登录，再用 15 个，接着用 20 个，不断增加并发用户数，检查和记录服务器的资源消耗情况，直至某些指标或资源使用达到临界值（例如 CPU 占用率 75%，内存占用率 70%），才停止测试并记录系统的最大并发用户数，这个测试活动属于负载测试的范畴。负载测试主要用途是发现系统性能的拐点，寻求系统能支持的最大用户数、业务等处理能力的约束，为系统的进一步调优提供数据支持。该方法具有以下特点：

负载测试在特定测试环境下进行。负载测试评价系统的最大负载能力，此时系统已经安装在特定的执行环境下，系统评估该环境下的最大负载能力。

进行负载测试前，需要明确系统性能指标的最大界限。在负载测试过程中，设置逐步增加的并发用户数，分析每次性能测试的结果，直到性能指标达到临界值。此时得到的并发用户数量就是系统的最大并发负载能力，即系统最多能支持多少用户并发访问。

负载测试可用来了解系统性能，也可以配合制定性能调优方案。在系统需求已经定义了最大负载的指标值情况下，在进行负载测试时如果识别到的系统最大负载能力低于需求定义的指标值，则说明系统未满足性能要求，需要进行相应系统优化工作；如果识别到的系统最大负载优于需求定义的指标值，则说明系统目前可以满足性能要求，用户可以根据最大负载情况和系统业务增长趋势，制定系统未来的优化方案。

（3）压力测试

压力测试（Stress Testing）是指通过对软件系统不断施加压力，识别系统性能拐点，进而了解系统提供的最大服务级别。压力测试通过对应用程序施加越来越大的负载，直到发现应用程序性能下降的拐点，其目的是发现在什么条件下系统的性能变得不可接受。

压力测试并不是简单地为了一种破坏快感而去破坏系统，实际上它可以让测试工程师观察出现故障时系统的反应。例如：系统是不是保存了它出故障时的状态？是不是突然间崩溃掉了？它是否只是挂在那儿什么也不做了？它失效的时候是不是有一些其他特殊反应？在重启之后，它是否有能力恢复到前一个正常状态？它是否会给用户显示一些有用的错误信息？系统的安全性是否会因为一些不可预料的故障而有所降低？

在压力测试过程中，为了加大系统的运行负载，增加系统运行出错的机会，通常需要采取一些特殊手段对系统施加压力。给系统施加压力的方式有很多，例如模拟大量用户并发访问、模拟大数量情况下访问、模拟随机使用系统功能的破坏性测试、模拟让系统长时间运行的疲劳测试、让系统在异常资源配置下运行等。例如以下几种情况：

① 系统要求最大并发用户数为500，在测试时，使用500个并发用户长时间访问系统，观察系统运行的稳定性情况和性能变化情况。

② 使系统运行在最低配置环境下，随机访问系统，观察系统稳定运行情况和性能变化情况。

③ 运行需要最大存储空间（或其他资源）的测试用例。

④ 把输入的数据量提高到一个相应的高级别，来测试输入功能会如何响应。

⑤ 运行可能导致操作系统崩溃或大量数据对磁盘进行存取操作的测试用例。

负载测试与压力测试这两个概念常常被人混淆，难以区分，从而造成不正确的理解和错误的使用。这两种测试的手段和方法在一定程度上比较相似，通常会使用相同的测试环境和测试工具，而且都会监控系统所占用资源的情况以及其他相应的性能指标，这也是人们容易产生概念混淆的主要原因。负载测试与压力测试的主要区别是测试目的不同。负载测试确定在各种工作负载下系统的性能，目的是获得系统正常工作时所能承受的最大负载。压力测试是强负载（大数据量、大量并发用户等）下的测试，其目的一方面是获得系统能提供的最大服务级别，另一方面还可以检测在极限情况下系统崩溃的原因、系统是否具有自我恢复能力以及系统的稳定性等问题。

（4）疲劳测试

疲劳测试，是指让软件系统在一定访问量的情况下长时间运行，以检验系统性能在多长时间后会出现明显下降。这种测试旨在发现系统性能是否会随着运行时间的延长而下降，从而确定系统是否存在性能隐患。通过疲劳测试可以更加有效地发现内存泄漏问题和资源争用问题，这些问题在短的运行时间内表现得不明显，很难被测试人员检测到，只有在较长时间的持续运行过程中才能够暴露出来。

在疲劳测试执行过程中不断监控各项性能指标，如果系统性能指标达到性能拐点，则可以终止测试，这种情况说明系统在长时间运行情况下会出现性能下降，需要进行瓶颈分析和系统优化。

（5）并发测试

并发测试（Concurrency Testing）通过模拟用户并发访问，测试多用户同时访问同一应用、模块或数据，观察系统是否存在死锁、系统处理速度是否明显下降等一些性能问题。并发测试并非为了获得性能指标，而是为了发现并发引起的问题。在性能测试实践中，通常借助自动化测试工具来实施并发性测试。目前，成熟的并发性测试工具有很多，选择的依据主要是测试需求和性价比。著名的并发性测试工具有 LoadRunner、JMeter、QALoad、Webstress 等。这些测试工具都是自动化负载测试工具，通过可重复的、真实的测试，能够彻底地度量应用的可扩展性和性能，可以在整个开发生命周期跨越多种平台自动执行测试任务，可以模拟成百上千的用户并发执行关键业务而完成对应用程序的测试。在进行并发性测试的同时，会兼顾负载、压力、疲劳等类型的测试。

（6）大数据量测试

大数据量测试（Large Data Testing）可分为三种类型：针对某些系统存储、传输、统计、查询等业务进行大数据量的独立数据量测试；与负载测试、压力测试、疲劳测试相结合的综合数据量测试方案；单独的数据库或者文件系统的性能测试。

大数据量测试主要针对数据库有特殊要求的系统，主要分为如下三种：

① 实时大数据量：模拟用户工作时的实时大数据量，主要目的是测试当用户较多或者某些业务产生较大数据量时，系统能否稳定地运行。

② 极限状态下的测试：主要是测试当系统已经累积了较大数据量时，能否正常运行业务。

③ 前面两种的结合：测试当系统已经累积较大数据量时，一些实时生成较大数据量的模块能否稳定地工作。

1.1.4 软件性能测试策略

在 1.1.3 节，我们学习到了软件性能测试的几种不同的测试方法，虽然这些测试方法的侧重点不同，但所做的工作却有很大关联。事实上，软件性能测试的很多内容可以经过一定的组织统一进行，也就是可以按照"全面性能测试模型"策略来开展性能测试。统一开展性能测试的最大好处是，可按由浅入深的层次对系统进行测试，进而减少不必要的工作量，以实现节约测试成本的目的。

"全面性能测试模型"提出的主要依据是一种类型的性能测试可以在某些条件下转化成为另一种类型的性能测试，而这些测试的实施方式是类似的。例如，对一个网站进行测试，并发用户是 10 个时是基准测试；模拟从 10 个到 100 个用户是负载测试；用户超过 100 个时是压力测试；如果同时对系统进行大量数据查询操作，就包含了大数据量测试；若负载测试持续较长时间，则包含了疲劳测试。

在"全面性能测试模型"中，把常见的性能测试划分为预期指标的性能测试、独立业务性能测试、组合业务性能测试、疲劳测试、大数据量测试、网络性能测试、服务器性能测试和特殊测试等 8 个类别。下面介绍这 8 个性能测试类别的主要内容。

（1）预期指标的性能测试

系统在需求分析和设计阶段都会提出一些性能指标，完成和这些指标相关的测试是性能测试的首要工作之一。本模型把针对预先确定的一些性能指标而进行的测试称为预期指标的性能测试。例如，系统可支持"并发用户 1000、系统响应时间不得高于 3 秒"等在需求规格说明书中明确提出的要求。对这种预先承诺的性能要求，测试小组应该首先进行测试验证。

（2）独立业务性能测试

独立业务实际是指一些核心业务模块对应的业务，这些模块通常具有功能比较复杂、使用比较频繁、属于核心业务等特点。这类特殊的、功能比较独立的业务模块始终都是性能测试的重点。因此不但要测试这类模块和性能相关的一些算法，还要测试这类模块对并发用户的响应情况。

核心业务模块在需求阶段就可以确定，在系统测试阶段开始单独测试其性能。如果是系统类软件或者特殊应用领域的软件，通常从单元测试阶段就开始进行测试，并在后继的集成测试、系统测试、验收测试中进一步进行测试，以保证核心业务模块的性能稳定。

并发性测试是核心业务模块的重点测试内容，即模拟一定数量的用户同时使用某一核心模块的"相同"或者"不同"的功能，并且持续一段时间。对"相同"的功能进行并发测试分为两种类型：一类是在同一时刻执行完全一样的操作，例如打开同一条数据记录进行查看；另一类是在同一时刻使用完全一样的功能，例如同时提交数据进行保存。可以看出后者是包含前者的，前者是后者的特例。

（3）组合业务性能测试

通常情况下所有用户只使用一个或者几个核心业务模块，一个应用系统的每个功能模块都可能被用到。所以性能测试既要模拟多用户的"相同"操作（即很多用户使用同一功能），又要模拟多用户的"不同"操作（即很多用户同时对一个或者多个模块的不同功能进行操作），对多个业务进行组合性能测试。组合业务性能测试是最接近用户实际使用情况的测试，也是性能测试的核心内容。通常按照用户的实际使用人数比例来模拟各个模板的组合并发情况。

由于组合业务性能测试是能准确反映用户使用情况的测试，因而组合测试往往和服务器（操作系统、Web 服务器、数据库服务器）性能测试结合起来，在通过工具模拟用户操作的同时，还通过测试工具的监控功能采集服务器的计数器信息，进而全面分析系统的瓶颈，为改进系统提供有力依据。

并发性测试是组合业务性能测试的核心内容。"组合"并发的突出特点是根据用户使用系统的情况分成不同的用户组进行并发，每组的用户比例要根据实际情况进行匹配。

（4）疲劳测试

前文已经介绍过，疲劳测试指在系统稳定运行的情况下，以一定的负载压力来长时间运行系统，其主要目的是确定系统长时间处理较大业务量时的稳定性。疲劳测试属于并发性测试的范畴，因而也可以分为独立业务的疲劳测试和组合业务的疲劳测试。

（5）大数据量测试

大数据量测试通常是针对某些系统存储、传输、统计查询等业务进行大数据量的测试。它主要测试数据量较大或历史数据量较大时的性能情况。这类测试一般都针对某些特殊的核心业务或一些日常比较常用的组合业务。

（6）网络性能测试

应用系统网络性能测试的重点是利用成熟的自动化技术进行网络应用性能监控、网络应用性能分析和网络应用情况预测。

① 网络应用性能监控　系统试运行后，需要及时准确地了解网络上正在发生的事情：有哪些应用正在运行？如何运行？有多少 PC 正在访问 LAN 或 WAN？哪些应用程序会导致系统瓶颈或资源竞争？这时网络应用性能监控及网络资源管理对系统的正常稳定运行是非常关键的。利用网络应用性能监控工具，可达到事半功倍的效果。这方面的工具有 Network Vantage 等。通俗地讲，它主要用来分析关键应用程序的性能，定位问题的根源是在客户端、服务器、应用程序还是网络。大多数情况下，用户较关心的问题还有哪些应用程序占用大量带宽，哪些用户产生了最大的网络流量，这个工具同样能满足要求。

② 网络应用性能分析　网络应用性能分析的目的是准确展示网络带宽、延迟、负载和 TCP 端口的变化是如何影响用户的响应时间的。利用网络应用性能分析工具，例如 Application Expert，能够发现应用的瓶颈，可了解在网络上运行时在每个阶段发生的应用行为，再应用线程级分析应用的问题；可以解决多种问题，例如客户端是否对数据库服务器运行了不必要的请求，当服务器从客户端接受了一个查询，应用服务器是否花费了不可接受的时间连接数据库；在投产前预测应用的响应时间；利用 Application Expert 调整应用在广域网上的性能；Application Expert 能使用户快速地、方便地模拟应用性能，用户可以根据自己的条件决定应用投产的网络环境。

③ 网络应用情况预测　考虑到系统未来发展的扩展性，预测网络流量的变化、网络结构的变化对用户系统的影响非常重要。从网络管理软件获取网络拓扑结构，从现有的流量监控软件获取流量信息（若没有这类软件，可人工生成流量数据），可以得到现有网络的基本结构。在基本结构的基础上，可根据网络结构及网络流量的变化生成报告和图表，说明这些变化是如何影响网络性能的，对网络性能进行预测。

利用网络预测分析容量规划工具 Predictor 可以进行网络性能预测。Predictor 可根据预测结果帮助用户及时升级网络，避免因关键设备超过利用阈值导致系统性能下降，还可以根据预测的结果避免不必要的网络升级。

（7）服务器性能测试

服务器是软件系统存储和运行的硬件平台，许多重要数据都保存在服务器上，很多网络服务都在服务器上运行，因此服务器性能的好坏决定了整个软件系统的性能。服务器性能测试主要是对数据库服务器、应用服务器、操作系统的测试，目的是通过性能测试找出各种服务器瓶颈，为系统扩展、优化提供相关的依据。对服务器的性能测试可以采用工具监控，也可以使用系统本身的监控命令，例如，对 Windows 操作系统的监控，可以使用 LoadRunner 中的 Windows 资源计数器监控，也可以直接使用 Windows 自带的计数器监控。

（8）特殊测试

主要是指配置测试、内存泄漏测试等一些特殊的 Web 性能测试。这类性能测试或者和前述的测试结合起来使用，或者在一些特殊的情况下独立进行（这时往往需要特殊的工具和较大的投入）。

"全面性能测试模型"是针对性能测试提出的一种方法，主要目的是使性能测试更容易组织和开展。要在性能测试中用好、用活全面性能测试模型，首先要针对具体应用系统制定出合理的性能测试策略，同时还应注意遵循如下基本原则。

① 最低成本原则　全面性能测试本身是一种高投入的测试，而很多公司在测试上的投入都比较低，性能测试同时又是全部测试工作的一部分，很多项目只能进行一些重要的性能测试。这就决定了测试负责人制定性能测试策略时在资源投入方面一定要遵从最低成本化原则。最低成本的衡量标准主要指"投入的测试成本能否使系统满足预先确定的性能目标"。只要经过反复的"测试—系统调优—测试"后，系统符合性能需求并有一定的扩展空间，就可以认为性能测试工作是成功的。反之，如果系统经过测试后不能满足性能需求或满足性能需求后仍然需要继续投入资源进行测试，则可以认为是不合理的。

② 用例裁减原则　全面性能测试模型主要是针对电信、金融等特殊类应用软件而提出的。这类软件的业务重要性级别高，对系统性能要求高，因而包含的测试内容比较全面，测试用例数目较大。对于一般的应用系统，可根据系统自身的特点和用户对性能的要求，对根据全面性能测试模型设计的测试用例进行适当裁减，以缩短性能测试周期，节省测试成本。

③ 模型具体化原则　全面性能测试模型的使用绝不能生搬硬套，要使全面性能测试模型在性能测试工作中发挥作用，需要根据实际项目的特点、软件和硬件运行环境、用户对系统性能的要求等因素制定出合理的性能测试策略，编写适当的性能测试用例，并在测试实施中灵活地执行测试方案。

1.2　典型性能测试工具介绍

在测试实践中，通常需要借助性能测试工具来实施性能测试。目前，市面上的性能测试工具众多，这些工具主要是 HP Mercury、IBM Rational、Compuware 等公司的产品，以及相当数量的开源测试工具。常用的商业化性能测试工具包括 HP Mercury LoadRunner（简称 LoadRunner）、IBM Rational Robot、QALoad 等，其中，LoadRunner 的市场占有量最高。常用的开源性能测试工具包括 JMeter、Apache Bench、OpenSTA，其中 JMeter 使用比较广泛。下面简要介绍几种常见的性能测试工具。

（1）HP Mercury LoadRunner

企业的网络应用环境都必须支持大量用户，网络体系架构中包含各类应用环境以及由不同供应商提供的软件和硬件产品。难以预知的用户负载和愈来愈复杂的应用环境使公司时刻担心会发生用户响应速度过慢、系统崩溃等问题，这些都不可避免地导致公司收益的损失。LoadRunner 是一种预测系统行为和性能的负载测试工具，它通过模拟成千上万用户实施并发负载并实时监测系统性能来确认和查找问题。LoadRunner 能够对整个企业架构进行测试，通过使用 LoadRunner，企业能最大限度地缩短测试时间、优化性能和缩短应用系统的发布周期，并确保终端用户在应用系统的各个环节中对其测试应用的质量、可靠性和可扩展性都有良好的评价。此外，LoadRunner 支持多种通信协议，为用户提供全面的性能测试解决方案。

（2）IBM Rational Robot

Robot 是 IBM Rational 公司研发的一款功能测试和性能测试工具，它主要通过记录和回放遍历应用程序的脚本，以及测试查证点处的对象状态来实现对 VB、VC、HTML、Java 等语言开发的应用程序的完整测试。它可以集成在测试管理工具 IBM Rational Test Manager 上，是一种多功能的、支持回归和配置的测试工具。在该环境中，可使用多种 IDE 和编程语言开发应用程序，还可以支持测试人员完成计划、组织、执行、管理和报告等所有测试活动。

（3）QALoad

Compuware 公司的 QALoad 是客户/服务器系统、企业资源设置（ERP）和电子商务应用的自动化负载测试工具。QALoad 是 QACenter 性能版的一部分，它通过可重复的、真实的测试能全面度量应用的可扩展性和性能。QALoad 可以模拟成百上千的用户并发执行关键业务而完成对应用程序的测试，并针对所发现的问题对系统性能进行优化，确保应用的成功部署。QALoad 能够预测系统性能，通过重复测试寻找瓶颈问题，验证应用的可扩展性，快速创建仿真的负载测试。

（4）JMeter

JMeter 是 Apache 组织开发的一款流行的、用于性能测试的开源工具。它可以用于测试静态和动态资源，包括文件、Servlet、Perl 脚本、Java 对象、数据库和查询、FTP 服务器或其他资源。JMeter 可用于对服务器、网络或其他测试对象上增加高负载以测试它们的受压能力，或者测试这些对象在不同负载条件下的性能情况。另外，JMeter 能够对应用程序进行功能/回归测试，通过创建带有断言的脚本来验证程序是否返回了期望的结果。为最大限度地提高灵活性，JMeter 允许使用正则表达式创建断言。

JMeter 具有以下特点：

① 能够对数据库、HTTP 服务器和 FTP 服务器进行性能测试。

② 使用 Java 作为脚本语言，可移植性好。

③ 完全 Swing 框架和轻量级组件支持预编译的 JAR 使用 javax. swing. * 包。

④ 完全多线程框架允许通过多线程并发取样和单线程组对不同的功能同时取样。

⑤ 精心的 GUI 设计允许快速操作和更精确的计时。

⑥ 缓存和离线分析/回放测试结果。

另外，JMeter 具有较高的可扩展性，主要体现在如下几个方面：

① 可链接的取样器允许无限制的测试能力。

② 有各种负载统计表和可链接的计时器可供选择。

③ 数据分析和可视化插件提供了很好的可扩展性以及个性化。

④ 具有提供动态输入到测试的功能（包括 JavaScript）。

⑤ 支持脚本编程的取样器（1.9.2 及以上版本支持 BeanShell）。

1.3　本章小结

本章主要介绍软件性能测试的基础知识，目的是让读者对软件性能测试有初步的认识，为学习软件性能测试部分后续章节提供理论支撑。首先阐述性能测试的定义和目的，使读者了解性能测试中需要关注的内容；接着介绍性能测试的常见指标和测试方法；然后讨论性能测试的策略，主要讨论如何按照"全面性能测试模型"策略来开展性能测试；最后简单介绍几种典型的性能测试工具。

练习题

1. 简述软件性能测试的含义。
2. 软件性能测试的目的有哪些？
3. 简述软件性能测试指标"每秒点击率"和"吞吐量"的含义。
4. 在软件性能测试过程中，如何测试最大并发用户数、在线用户数？
5. 负载测试、压力测试和疲劳测试三者有何区别？
6. 全面性能测试模型的含义是什么？如何在具体项目的性能测试中合理地使用它？
7. 列举几种常用的软件性能测试工具。

CHAPTER

第 **2** 章

HP LoadRunner基础

HP LoadRunner 是一款应用比较广泛的性能测试工具。本章属于 HP LoadRunner 部分的起始章节，主要介绍 LoadRunner 的特点、工作原理及测试步骤等内容。

 本章要点

- LoadRunner 简介。
- LoadRunner 组成。

- LoadRunner 工作过程。
- LoadRunner 测试步骤。

2.1 LoadRunner 简介

LoadRunner 是 Mercury Interactive 公司出品的一款工业级系统性能测试工具，该公司于 2006 年 11 月被惠普公司收购，成为惠普公司的一款性能测试产品，是目前应用最广泛的性能测试工具之一。LoadRunner 是一种适用于许多体系架构的自动负载测试工具，从用户关注的响应时间、吞吐量、并发用户和性能计数器等方面来衡量系统的性能表现，辅助用户进行系统性能的优化。LoadRunner 通过模拟上千万用户实施并发负载并实时监测性能来确认和查找问题，对整个企业架构进行测试，帮助企业最大限度地缩短测试时间、优化性能和加速应用系统的发布。LoadRunner 支持广泛的协议，拥有良好的操作界面和帮助文档，是企业进行系统性能测试的有力工具。

在 LoadRunner12 版中还新增了许多测试功能，例如支持云负载生成器，在移动应用测试中新加入 SAP Mobile Platform 的支持等。在协议中，新加入 HTML5 WebSocket 的支持，TruClient 脚本可以转换成 Web HTTP/HTML 脚本，支持 SPDY。新版本支持 Windows Server 2012 操作系统，并支持 Chrome、火狐等浏览器中脚本的记录和回放。从 LoadRunner12 版本开始，不再支持 Windows XP 系统，需要 Windows 7 或更高版本的操作系统。本书所用的 LoadRunner 的版本为社区版 12.02，支持 50 个免费的虚拟用户。

LoadRunner 具有以下特点。

（1）支持多种平台开发语言

LoadRunner 可支持多种脚本语言，包括 C、Java、JavaScript、VB、VBScript、.Net 等。默认的脚本生成语言为 C 语言，各种脚本语言可以根据需要自动选择：

① 对于 FTP、COM/DCOM 和邮件协议（IMAP、POP3 和 SMTP），LoadRunner 可以使用 JavaScript、VB 和 VBScript 来生成脚本。

② C 语言主要用于那些使用复杂 COM 构造和 C++ 对象的应用程序，Web/http 协议的脚本也默认使用 C 语言，并且不可更改。

③ VB 用于基于 VB 的应用程序。

④ VBScript 主要用于基于 VBscript 的应用程序，例如 ASP 语言开发的网站系统。

⑤ JavaScript 主要用于基于 JavaScript 的应用程序，例如 js 文件和动态 HTML 应用程序。

（2）轻松创建虚拟用户

使用 LoadRunner 的 Virtual User Generator，以虚拟用户的方式模拟真实用户的业务操作行为，简便地模拟系统负载。该引擎能先记录被测业务流程（如下订单或预订机票），然后将其转化为测试脚本。利用虚拟用户，还可在 Windows、UNIX 或 Linux 操作系统上同时生成数千个用户访问。因此，利用 LoadRunner 虚拟用户机制可节省大量的硬件和人力资源。

（3）创建真实负载

Virtual Users 建立后，需要确定虚拟用户数量、负载运行的方案和业务流程组合。使用 LoadRunner 的 Controller 工具可很快组织起多用户的测试方案。通过 Controller，测试人员可依据性能测试需求配置出最接近真实用户使用情况的场景方案，场景方案的配置通常需要考虑：虚拟用户的调度计划、负载生成器配置、负载均衡问题、IP 欺骗技术、集合点策略等。

LoadRunner 通过它的 Autoload 技术，为用户提供了更多测试灵活性。使用 Autoload，可事先设定测试目标，这样可优化测试流程。例如确定应用系统承受的每秒单击数或每秒交易量。

（4）强大的实时监控

场景方案配置完成后，就可以执行场景方案。在执行过程中，需要对虚拟用户的执行情况、事务成功率、各种资源的性能指标、是否存在异常错误情况等进行监控，以帮助测试人员发现场景方案以及被测系统中可能存在的问题。LoadRunner 的 Controller 工具里集成了强大的监测器，在性能测试过程中，用户可通过这些监测器观察到被测系统的一些性能指标，例如响应时间、每秒点击率、吞吐量、事务成功率、虚拟用户的运行情况等。另外，Controller 工具中还集成了各种资源计数器，方便测试人员对各种硬、软件资源的关键指标进行监控，例如 Windows 操作系统、Apache 服务器、IIS 服务器、SQL Server 数据库服务器等。

（5）分析结果以精确定位问题所在

LoadRunner 会在性能测试过程中收集汇总所有的测试数据，并提供高级的分析和报告功能，以便迅速查找到性能问题并追溯缘由。

使用 LoadRunner 的 Web 交易细节监测器，可了解网页中图像、框架和文本等组件下载所需的时间。例如，这个交易细节分析机制能分析是因为一个大尺寸图形文件还是因为第三方数据组件造成应用系统运行速度减慢。另外，Web 交易细节监测器分解用户客户端、网络和服务器上端到端的反应时间，便于确认问题，定位查找真正出错的组件。例如，用户可将网络延时进行分解，以判断 DNS 解析时间、连接服务器或 SSL 认证所花费的时间。通过使用 LoadRunner 的分析工具，还能快速找到出错的位置和原因并做相应的调整。

（6）重复测试保证系统发布的高性能

负载测试是一个重复过程。每次处理完一个出错情况，用户都需要对应用程序再进行一次负载测试，以此检验所做的修正是否改善了运行的性能。

（7）支持无线应用协议

随着无线装置数量和种类的增多，用户的测试计划也需要满足传统的基于浏览器的用户和无线互联网设备，如手机和个人数字助手。LoadRunner 支持两项最为广泛使用的协议：无线应用（WAP）和商务模式（I-mode）。此外，通过负载测试整体架构，从入口到网络服务器，LoadRunner 可以让用户只通过记录一次脚本，就可以完全检测这些互联网系统。

2.2　LoadRunner 的功能结构及工作过程

2.2.1　LoadRunner 功能结构

LoadRunner 是一个庞大而复杂的性能测试工具，它主要由四大组件构成，分别是 VuGen（虚拟用户生成器），Controller（控制器）、Load Generator（负载生成器）和 Analysis（分析器）。下面详细介绍这四个组件的功能。

（1）虚拟用户生成器

Virtual User Generator 简称 VuGen，用来捕获用户业务操作及所有通信数据，并将其转化为测试脚本。VuGen 可支持大量应用通信协议，支持自动化脚本录制和二次开发，为系统性能测试提供测试脚本支持。可以说，VuGen 是录制测试脚本、编辑与调试测试脚本的平台，默认的脚本支持语言为 C 语言。VuGen 的工作界面如图 2-1 所示。

（2）控制器

Controller 即控制器，是 LoadRunner 的控制中心，在性能测试中起到指挥官的作用。该组件主要有两大作用：一是设计场景，将开发好的测试脚本加载到 Controller 组件后，就需要依据测试需求设计脚本运行的场景方案，场景设计主要包括手动场景设计和目标场景设计两种方式；二是运行和监控场景，场景设计完成后，就可以运行场景，在场景运行过程中，通过 Controller 可以实时监控脚本的运行情况，以及操作系统、应用服务器和数据库资源的使用情况等。Controller 启动后的工作界面如图 2-2 所示。

（3）负载生成器

Load Generator（负载生成器）又称负载机，是生成负载压力的组件。该组件依据

图 2-1 VuGen 的主界面

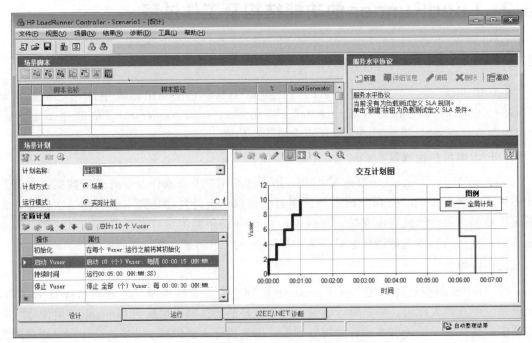

图 2-2 Controller 主界面

Controller 中场景方案的要求，启动大量虚拟用户执行测试脚本，以达到模拟多用户并发访问被测系统的效果。

负载生成器是 Controller 执行过程中调用的一个后台功能组件。正常情况下，在性能测试过程中会将 Controller 和负载生成器分开，即它们分别使用独立的机器。这样做主要的原因就是防止 Controller 组件消耗过多机器资源。如果并发用户数量过大，超出了一台计算机所能支持的上限，则可以使用多台计算机作为负载生成器。选择多台负载生成器时，一定要保证负载均衡。负载均衡是指在进行性能测试的过程中，保证每台负载生成器均匀地对服务器进行施压。如果负载不均衡，那么在测试过程中，有的负载机很忙，而有的负载机很闲，这样测试出来的值是不可靠的。

在场景执行过程中，Controller 通过代理（agent）程序指挥和协调负载生成器的启动、数据交互和停止等活动。因此，作为负载生成器的计算机必须开启 agent 程序，以免其与 Controller 通信。

（4）分析器

Analysis（分析器），是对测试结果数据进行分析的组件。在场景执行过程中，Controller 组件会将测试数据收集起来并保存到结果文件（扩展名为 .lrr）中。场景执行完毕后，可进入 Analysis 组件对收集到的数据进行整理和分析。Analysis 执行后的工作界面如图 2-3 所示。

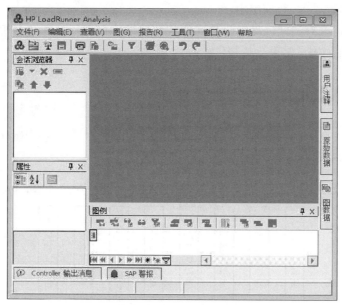

图 2-3　Analysis 主界面

2.2.2　LoadRunner 工作过程

使用 LoadRunner 进行系统性能测试的过程如图 2-4 所示。

① Controller 是管理和监控整个性能测试的中心组件。通过该组件可制定脚本运行的策略，配置数据收集的方式，执行性能测试，同时在脚本运行过程中监控性能测试的相关指标。

② 在测试运行过程中，Controller 首先通过 agent 程序启动负载生成器，并向其发送一个二进制文件，该文件中记录了脚本运行的策略信息。然后负载生成器依据脚本运行的策略产生负载压力，模拟多个虚拟用户去运行脚本。

③ 在场景执行过程中，Controller 将从负载发生器那里收集测试过程中相关的数据，并

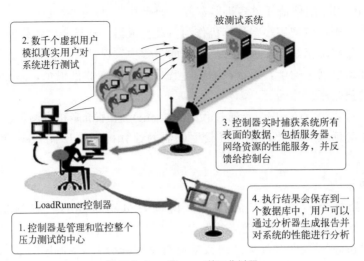

图 2-4 LoadRunner 的工作过程

将这些数据保存在 Access 数据库中。

④ 测试完成后，对测试过程中收集到的各种结果数据进行处理和分析，生成各种图表和报告，为系统性能测试结果分析提供支持。

2.3 LoadRunner 的测试步骤

在性能测试领域，不同测试工具的测试流程不尽相同，使用 LoadRunner 进行性能测试的一般流程如图 2-5 所示。

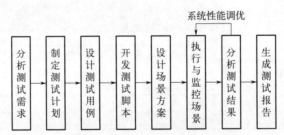

图 2-5 LoadRunner 性能测试流程

下面简要介绍 LoadRunner 性能测试流程的 8 个阶段。

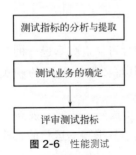

图 2-6 性能测试
需求提取流程

（1）分析与提取性能测试需求

对于任何一种测试类型，初期的重要工作就是测试需求分析。所谓的性能测试需求分析就是测试人员依据客户需求对被测系统的性能需求进行充分理解与分析，挖掘系统的性能测试指标及预期要求，并确定要进行测试的功能业务。性能测试需求分析与提取过程是非常重要的，如果在这个过程中无法得到确切的性能指标，会导致相关测试工作无法正常开展。性能测试需求提取一般流程如图 2-6 所示。

（2）制定性能测试计划

软件测试计划是安排和指导测试过程的纲领性文件，通常是由经验丰富的测试工程师负责制订和编写文档。这个阶段包括以下活动：组织测试人员、安排测试时间、搭建测试环境、设计场景模型、收集测试数据、分析测试风险等。除了设计场景模型活动外，其他几种活动应该不难理解。场景模型用来约束和规范业务活动时的场景环境，它是指导场景设计的依据。场景设计的主要目的是模拟出更接近用户真实使用情况的运行环境，场景模型的创建不仅要考虑具体的业务操作过程，还要思考多个用户同时使用系统的情况。

（3）设计测试用例

测试用例是性能测试的核心内容，它是指导后续脚本开发、场景方案设计与执行以及测试结果分析的主要依据。在测试实践中，由于性能测试用例数量不多，而且需要参考测试计划文档中的某些内容（如场景模型），通常将性能测试用例统一写入测试计划文档。

性能测试用例的设计通常需要考虑测试目的、性能指标以及预期能力、前提与约束、业务模型等内容。其中，业务模型的创建是测试用例设计工作的核心内容。业务模型从性能测试角度来定义和描述系统的业务过程，使用它可以约束和规范业务活动，以便指导录制脚本时的业务流程及业务背景。创建业务模型应该注意以下几点：

① 对于某个业务流程，用户在使用过程中是如何操作的？

② 一个业务包含多个子业务时，如何处理子业务的先后顺序和子业务间的关系？

③ 业务流程有哪些约束条件？业务流程需要哪些支持？

（4）开发测试脚本

性能测试计划和测试用例设计完成后，测试工程师就可以依据测试场景模型和测试用例来开发性能测试脚本。在 LoadRunner 中，通过 VuGen 组件来设计脚本，包括录制脚本和编辑脚本。在录制脚本前，测试人员需要熟悉业务流程，并结合 LoadRunner 开发技术规划业务脚本的实现方式，使测试脚本更接近用户的实际使用。脚本录制完成后，需要对脚本进行编辑和调试，最后生成一个符合测试需要的、没有错误的、可运行的脚本。VuGen 中常用的脚本开发技术包括集合点、事务、检查点、参数化、关联等技术。

（5）设计场景方案

脚本开发完成后，将脚本加载到 Controller 中，然后在 Controller 组件中进行测试场景的设计。测试场景用来描述测试活动中发生的各种事件，一个场景包括运行 Vuser 活动的负载机列表、测试脚本列表、大量的 Vuser 和 Vuser 组等信息。场景设计的主要依据就是前面设计的场景模型，也就是说，依据场景模型对 Controller 中的相关配置项进行设置。场景设计通常需要考虑并发用户数、虚拟用户调度计划、集合点应用、IP 欺骗技术、负载生成器、负载均衡、资源监控器等。

（6）执行与监控场景

场景方案设计完成后，通过 Controller 控制负载生成器来执行性能测试。在执行过程中，负载生成器会依据场景方案虚拟多个并发用户并按照方案要求执行测试脚本。另外，LoadRunner 内含集成的实时监测器，在性能测试过程中可以观察系统的运行情况并对操作系统、数据库、中间插件等进行实时监控。这样就可以更好地分析系统运行时的性能指标，更快地发现问题。

（7）分析测试结果

场景执行完毕后，Controller 会收集测试过程中各种结果数据，测试人员可通过 Analysis 组件对这些数据进行分析和处理。Analysis 常用的结果分析技术有：合并图表、关联图表和页面细分等。

在结果分析过程中，如果发现某些性能指标不符合预期要求，则需要测试人员进一步挖掘系统可能存在的瓶颈并向开发工程师提出性能调优的建议。这一过程通常需要多次重复执行场景，以便更好地分析数据，找出指标不符合要求的原因。

（8）生成测试报告

性能测试所有工作结束后，根据测试得到的数据就可以编写性能测试报告了。一般情况下，公司都有比较规范的性能测试报告模板，测试人员只需要根据这些模板编写性能测试报告即可。在这个过程中需要注意，验证测试时不仅要列出本次测试是否达到预期目标，还要列出系统中可能存在性能问题的地方。

一般情况下，性能测试报告包括测试的背景、测试的人员、测试的进度、测试的工具、测试的环境、测试的场景、测试的结果、测试的缺陷及说明、测试的结论、优化建议等内容。

2.4　本章小结

本章是对 LoadRunner 工具基本情况的概要介绍，目的是让读者对 LoadRunner 有一个总体了解，帮助读者能够更好地学习 LoadRunner 的后续章节。首先介绍了 LoadRunner 的功能特点；然后说明了 LoadRunner 的功能结构和工作原理；最后介绍了使用 LoadRunner 开展性能测试的步骤。接下来三章将针对 LoadRunner 的各种功能进行详细描述。

 练习题

1. LoadRunner 都有哪些特点？
2. LoadRunner 工具主要由哪些组件组成？
3. LoadRunner 的工作原理是什么？
4. 使用 LoadRunner 开展性能测试的一般流程是什么？
5. 测试场景的作用是什么？场景中通常包含哪些信息？

CHAPTER

第 **3** 章

HP LoadRunner
脚本录制与开发

使用 LoadRunner 进行并发性测试时，需要在系统中使用 Vuser（代替人工）来模拟用户的真实行为。Vuser 执行的操作通常记录在 Vuser 脚本中，而用于创建和开发 Vuser 脚本的主要工具就是虚拟用户生成器。本章主要介绍虚拟用户生成器的常用配置操作及脚本开发和完善技术。

 本章要点

- 虚拟用户生成器简介。
- 脚本录制。
- 运行时设置。
- LoadRunner 函数。
- 事务技术。

- 集合点技术。
- 检查点技术。
- 块技术。
- 参数化技术。
- 关联技术。

3.1 虚拟用户生成器简介

虚拟用户生成器（Virtual User Generator，简称 VuGen，也称 Vuser 生成器）主要通过捕获客户端向服务端发送的请求，将这些请求录制成 Vuser 脚本，在回放时将捕获的请求再次发送，以达到模拟用户行为的目的。因此，Vuser 生成器主要用来捕获用户业务流程并生成测试脚本，可以说它是录制测试脚本、编辑和调试测试脚本的一个开发平台。在 Vuser 生成器中，脚本开发的过程如图 3-1 所示。

在脚本录制前，需要做好如下准备工作：

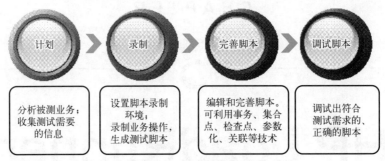

图 3-1 脚本开发过程

① 熟悉测试业务流程，分析被测业务的前提条件和约束条件，并做好测试数据的准备工作。通常情况下，这部分内容在测试计划和测试用例中有相应的说明。

② 选择录制协议。LoadRunner 基于协议数据包的收发，在脚本录制之前确认系统所使用的协议。例如，假设某系统架构基于 B/S，使用 HTTP 协议，在脚本录制时应选择 Web（HTTP/HTML）协议。

③ 选择浏览器。LoadRunner 支持 IE、FireFox 等多种浏览器，默认使用 IE 浏览器，如无特殊要求，建议使用纯净版的 IE 浏览器（即浏览器的第三方插件都被关闭或卸载），这样可避免无关插件影响测试的真实效率。另外，还需要将所选的浏览器设置为默认浏览器，在 Win7 中，可在"控制面板"|"程序"|"默认程序"|"设置程序访问和此计算机的默认值"中设置默认浏览器，如图 3-2 所示。

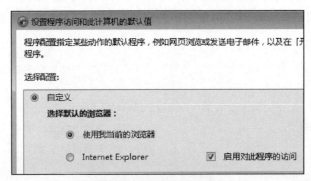

图 3-2 默认浏览器设置界面

另外，在脚本录制前，应将与性能测试无关的应用程序和服务关闭，如防火墙、杀毒软件、聊天软件等，以免这些程序干扰测试的进行，影响测试效率。其中较常见的一种情况是防火墙软件未关闭导致 LoadRunner 录制时无法自动弹出浏览器。因此，在录制前，测试人员务必检查本机的运行环境是否干净。

3.2 脚本录制

启动 VuGen，单击菜单"文件"|"新建脚本和解决方案"，打开"创建新脚本"窗口，如图 3-3 所示。在该窗口中选择录制时所需的协议，选择的协议将直接影响录制后的脚本是否理想，如何选择录制协议是录制前必须考虑的问题。

3.2.1 选择协议

LoadRunner 支持多种协议，在进行并发性测试时，只要选择了正确的协议，一般都能正确地进行 Vuser 脚本的录制和开发工作。通过 VuGen，可录制多种协议，每种协议适用于一种特定的负载测试环境或拓扑，并生成特定类型的 Vuser 脚本。图 3-3 所示是 LoadRunner 支持的一些通信协议：

- 一般应用：C Vuser、VB Vuser、VBScript Vuser、Java Vuser、JavaScript Vuser。
- 电子商务：Web（Http/Html）、FTP、LDAP、Palm、Web/WinsocketDual Protocol。

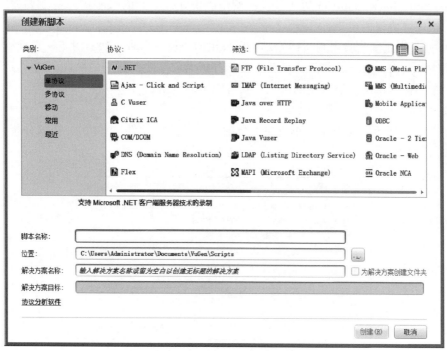

图 3-3 "创建新脚本"窗口

- 客户端/服务器：MS SQL Server、ODBC、Oracle、DB2、Sybase CTlib、Sybase DBlib、Domain Name Resolution（DNS）、Windows Socket。
- 分布式组件：COM/DCOM、Corba-Java、Rmi_Java EJB：EJB、Rmi_Java。
- ERP/CRP：Oracle NCA、SAP-Web、SAPGUI、SAPGUI/SAP-Web Dual Protocol、PropleSoft_Tuxedo、Siebel Web、Siebel-DB2 CLI、Siebel-MSSQL、Siebel Oracle。
- 遗留系统：Teminal Emulation（RTE）。
- Mail 服务：Internet Messaging（IMAP）、MS Exchange（MAPI）、POP3、SMTP。
- 中间件：Jacada、Tuxedo 6、Tuxedo 7。
- 无线系统：i-mode、voiceXML、WAP。
- 应用部署软件：Citrix_ICA。
- 流：Media Players（MMS）、Real。

由于 VuGen 的录制和回放操作基于协议数据报文的传送和接收，而不同通信协议对应的数据报文结构是不同的，因此，倘若选择的协议不合适或有遗漏，会出现客户端和服务端之间的某些通信数据无法解析的情况，从而导致脚本录制或回放失败。例如，在测试一个 Web 应用时，若不选择 Web（Http/Html）协议，那么录制的结果文件是一个空白脚本文件。

在进行脚本录制之前，首先需要确定通信协议，选择协议的常用方法有以下几种：

① 向开发工程师确认数据通信所采用的协议，这是最简单有效的一种手段，因为开发工程师最清楚应用程序采用的是何种通信协议。

② 通过概要或详细设计文档获知所使用的协议。

③ 使用协议分析工具捕获通信时的数据包并进行分析，然后确定被测对象所使用的协议。例如：wireshark、siniffer 等工具。在使用协议分析工具的过程中，一定要摒除底层协议，不要被底层协议所迷惑。

④ 根据以往测试经验来判断被测对象所采用的协议，这种方法有时不一定准确。

⑤ 使用 LoadRunner 自带的协议分析功能分析当前系统所使用的协议，该方法可以帮助测试人员推测被测系统可能采用的协议，具有一定的可信性。

协议分析工具的使用步骤如下：

① 在图 3-3 所示的窗口中，单击左下角的"协议分析软件"，弹出"协议分析软件"对话框，如图 3-4 所示。

图 3-4 "协议分析软件"窗口

② 在 URL 地址栏里输入待分析系统的路径或 URL 地址，单击"开始分析"按钮，开始分析应用程序。

③ 将用户业务流程录制一遍，然后停止分析应用程序，并生成分析后的结果。

对于一些常见的系统类型，通常协议选择的规则如下：

① 对于 B/S 架构的 Web 系统，选择 Web（Http/Html）协议，如果系统中使用了中间件通信服务，则选择中间件服务器的协议。

② 对于使用数据库系统的 C/S 系统，根据系统所用的数据库来选择不同协议。例如，系统若采用 SQL Server 数据库，则使用 MS SQL Server 的协议；若采用 Oracle 数据库，则使用 Oracle2-tier 协议。

③ 对于没有数据库的 C/S 系统，可选择相应的应用层协议，或直接使用 Windows Sockets 协议。

④ 对于其他 ERP、EJB，选择相应的协议即可。

⑤ 对于邮件来说，首先要看收邮件的途径。如果通过 Web 页面收发邮件，则选择协议时就需要选择 HTTP 协议；如果通过邮件客户端（像 Outlook、Foxmail），则需要根据

操作选择不同的协议，例如发邮件可能要选择 SMTP，收邮件可能需要选择 IMAP 或 POP3。

⑥ 一般可使用 Java Vuser 协议编写 Java 语言的脚本。其他协议都没有用时，只能使用 Windows Sockets 协议。

如图 3-3 所示，LoadRunner 提供 5 种选择协议的方式：单协议、多协议、移动协议、常用协议和最近使用过的协议。这几种方式不难理解，这里简单解释前三种方式。当被测系统业务的数据交互基于某个协议时，可采用单协议方式；当被测系统业务的数据交互基于两个或两个以上的协议时，选择多协议方式；当被测系统业务的数据交互基于移动协议时，可在移动协议里选择所需的协议。这里要注意，多协议方式可选择的协议数量比单协议方式要少，也就意味着某些协议不能用于多协议方式。

3.2.2　开始录制脚本

协议选择完毕后可以开始录制脚本了，这里以 Web（Http/Html）协议为例进行录制。

VuGen 录制浏览器主要通过代理方式来实现，可理解为 VuGen 伪装成浏览器来访问目标服务器。这样，VuGen 就可以捕获客户端与服务端之间的通信数据报文，如图 3-5 所示。

图 3-5　VuGen 捕获通信数据

在使用 VuGen 执行录制操作时，VuGen 会对捕获的通信数据进行分析，并自动生成对应协议的 API 函数。同时，VuGen 会将这些函数生成的脚本插入 VuGen 编辑器中，以创建原始的 Vuser 脚本。

下面详细介绍 LoadRunner 录制脚本的具体操作。

（1）配置录制系统信息

在"创建脚本"界面配置好协议信息、脚本名称、脚本存放位置后，单击"创建"按钮即可进入当前解决方案的主界面。然后单击"录制"|"录制"或者工具栏的 ◉ 按钮，弹出"开始录制"窗口，如图 3-6 所示，在该窗口可以配置被测系统的相关信息。

"开始录制"界面中的各项参数含义如下：

① 录制到操作：该选项有 Action、vuser_init 和 vuser_end 三个可选项。vuser_init 存放 LoadRunner 中用户的初始化操作；vuser_end 存放 LoadRunner 中用户的结束操作；Action 是非常自由的，可以当成普通函数。在单个业务脚本中，只能有一个 vuser_init 文件和一个 vuser_end 文件，而 Action 则可以划分成多个文件。当脚本多次迭代运行时，Action 中的脚本可根据迭代次数重复运行多次，而 vuser_init 和 vuser_end 中的脚本不受迭代次数的影响，只能运行一次。

图 3-6 "开始录制"界面

② 录制：该选项指定被测系统的应用程序类型，该选项有"Web 浏览器""Windows 应用程序"和"通过 LoadRunner 代理服务器的远程应用程序"三个可选项。"Web 浏览器"指录制 Web 应用程序；"Windows 应用程序"是指被测系统是 Windows 应用程序；最后一个选项指当 VuGen 无法在客户端计算机上运行时录制流量。例如 Linux 计算机、Mac OS 计算机和移动设备。如果选中此模式，则可指定以下选项：

a. LoadRunner 代理服务器侦听端口：LoadRunner 代理服务器将侦听的端口。

b. 在客户端计算机上显示录制工具栏：这将允许用户与客户端计算机上的录制工具栏交互。

在本实例中测试的飞机订票系统属于 Web 应用程序，因此，这里选择 Web 浏览器。

③ 应用程序：用来打开被测试软件的程序，对于 Web 类型的应用，这里指定一个浏览器应用，如果是一个客户端程序，这里指定程序的执行路径。LoadRunner12.02 支持 IE、FireFox 和 Chrome 浏览器，如果测试需求没有特殊说明，建议使用 IE 浏览器。

④ URL 地址：录制开始所需要访问的 URL 地址，即开始录制时第一个请求需要访问的页面；在本实例中 URL 指向 LoadRunner 自带的飞机订票系统的首页面。

⑤ 开始录制：用来设定开始录制的机制，包括"立即"和"在延迟模式中"两个选项，默认情况下选择"立即"开始模式。如果选择后一项，应用程序启动后，VuGen 暂时不会进行录制，当用户操作到需要录制的地方时，单击"录制"按钮，VuGen 才开始录制。

⑥ 工作目录：适用于所需指定工作目录的应用程序。

（2）录制脚本

单击图 3-6 中的"开始录制"按钮，VuGen 就开始脚本的录制工作。当录制开始后，VuGen 会自动打开指定的浏览器，并访问被测试系统的 URL 地址。同时，VuGen 会弹出"正在录制"工具栏，如图 3-7 所示。

如图 3-7 所示，该工具栏从左到右依次是"开始录制""结束录制""暂停录制""取消录制""新建 Action""添加开始事务""添加结束事务""添加集合点""添加注释""插入文本检查点"。

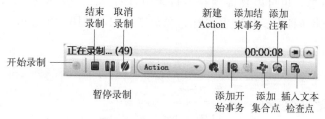

图 3-7 "正在录制"工具栏

在录制过程中，测试人员依据测试用例的要求执行测试业务操作，VuGen 将捕获业务操作并转化为测试脚本。在 VuGen 中能看到捕获的脚本信息。

（3）结束录制

在这里，被测业务为飞机订票系统的登录业务，登录用户名为 tester1，密码为 111111。当被测业务操作完毕后，单击"正在录制"工具栏上的"结束录制"按钮，结束脚本的录制，这时 VuGen 会利用所选协议的规则对通信数据进行解析，最终生成测试脚本，如图 3-8 所示。从图上可以看出 VuGen 生成的脚本是由函数组成的。

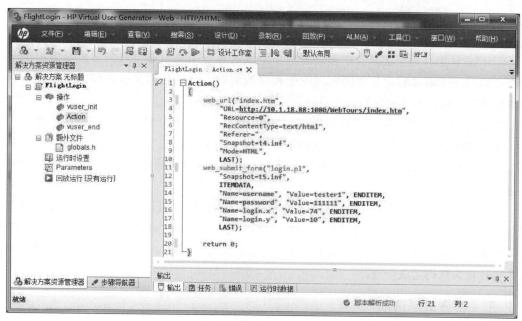

图 3-8 录制结束后的脚本

（4）脚本回放

完成录制后，单击"回放"|"运行"或使用工具栏上的 ▶ 按钮，就可以回放脚本，以验证脚本是否正确地模拟了用户的操作。在脚本回放过程中，测试人员可跟踪"运行时数据"视图的数据，以检查脚本运行过程中的参量是否正确。脚本停止运行后，VuGen 会弹出"回放摘要"视图，显示本次运行的测试结果和回放日志等信息。

（5）查看日志

在录制和回放时，VuGen 会把发生的事件记录在日志文件中，这些日志有利于测试人员跟踪 VuGen 和服务器的交互过程，从而检验脚本是否按照预期要求运行。可在 VuGen 的

"输出"窗口查看日志，也可以直接到脚本目录中查看。LoadRunner12.02中主要包含四种日志：回放日志、编译日志、代码生成日志和录制日志，如图3-9所示。下面简单介绍一下几种日志的用途。

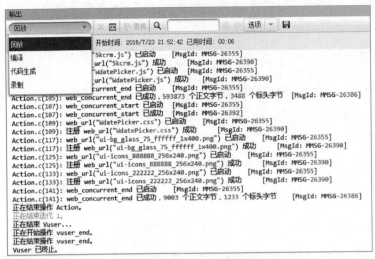

图3-9 VuGen日志输出窗口

① 回放日志：用于记录脚本回放过程中生成的日志信息。如果双击回放日志中的某条信息，VuGen会将光标定位到脚本视图中相应的函数。回放日志是验证脚本正确性、调试脚本的重要依据，所以它是测试人员经常需要关注的内容。

② 编译日志：当脚本编译不通过时，"编译日志"视图中会显示相应的错误信息。

③ 录制日志：指录制脚本时生成的事件日志。在录制日志中，我们可以查看客户端与服务端之间的所有对话，包含通信内容、日期、时间、浏览器的请求、服务器的响应内容等信息。

④ 代码生成日志：用于记录录制期间生成的详细代码，包括客户端的Request请求和服务端Response的详细代码等信息，后续要学习的手工关联技术就需要借助该日志来实现。代码生成日志信息量很大，它是在脚本录制完成后，通过VuGen调用相关协议函数将录制的内容转化为代码生成信息。

3.2.3 设置录制选项

在录制脚本时，可通过"录制选项"功能对录制的相关参数进行设置，只有配置好这些参数，才能录制并生成需要的脚本。可通过单击"创建新脚本"窗口的"录制选项"按钮或菜单"录制"|"录制选项"弹出"录制选项"对话框，如图3-10所示。录制选项中常用的配置项有："常规"|"录制"选项卡、"关联"选项卡、"HTTP"|"高级"选项卡。下面详细介绍这几个选项卡包含的功能。

（1）"录制"选项卡

在"录制选项"对话框中，单击左侧的"录制"按钮，可以进入录制模式选择界面。LoadRunner包含两种录制模式："基于HTML的脚本"和"基于URL的脚本"。下面对两种脚本录制模式进行介绍。

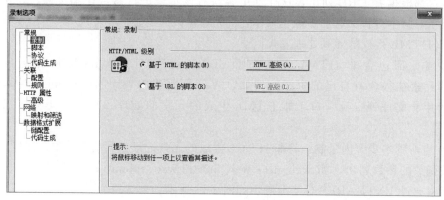

图 3-10　"录制选项"窗口

① 基于 HTML 的脚本　"基于 HTML 的脚本"针对每个页面录制形成一条函数语句，在该模式下，访问一个页面，首先会与服务器建立连接并获取页面的内容，然后从页面中分解得到其他元素，建立几个连接分别获取相应的元素。使用该模式录制生成的脚本更容易理解和维护，也更容易处理关联。在录制会话期间，使用该模式不会录制所有资源，而是在回放期间下载这些资源。建议对带有小程序和 VB 脚本的浏览器应用程序使用此选项。

单击"HTML 高级"按钮可进入该录制模式的高级设置对话框，如图 3-11 所示。在高级设置中，主要对脚本类型和非 HTML 元素的处理方式进行设置。

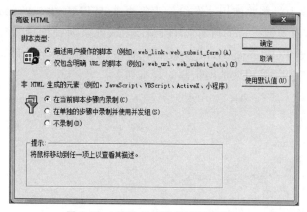

图 3-11　HTML 录制模式高级设置界面

a. 脚本类型：

• 描述用户操作的脚本（例如，web_link、web_submit_form）：生成与用户所采取操作直接对应的函数，创建的主要函数包括：创建 URL（web_url）、链接（web_link）、图像（web_image）和表单提交（web_submit_form）函数。该方式包含对对象的检查过程，例如，若用户单击某个链接对象，采用该模式会首先识别对象，识别为链接对象之后才创建web_link 请求函数。

• 仅包含明确 URL 的脚本（例如：web_url、web_submit_data）：将所有的 URL、链接和图像都用 web_url 函数来统一处理，在表单提交时则用 Web_submit_data 来处理。该模式录制的脚本没有前一种方式那么直观，但如果网页中许多链接的链接文本都相同，此模式很有用。如果用第一个选项录制站点，它将录制链接的序号；如果使用第二个选项录制，则每个链接都根据其 URL 列出，这样就更容易对该步骤进行参数化和关联。在实际项目中，为便于对脚本进行关联和参数化操作，优先选择该选项。

b. 非 HTML 生成的元素处理方式：

许多网页都包含非 HTML 元素，如 VBScript、XML、ActiveX 元素或 JavaScript 等。这些元素往往含有自己的资源，例如，Web 页面调用一个 JavaScript 文件可能要涉及下载图片、文件等资源。对于非 HTML 生成的元素的处理，VuGen 提供了以下三个选项：

• 在当前脚本步骤内录制：将非 HTML 生成的元素记录在当前函数中，即将所有元素作为相关函数的参数列出，如 web_url、web_link 和 web_submit_data 等函数。非 HTML 生成的元素通过 EXTRARES 标志分隔，如图 3-12 所示。该选项为默认选项。

```
web_url("index.php",
    "URL=http://127.0.0.1/ciircrm/index.php?&m=user&a=login",
    "TargetFrame=",
    "Resource=0",
    "RecContentType=text/html",
    "Referer=",
    "Snapshot=t38.inf",
    "Mode=HTML",
    EXTRARES,
    "Url=Public/js/skin/WdatePicker.css", "Referer=http://127.0.0.1/ciircrm/index.php?&m=user&a=login", ENDITEM,
    "Url=Public/css/images/ui-bg_glass_75_ffffff_1x400.png", "Referer=http://127.0.0.1/ciircrm/index.php?&m=user&a=login", ENDITEM,
    "Url=Public/css/images/ui-icons_888888_256x240.png", "Referer=http://127.0.0.1/ciircrm/index.php?&m=user&a=login", ENDITEM,
    "Url=Public/css/images/ui-icons_222222_256x240.png", "Referer=http://127.0.0.1/ciircrm/index.php?&m=user&a=login", ENDITEM,
    LAST);
```

图 3-12 "在当前脚本步骤内录制"选项录制生成的脚本

• 在单独的步骤中录制并使用并发组：为每个非 HTML 生成的元素单独创建新函数。需要注意，为某个请求资源生成的所有非 HTML 生成元素所在的函数都要放在一个并发组中，并发组使用函数 Web_concurrent_start 和 web_concurrent_end 标识。这里仍然采用图 3-12 所录的业务流程，采用该选项录制的脚本如下：

```
web_url("index.php",
    "URL=http://127.0.0.1/ciircrm/index.php?&m=user&a=login",
    "TargetFrame=",
    "Resource=0",
    "RecContentType=text/html",
    "Referer=",
    "Snapshot=t40.inf",
    "Mode=HTML",
    LAST);
    //并发组开始
web_concurrent_start(NULL);
    web_url("WdatePicker.css",
        "URL=http://127.0.0.1/ciircrm/Public/js/skin/WdatePicker.css",
        "TargetFrame=",
        "Resource=1",
        "RecContentType=text/css",
        "Referer=http://127.0.0.1/ciircrm/index.php?&m=user&a=login",
        "Snapshot=t41.inf",
        LAST);
    web_url("ui-bg_glass_75_ffffff_1x400.png",
```

```
           "URL=http://127.0.0.1/ciircrm/Public/css/images/ui-bg_glass_75_ffffff_1x400.
png",
           "TargetFrame=",
           "Resource=1",
           "RecContentType=image/png",
           "Referer=http://127.0.0.1/ciircrm/index.php?&m=user&a=login",
           "Snapshot=t42.inf",
           LAST);
       web_url("ui-icons_222222_256x240.png",

           "URL=http://127.0.0.1/ciircrm/Public/css/images/ui-icons_222222_256x240.png",
           "TargetFrame=",
           "Resource=1",
           "RecContentType=image/png",
           "Referer=http://127.0.0.1/ciircrm/index.php?&m=user&a=login",
           "Snapshot=t43.inf",
           LAST);
       web_url("ui-icons_888888_256x240.png",

           "URL=http://127.0.0.1/ciircrm/Public/css/images/ui-icons_888888_256x240.png",
           "TargetFrame=",
           "Resource=1",
           "RecContentType=image/png",
           "Referer=http://127.0.0.1/ciircrm/index.php?&m=user&a=login",
           "Snapshot=t44.inf",
           LAST);
       //并发组结束
web_concurrent_end(NULL);
```

- 不录制：不录制任何非 HTML 生成的元素。

② 基于 URL 的脚本　基于 URL 的脚本录制模式是将来自服务器的所有请求和要下载的资源录制下来，并生成一条函数语句（通过 Web_url 函数进行处理），表单提交操作使用 web_submit_data 函数进行处理。在该模式里，也使用并发组函数 web_concurrent_start 和 web_concurrent_end 来模拟该模式的工作方式，采用图 3-12 所录的业务流程，用该模式录制的脚本如下：

```
//基于 URL 模式的脚本
   web_url("index.php",
       "URL=http://127.0.0.1/ciircrm/index.php?&m=user&a=login",
       "Resource=0",
       "RecContentType=text/html",
       "Referer=",
       "Snapshot=t61.inf",
       "Mode=HTTP",
       LAST);
//并发组开始
   web_concurrent_start(NULL);
   web_url("bootstrap.min.css",
```

```
        "URL=http://127.0.0.1/ciircrm/Public/css/bootstrap.min.css",
        "Resource=1",
        "RecContentType=text/css",
        "Referer=http://127.0.0.1/ciircrm/index.php?&m=user&a=login",
        "Snapshot=t62.inf",
        LAST);
    web_url("font-awesome.min.css",
        "URL=http://127.0.0.1/ciircrm/Public/css/font-awesome.min.css",
        "Resource=1",
        "RecContentType=text/css",
        "Referer=http://127.0.0.1/ciircrm/index.php?&m=user&a=login",
        "Snapshot=t63.inf",
        LAST);
    web_url("bootstrap-responsive.min.css",
        "URL=http://127.0.0.1/ciircrm/Public/css/bootstrap-responsive.min.css",
"Resource=1",
        "RecContentType=text/css",
        "Referer=http://127.0.0.1/ciircrm/index.php?&m=user&a=login",
        "Snapshot=t64.inf",
        LAST);
    web_url("index_notice.png",
        "URL=http://127.0.0.1/ciircrm/Public/img/index_notice.png",
        "Resource=1",
        "RecContentType=image/png",
        "Referer=http://127.0.0.1/ciircrm/index.php?&m=user&a=login",
        "Snapshot=t65.inf",
        LAST);
    web_url("jquery-ui-1.10.0.custom.css",
        "URL=http://127.0.0.1/ciircrm/Public/css/jquery-ui-1.10.0.custom.css",
        "Resource=1",
        "RecContentType=text/css",
        "Referer=http://127.0.0.1/ciircrm/index.php?&m=user&a=login",
        "Snapshot=t66.inf",
        LAST);
    web_url("jquery-ui-1.10.0.custom.min.js",
        "URL=http://127.0.0.1/ciircrm/Public/js/jquery-ui-1.10.0.custom.min.js",
        "Resource=1",
        "RecContentType=application/javascript",
        "Referer=http://127.0.0.1/ciircrm/index.php?&m=user&a=login",
        "Snapshot=t67.inf",
        LAST);
    web_url("docs.css",
        "URL=http://127.0.0.1/ciircrm/Public/css/docs.css",
        "Resource=1",
        "RecContentType=text/css",
        "Referer=http://127.0.0.1/ciircrm/index.php?&m=user&a=login",
        "Snapshot=t68.inf",
        LAST);
```

```
    web_url("bootstrap. min. js",
        "URL=http://127. 0. 0. 1/ciircrm/Public/js/bootstrap. min. js",
        "Resource=1",
        "RecContentType=application/javascript",
        "Referer=http://127. 0. 0. 1/ciircrm/index. php?&m=user&a=login",
        "Snapshot=t69. inf",
        LAST);
    web_url("jquery-1. 9. 0. min. js",
        "URL=http://127. 0. 0. 1/ciircrm/Public/js/jquery-1. 9. 0. min. js",
        "Resource=1",
        "RecContentType=application/javascript",
        "Referer=http://127. 0. 0. 1/ciircrm/index. php?&m=user&a=login",
        "Snapshot=t70. inf",
        LAST);
    web_url("5kcrm. js",
        "URL=http://127. 0. 0. 1/ciircrm/Public/js/5kcrm. js",
        "Resource=1",
        "RecContentType=application/javascript",
        "Referer=http://127. 0. 0. 1/ciircrm/index. php?&m=user&a=login",
        "Snapshot=t71. inf",
        LAST);
    web_url("WdatePicker. js",
        "URL=http://127. 0. 0. 1/ciircrm/Public/js/WdatePicker. js",
        "Resource=1",
        "RecContentType=application/javascript",
        "Referer=http://127. 0. 0. 1/ciircrm/index. php?&m=user&a=login",
        "Snapshot=t72. inf",
        LAST);
//并发组结束
    web_concurrent_end(NULL);

    web_concurrent_start(NULL);
    web_url("WdatePicker. css",
        "URL=http://127. 0. 0. 1/ciircrm/Public/js/skin/WdatePicker. css",
        "Resource=1",
        "RecContentType=text/css",
        "Referer=http://127. 0. 0. 1/ciircrm/index. php?&m=user&a=login",
        "Snapshot=t73. inf",
        LAST);
    web_url("ui-bg_glass_75_ffffff_1x400. png",
        " URL = http://127. 0. 0. 1/ciircrm/Public/css/images/ui-bg _ glass _ 75 _ ffffff _
1x400. png",

        "Resource=1",
        "RecContentType=image/png",
        "Referer=http://127. 0. 0. 1/ciircrm/index. php?&m=user&a=login",
        "Snapshot=t74. inf",
        LAST);
    web_url("ui-icons_888888_256x240. png",
```

```
    "URL=http://127.0.0.1/ciircrm/Public/css/images/ui-icons_888888_256x240.png",
        "Resource=1",
        "RecContentType=image/png",
        "Referer=http://127.0.0.1/ciircrm/index.php?&m=user&a=login",
        "Snapshot=t75.inf",
        LAST);
    web_url("ui-icons_222222_256x240.png",

    "URL=http://127.0.0.1/ciircrm/Public/css/images/ui-icons_222222_256x240.png",
        "Resource=1",
        "RecContentType=image/png",
        "Referer=http://127.0.0.1/ciircrm/index.php?&m=user&a=login",
        "Snapshot=t76.inf",
        LAST);
    web_concurrent_end(NULL);
```

与基于 HTML 的脚本录制模式相比，基于 URL 的脚本录制模式生成的函数语句数量要多得多，所以该模式录制的脚本不太直观，可读性差。

单击"高级 URL"按钮可进入录制模式的高级设置对话框，如图 3-13 所示。

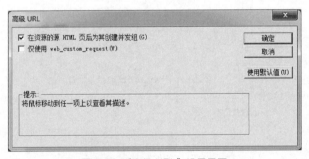

图 3-13 "高级 URL"设置界面

在高级选项对话框中可对两种设置进行选择：

• 在资源的源 HTML 页后为其创建并发组：这是默认选中的选项。将 HTML 资源录制到页面 URL 请求后的并发组中，在资源请求的前后分别加上 web_concurrent_start 和 web_concurrent_end 语句。资源包含图像、Javascript 脚本、css 等文件。如果此选项禁用，则不标记为并发组。

• 仅使用 web_custom_request：将所有 HTTP 请求作为自定义请求进行录制。如果录制非浏览器应用程序，可启用该选项。该选项被启用时，不管录制什么内容，VuGen 都将为所有请求生成 web_custom_request 函数。

③ 两种脚本录制模式的选择　上述两种录制模式各有特点，在测试实践中应该根据实际需要进行选择，下面是一些常见的参考原则：

a. 基于浏览器的应用程序推荐采用基于 HTML 的脚本方式。

b. 非基于浏览器的应用程序推荐采用基于 URL 的脚本方式。

c. 如果基于浏览器的应用程序包含 JavaScript 脚本，并且该脚本向服务器发送了请求，推荐使用基于 URL 的脚本方式。

d. 基于浏览器的应用程序使用 HTTPS 安全协议，建议使用基于 URL 的脚本方式。

e. 如果使用基于 HTML 的脚本方式录制的脚本无法回放，可考虑使用基于 URL 的脚本方式。

（2）"高级"选项卡

通过"高级"选项卡可自定义代码生成的设置，包括重置上下文、保存快照、支持字符集等，如图 3-14 所示。

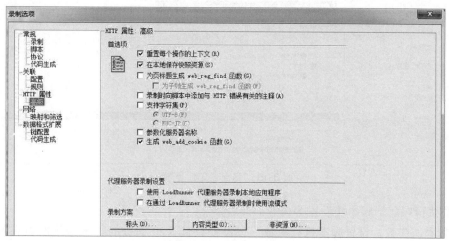

图 3-14　"高级"选项卡

· 重置每个操作的上下文：指示 VuGen 在录制前将操作之间的所有 HTTP 上下文都重置为其初始状态，使 Vuser 可以更准确地模拟启动浏览器会话的新用户。默认情况下，此选项是启用的。

· 在本地保存快照资源：在录制期间保存所有快照资源的本地副本，从而更准确地创建快照和更快地显示它们。

· 支持字符集：VuGen 支持 UTF-8 和 EUC-JP（仅适用于日文操作系统）两种字符集。其中，UTF-8 适于对非英文的字符进行解码。例如，若录制 Web 脚本时生成的脚本中存在中文乱码问题，可启用 UTF-8 选项加以解决。

（3）"关联"选项卡

"关联"选项卡用来对脚本中的关联属性进行设置，包括扫描规则、关联函数以及关联规则等设置。VuGen 包括两种规则：内建规则和自定义规则。VuGen 会默认自带一些内建规则。如果启用某些关联规则，那么 VuGen 会在录制期间自动匹配需要关联的规则，并生成关联函数。如果 VuGen 自带的内建规则无法满足录制需求，测试人员可自行创建并定义一个关联规则。关联技术的相关知识会在 3.10 节中详细介绍。

3.3　运行时设置

"运行时设置"主要用于设置脚本运行时需要的相关选项。通过单击菜单"回放"|"运行时设置"或按 F4 键打开"运行时设置"界面，如图 3-15 所示。

（1）"运行逻辑"选项卡

"运行逻辑"选项卡主要用来设置脚本的运行逻辑，包括脚本迭代运行的次数、各个

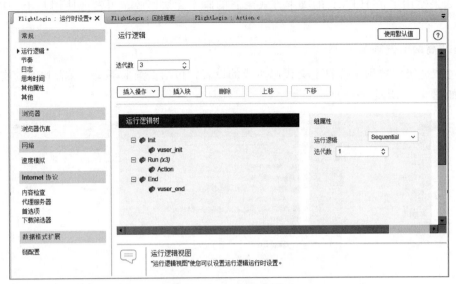

图 3-15 "运行时设置"界面

Action 的执行顺序、脚本块设置等内容。

- 脚本迭代数：设置脚本执行次数。该设置只对 Run 部分的脚本迭代次数有效，而对 Init 和 End 部分的脚本迭代次数没有影响（它们只运行一次）。在调试脚本时，经常会设置不同的值来查看参数的迭代过程，以检验参数的取值是否正确。

- 设置 Action 的执行顺序：可改变某个 Action 的顺序，即可以上移、下移或者删除 Action。

- 设置脚本块：可以插入、删除、移动脚本块，也可以设置某个块的运行次数。脚本块类似于模块化的开发思想，可将不同操作的脚本放在不同脚本块中，例如，在邮件处理业务中，块 0 执行邮箱登录脚本，块 1 执行写邮件脚本，块 2 执行退出邮箱脚本。

- 组属性：有两种运行模式，即 Sequential 和 Random。Sequential 模式表示 Run 下的所有脚本将按从上到下的先后顺序运行；Random 模式表示 Run 下的所有脚本根据各自设置的比例随机运行。

(2)"节奏"选项卡

"节奏"选项卡主要用于设置脚本运行过程中两个迭代之间的时间间隔，如第 N 次脚本迭代完成后，等待多少时间后进行第 N＋1 次脚本迭代，如图 3-16 所示。

- 上一个迭代结束时立即开始新迭代：默认设置，两次迭代之间无时间间隔。

- 上一次迭代结束后开始新迭代：可设置为 Fixed 或 Random 方式。Fixed 方式表示上一次迭代执行结束后，等待一个固定时间后再执行下一次迭代；Random 方式表示上一次迭代执行结束后，等待一个随机时间后再执行下一次迭代。对于随机间隔，需要指定时间范围，以供从中选择随机值。

- 设置上一次迭代开始到下一次迭代开始之间的时间间隔：设置迭代开始之间的时间间隔，包括 Fixed 和 Random 两种方式。Fixed 表示一个固定的时间长度；Random 表示一个随机的时间长度。注意，在上一个迭代完成前，新迭代将不会开始，即使上一个迭代已经超出了间隔时间也是如此。

图 3-16　"节奏"选项卡界面

（3）"日志"选项卡

"日志"选项卡主要用于配置脚本回放日志中记录的信息的数量和类型，如图 3-17 所示。回放日志对于验证脚本、调试脚本具有重要的指导意义。

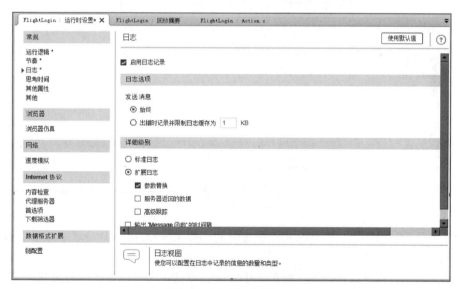

图 3-17　"日志"选项卡界面

- 日志选项：设置何种情况下将日志消息发送到回放日志中。有两个选项："始终"和出错时发送。"始终"发送就是将所有消息发送到日志；出错时发送是指仅在出错时向日志发送消息，在这里可以配置日志高速缓存大小，如果高速缓存的内容超出指定大小，VuGen 会删除最早的项。
- 标准日志：脚本执行期间发送的函数和消息的标准日志。

● 参数替换：启用该选项意味着客户端提交给服务端的所有参数和取值都会记录在日志文件中。在 LoadRunner 脚本开发技术中，多种技术都涉及参数和取值问题，例如检查点、参数化和关联等，为便于测试人员检验这些参数的取值是否正常，建议在脚本回放时启用该选项。

● 服务器返回的数据：启用该选项意味着从服务器返回到客户端的所有信息都写入日志。

● 高级跟踪：启用该选项意味着从客户端发送的所有函数和消息都会写入日志。

通常情况下，客户端发送的信息量和服务器返回的信息量巨大，不利于测试人员定位某些执行信息，因此根据需要决定是否启用后两个选项。

(4)"思考时间"选项卡

在 VuGen 中，利用思考时间（Think Time）来模拟实际用户在不同操作之间的等待时间，以便更真实地反映用户访问系统的行为规律。"思考时间"选项卡如图 3-18 所示。假如没有思考时间，脚本中的操作会一个接一个执行，而真正的用户操作并不会如此迅速，所以应该在脚本中的适当位置添加思考时间。实现思考时间的函数是 lr_think_time，参数为等待时间，单位为秒，如 lr_think_time（5）。

图 3-18 "思考时间"选项卡

● 忽略思考时间：运行脚本时忽略思考时间，即上一个 HTTP 请求结束后，直接运行下一个 HTTP 请求，不等待。

● 按录制参数回放思考时间：按脚本中实际设置的思考时间等待一段时间。

● 将录制思考时间乘以倍数：将实际思考时间乘以指定的倍数作为脚本运行的思考时间。

● 使用录制思考时间的随机百分比：分别设置一个最大值和一个最小值，并从中选出一个随机值。

● 将思考时间限制为某个值：设置思考时间的最大值，如果实际思考时间超过该值，则将以该最大值作为回放的思考时间。

（5）"其他"选项卡

其他选项是一个复合选项，涉及的功能比较复杂，如图 3-19 所示。主要包含三个设置项："错误处理""多线程"和"自动事务"。

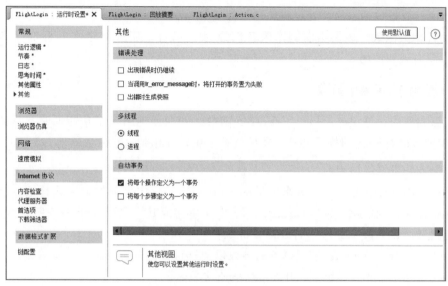

图 3-19　"其他"选项卡

- 错误处理：表示脚本运行出错时采取的措施。
- 多线程：表示运行时把 Vuser 当成进程还是线程来处理。在测试实践中，测试人员应该分析被测系统是以进程还是线程运行，以便选择合适的选项。注意，当以进程方式运行 Vuser 时，在负载生成器中的任务管理器中可以看到，每个 Vuser 都会生成一个名为 mmdrv.exe 的进程。如果以线程方式运行，任务管理器中不会有这个进程。
- 自动事务：设置事务的模式。其中，"将每个操作定义为一个事务"意味着 init、end 以及若干个 Action 都会被定义为一个事务。

上面详细介绍了"运行逻辑""节奏""日志""思考时间"和"其他"选项卡的用途，这 5 个选项卡在脚本开发中使用的频率高些，其他选项卡的用途可参考 LoadRunner 用户操作手册，限于篇幅原因，这里不再一一介绍。

3.4　脚本开发

在项目实践中，仅通过录制生成的测试脚本一般不能满足测试的需求，还需要对测试脚本进行编辑和完善。VuGen 中常见的脚本完善技术包括事务、集合点、检查点、参数化和关联等，使用这些技术的一个重要目的就是使脚本更接近真实用户的使用情况，这些技术在下面几节中会详细介绍。另外，在脚本实现过程中，还需要使用一些 LoadRunner 特定函数来收集有关 Vuser 的信息。本节主要介绍 VuGen 支持的脚本函数、调试方法和注释规范。

前文提到，LoadRunner 支持多种语言的脚本，默认情况下使用 C 语言，也就意味着 C 语言的语法、库函数以及编程思想都可以用在 LoadRunner 脚本开发中。在 LoadRunner 的脚本中，通常包含如下三种函数：

① VuGen 通用函数。可用于实现 VuGen 脚本完善技术、收集系统信息等方面。一般以 lr 开头，例如：输出消息函数 lr_output_message。

② 协议相关函数。不同类型的 Vuser 函数一般以本协议类型开头。如录制脚本是 Web（HTTP/HTML）类型的，web_url 就是协议函数，web 前缀说明它属于 Web HTTP 协议。HTTP 协议函数还包括 web_list、web_link 等。

③ 语言相关函数。假设当前脚本语言选择为 C 语言，那么 C 语言的标准库函数可在 VuGen 中被加载和使用。

3.4.1 通用 VuGen 函数

由于篇幅有限，这里先给出以下 VuGen 函数，并简要地给出了功能说明。具体的用法请参照 HP LoadRunner 的帮助文档。在后续章节中，在用到这些函数的地方会具体介绍。

（1）事务和事务控制函数

软件系统的性能就是依靠事务来度量的。LoadRunner 中事务的定义就是依靠事务函数来进行的。在执行性能测试时，LoadRunner 会采集完成其定义的每个事务所花费的时间，并在性能测试后在 Analysis 中进行统计分析。

lr_end_sub_transaction：标记事务的结束以便进行性能分析。

lr_end_transaction：标记 LoadRunner 事务的结束。

lr_end_transaction_instance：标记事务实例的结束以便进行性能分析。

lr_fail_trans_with_error：将打开事务的状态设置为 LR_FALL，并发送错误消息。

lr_get_trans_instance_duration：获取事务实例的持续时间（由它的句柄指定）。

lr_get_trans_instance_wasted_time：获取事务实例浪费的时间（由它的句柄指定）。

lr_get_transaction_duration：获取事务的持续时间（按事务名称）。

lr_get_transaction_think_time：获取事务的思考时间（按事务名称）。

lr_get_transaction_wasted_time：获取事务浪费的时间（按事务名称）。

lr_resume_transaction：继续收集事务数据以便进行性能分析。

lr_resume_transaction_instance：继续收集事务实例数据以便进行性能分析。

lr_set_resume_transaction_status：设置事务实例状态。

lr_set_transaction_status：设置打开事务的状态。

lr_set_transaction_status_by_name：设置事务的状态。

lr_start_sub_transaction：标记子事务的开始。

lr_start_transaction：标记事务的开始。

lr_start_transaction_instance：启动嵌套事务（由其父事务的句柄指定）。

lr_stop_transaction：停止事务数据的收集。

lr_stop_transaction_instance：停止事务（由它的句柄指定）数据的收集。

lr_wasted_time：消除所有打开事务浪费的时间。

（2）命令行分析函数

当 LoadRunner 用命令行方式启动和运行时，以下函数用来分析命令行以得到命令行中的参数信息。

lr_get_attrib_double：检索脚本命令行中使用的 double 类型变量。

lr_get_attrib_long：检索命令行中使用的 long 类型变量。

lr_get_attrib_string：检索命令行中使用的字符串。

（3）系统信息函数

用来得到 VuGen 的系统信息。

lr_user_data_point：记录用户定义的数据采集点。

lr_whoami：将有关 Vuser 的信息返回给 Vuser 脚本。

lr_get_host_name：返回执行 Vuser 脚本的主机名。

lr_get_master_host_name：返回运行 Controller 的计算机名。

（4）字符串函数

在 LoadRunner 中提供了对字符串处理的相关功能函数，如下：

lr_save_datetime：把当前日期和时间保存到一个参数中。

lr_save_int：把一个整数保存为参数。

lr_save_searched_string：保存一个字符数组的一部分。

lr_save_string：把一个字符串保存到参数中。

lr_save_var：把字符串的一部分内容保存为参数。

lr_eval_string：返回参数实际内容或返回一个包含参数的字符串的实际内容。

（5）消息函数

lr_debug_message：将调试信息发送到输出窗口。

lr_error_message：将错误信息发送到输出窗口。

lr_get_debug_message：检索当前的消息类。

lr_log_message：将输出的消息直接发送到 output. txt 文件，此文件位于 Vuser 脚本目录中。该函数有助于防止输出信息干扰 TCP/IP 通信。

lr_output_message：将消息发送到输出窗口。

lr_set_debug_message：为输出消息设置消息类。

lr_vuser_status_message：生成格式化输出并将其打印到 ControllerVuser 状态区域。

lr_message：将消息发送到 Vuser 日志和输出窗口。

注意，runtime 设置中包含日志级别的设置，设置不同的级别，会决定这些函数在运行时能否生效。

（6）运行时（runtime）函数

运行时（runtime）函数是通过 VuGen 的 runtime 来设置的。以下函数可放在脚本中实现，使 LoadRunner 的控制更精确，对外更加灵敏。

lr_load_dll：加载外部的 DLL。

lr_think_time：暂停脚本的执行，模拟思考时间，思考时间用完后，继续执行。

lr_continue_on_error：制定脚本处理错误场景的策略（是继续还是退出）。

lr_rendezvous：在 Vuser 脚本中设置集合点。

3.4.2 脚本调试

脚本编写完毕后，需要在 VuGen 中对脚本进行调试，这也是一项重要工作。一般来说，可使用断点、单步跟踪、消息函数输出等方式来实现脚本调试工作。下面介绍这几种调试方法。

（1）断点设置

断点是调试中最常用的手段之一，VuGen 的 IDE 中提供了直接的断点支持。通过在弹出的菜单中选择“切换断点”或直接在行号前单击左键，可在脚本上增加断点，如图 3-20 所示。设置断点后，脚本执行到断点处就会停止运行，通过这种方式可控制脚本的运行。

```
    web_submit_data("login.pl",
        "Action=http://10.1.18.88:1080/cgi-bin/login.pl",
        "Method=POST",
        "TargetFrame=body",
        "RecContentType=text/html",
        "Referer=http://10.1.18.88:1080/cgi-bin/nav.pl?in=home",
        "Snapshot=t5.inf",
        "Mode=HTML",
        ITEMDATA,
        "Name=userSession", "Value={userSession}", ENDITEM,
        "Name=username", "Value=tester1", ENDITEM,
        "Name=password", "Value=111111", ENDITEM,
        "Name=JSFormSubmit", "Value=off", ENDITEM,
        "Name=login.x", "Value=44", ENDITEM,
        "Name=login.y", "Value=12", ENDITEM,
        LAST);
```

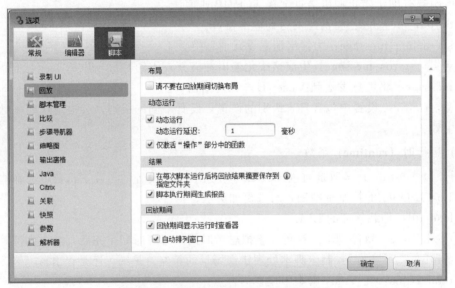

图 3-20　在脚本中添加断点

（2）单步跟踪

通过单步跟踪，可控制脚本以单步方式运行，这对于观察特定语句的输出非常有效。通过单击菜单“回放”|“分步运行”，可控制脚本分步执行。在单步执行时，可让脚本和对应客户端 UI 上的操作同时运行，这样可以更加方便地看到单步执行的输出结果，具体设置步骤如下：

单击菜单“工具”|“选项”，弹出 VuGen 选项界面，然后打开“脚本”|“回放”选项卡，启用“回放期间”下的“回放期间显示运行时查看器”，如图 3-21 所示。

图 3-21　设置在脚本回放时显示客户端的操作

（3）消息函数输出

在代码调试过程中，通过输出函数将程序运行过程中的某些中间变量或数据输出，以帮助开发人员验证某段代码是否正确。VuGen 也集成了几种消息输出函数，可通过这些函数将脚本执行的中间结果输出到日志中，具体函数可参照 3.4.1 节中的消息函数。

3.4.3　脚本注释

在软件开发过程中，为提高脚本的可读性，降低维护难度，通常需要开发人员对代码给出详细的注释，VuGen 脚本开发也有同样的需要。VuGen 脚本的注释方法与 C 语言中的注释方法相同，提供两种注释方法：

① 单行注释。在代码行的后面添加"//"，即"//"之后直到本行结束的内容为注释内容。

② 块注释。一个注释块以"/*"开头，并以与之配对的"*/"结尾。"/*"和"*/"之间的内容即为注释。

在编译程序时，不会对注释做任何处理。在调试过程中，暂不使用的代码也可以注释掉。编译时跳过不处理，待调试结束后，再去掉注释符。

3.5　事务技术

(1) 事务定义

在 LoadRunner 中，定义事务的目的是衡量服务器对某个动作的响应时间。例如，对于登录动作，为了衡量多用户并发登录服务器的响应时间，可将此操作定义为一个事务。这里，事务可以理解为用户要实现的业务。

在 VuGen 中，事务的响应时间是通过计算业务操作开始时间与结束时间的差值来获取的。具体实现过程是：VuGen 脚本运行到事务开始点时开始计时，运行至该事务结束点时结束计时。因此，在脚本中，事务技术应该包括两部分：开始事务函数和结束事务函数。事务运行的响应时间会在日志和结果文件中反映出来。

(2) 插入事务操作

可通过两种方法向脚本中插入事务：一种是在录制过程中插入事务的开始和结束函数；另一种是录制后直接在脚本中插入事务的开始和结束函数。建议尽量使用第一种插入方式，第二种方式可作为补充手段。第一种方式具有如下两个优点。

第一，使测试人员比较直观地理解各个业务功能点，避免遗漏需要插入的事务；

第二，避免在脚本录制完成后找不到确切的事务插入位置。尤其对于代码量较大的脚本，倘若测试人员并非经验丰富的工程师，那么出错的概率就更大了。

① 在录制时插入开始和结束事务的步骤：

a. 在录制过程中，当系统运行到要插入事务的功能点时，在录制工具栏中单击"插入开始事务"按钮，在弹出的"开始事务"视图中输入事务名，如图 3-22 所示。事务名要具有一定的意义，并且遵守脚本编辑命名规范。

图 3-22　"开始事务"视图

b. 要插入事务的功能点运行完成后，单击录制工具栏的"插入结束事务"按钮，在弹出的"结束事务"视图中选择事务名，如图 3-23 所示。这里要注意，事务技术是成对出现的，并且两个函数中事务名必须一致，否则在编辑脚本时会出错。

图 3-23 "结束事务"视图

c. 结束录制后，脚本会生成两个事务函数，分别是事务开始函数 lr_start_transaction 和事务结束函数 lr_end_transaction，如图 3-24 所示。

```
lr_start_transaction("登录");
web_submit_data("login.pl",
    "Action=http://10.1.18.88:1080/cgi-bin/login.pl",
    "Method=POST",
    "TargetFrame=body",
    "RecContentType=text/html",
    "Referer=http://10.1.18.88:1080/cgi-bin/nav.pl?in=home",
    "Snapshot=t93.inf",
    "Mode=HTML",
    ITEMDATA,
    "Name=userSession", "Value=119032.600567031zVccHDQpDQVzzzzHDzHDzptDzDf", ENDITEM,
    "Name=username", "Value=tester1", ENDITEM,
    "Name=password", "Value=111111", ENDITEM,
    "Name=JSFormSubmit", "Value=off", ENDITEM,
    "Name=login.x", "Value=74", ENDITEM,
    "Name=login.y", "Value=8", ENDITEM,
    LAST);
lr_end_transaction("登录",LR_AUTO);
```

图 3-24 插入事务后的脚本

事务结束函数 lr_end_transaction 有两个参数：第一个是事务名；第二个是事务状态，有 4 种可选项，分别是 LR_AUTO、LR__PASS、LR_FAIL、LR_STOP。

LR_AUTO：事务的状态被自动设置，如果事务执行成功，状态设置为 PASS；如果执行失败，状态设置为 FAIL；如果事务异常中断，状态设置为 STOP。

LR_PASS：事务执行成功，代码返回的状态是 PASS。

LR_FAIL：事务执行失败，代码返回的状态是 FAIL。

LR_STOP：事务异常中断，代码返回的状态是 STOP。

② 录制后插入开始和结束事务的步骤：

a. 在录制生成的脚本中找到要插入开始事务函数的地方，在脚本编辑视图中右键单击"插入"|"开始事务"或左键单击菜单"设计"|"在脚本中插入"|"开始事务"，脚本相应位置会出现脚本开始函数，然后在该函数的参数中输入事务名。

b. 在脚本中找到要插入结束事务函数的地方，使用与上步同样的方法插入结束事务，并修改结束事务的名称。

3.6 集合点技术

（1）集合点定义

在 LoadRunner 中，定义集合点的目的是衡量加重负载的情况下服务器的性能情况。在某业务的并发性测试中，多个 Vuser 执行业务的测试脚本，虽然一起开始执行，但每个 Vuser 不一定是严格地同步进行，即受机器、场景策略等因素的影响，有些 Vuser 会快些，有些会慢些。为解决这个问题，做到真正并发，可在脚本中某个操作前插入集合点，让 Vuser 先执行，等待集合完毕后同时执行该操作。使用集合点技术会出现某个时刻对服务端的访问量突然加大的情况，也就是说会加重服务器的负载量。

集合点技术就是指在测试脚本中插入集合点函数，当某个 Vuser 执行到该函数时，停止运行并等待允许运行的条件（其允许运行的条件即为集合点策略，可在 Controller 组件中设置，详见 4.4.6 节）满足后才释放当前等待的 Vuser，使其可以执行后续脚本。

在笔者所参与的测试项目中，很少使用集合点技术，主要原因有两个：一是用户更关注系统某些业务整体的并发性能，而不需要考虑业务中的某个操作；二是更真实，比如，一个业务可能有登录、查询、删除等操作，在实际中，用户执行这些业务时是不可能同步进行的。当然某些对性能要求较高的操作是需要使用集合技术，如视频服务器的播放视频功能，以及订票网站的订票功能和付费功能等。不过，如果测试人员将这些功能单独写在一个测试脚本中去执行，就不必使用集合点技术了。

（2）插入集合点操作

与插入事务的方法相似，也可通过两种方法向脚本中插入集合点：一种是在录制过程中插入集合点函数；另一种是录制后直接在脚本中插入集合点。同样，我们建议使用第一种插入方式，这样做主要就是为了避免在脚本录制完成后找不到确切的集合点插入位置。下面详细介绍两种插入方式的操作步骤。

① 在录制时插入集合点的步骤：

a. 在录制过程中，当系统运行到要插入集合点的功能点时，在录制工具栏中单击"插入集合点"按钮，在弹出的"集合点"视图中输入集合点的名称，如图 3-25 所示。集合点的名称要具有一定的意义，并且遵守脚本编辑命名规范。

图 3-25　"插入集合点"视图

b. 结束录制后，脚本中会生成集合点函数"lr_rendezvous（"登录"）;"。

② 录制后插入集合点的步骤：

在录制生成的脚本中找到要插入集合点的地方，在脚本编辑视图中右击"插入"|"集合"或左键单击菜单"设计"|"在脚本中插入"|"集合"，脚本相应位置会出现集合点函数，然后在该函数的参数中输入集合点的名称。

（3）集合点与事务

集合点函数不能放在一对事务函数之间，如果事务内部存在集合点，那么 Vuser 在集合点的等待时间也会算在事务的响应时间里，这样测试出来的响应时间就不是真实的事务响应时间。

3.7 检查点技术

（1）检查点定义

在进行负载压力测试时，客户端与服务端传递数据的次数会逐渐增多，就可能出现数据丢失、发生错误、传输中断等情况。为检查传递的某些数据是否正确，LoadRunner中定义了检查点技术。定义检查点的目的是检查服务器返回的内容是否正确，进而推断某些功能操作是否按照预期要求运行。例如，飞机订票系统登录业务测试中，登录成功后，会在登录后的页面中显示当前用户名，使用检查点技术检查登录后的页面中是否存在这个用户名字符串。如果存在，说明登录操作很可能是按照预期要求运行的；否则，登录操作很可能失败。

使用检查点还有一个原因：很多时候，脚本没有按照预期要求运行或者运行出错，但脚本回放仍然成功，没有错误提示。例如，在飞机订票系统登录业务脚本中，设置错误的用户名和密码，回放脚本，脚本运行成功。使用检查点技术可尽量避免这些情况的发生，当脚本没有按照预期要求运行时，就无法从服务器返回正确的数据，检查点技术检查不到想要的内容，就会提示出错。

检查点技术的原理是在测试脚本中插入检查点函数，当 Vuser 执行到该函数时，会从服务器返回的数据中查找检查点函数中设置的字符或图片信息，如果查找成功，可返回查找到的信息；如果失败，可返回错误提示信息。

在 LoadRunner 中，可检查的对象包括文本字符串和图像。在检查点技术中，分别称它们为文本检查点和图像检查点。在实践应用中，绝大多数检查点为文本检查点，因此，下面主要以文本检查点为例，介绍检查点的插入操作及相关函数。

（2）插入文本检查点

通常情况下，可通过两种方法向脚本中插入检查点，分别是录制过程中插入检查点函数和录制后直接在脚本中插入检查点函数。下面详细介绍两种插入方法的步骤。

① 在录制时插入文本检查点的步骤：

a. 在录制过程中，当系统运行到要插入文本检查点的页面时，选择要检查的文本字符串，然后单击录制工具栏中的"插入文本检查点"按钮。

b. 结束录制后，脚本中会生成检查点函数 web_reg_find（"Text=tester1"，LAST）。

c. 在生成的脚本中，右击检查点函数，选择"显示参数"，进入检查点函数参数配置界面，如图 3-26 所示。

图 3-26 中各配置项的含义如下：

• 搜索特定文本：指待检查的文本字符串，也可通过单击 按钮对检查点的内容进行参数化，还可对检的内容设置是否区分大小写、是否为二进制数、是否使用"＃"代替任意阿拉伯数字和是否使用"＾"作为通配符。关于参数化相关知识会在 3.9 节中介绍。

• 按字符串开头和结尾搜索文本：指查找满足指定起始字符串和结束字符串要求的文本字符串。例如，起始字符串为"Welcome，"，结束字符串为"，to the Web"，就可以匹配上"Welcome，tester1，to the Web"字符串。

• 搜索范围：文本字符串的查找范围。有 3 个选项："全部""正文"和"表头"，默认值是"正文"。这里要注意，是从服务器返回给客户端的数据中查找字符串，也就是在

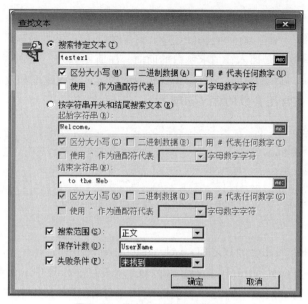

图 3-26　检查点函数参数配置界面

response 中的"正文"和"表头"中查找，而不是 request。request 指客户端向服务器发送的请求数据。这一点不难理解，呈现在客户端的页面数据必然是服务器发给客户端的。

- 保存计数：定义查找次数的变量名称。在实际页面中，一个文本字符串可能在页面中出现多次，VuGen 可将查找的次数记录下来并赋给该检查点计数变量。
- 失败条件：设置函数运行失败的条件。有两个选项："找到"和"未找到"。如果不启用该选项，不论文本字符串是否找到，都不会在日志中提示运行成败。

d. 根据测试需要设置好检查点函数的各个参数配置项，单击"确定"按钮后，脚本视图中的检查点函数就会按照配置项参数重新生成。

② 录制后插入检查点的步骤：

录制后插入检查点操作有两种，一种是借助"步骤工具箱"插入检查点，另一种是借助"快照"|"HTTP 数据"|"响应正文"插入检查点。通常使用第一种方式，主要原因有两个：一是响应正文中信息量比较大，难以定位要查找的文本字符串；二是响应正文中要查找的文本字符串可能没有直接出现在响应正文中。下面详细介绍借助"步骤工具箱"插入检查点的步骤：

a. 在 VuGen 脚本中找到要查找页面的请求函数，例如要搜索的是登录后页面中的某个文本字符串，那么我们要找的是登录请求函数。在请求函数之前右击"插入"|"新建步骤"，在右侧出现"步骤工具箱"视图。

b. 在视图中筛选出 web_reg_find 函数，双击该函数就可以进入该函数的配置界面，然后就可以对函数的参数进行配置，并最终生成检查点函数。

(3) 文本检查点函数

文本检查点函数有 web_reg_find 和 web_find。由于 Web_find 函数使用限制多，执行效率差，在 LoadRunner12 之后版本中已经从"步骤工具箱"中删除掉。但为了兼容之前的版本，新版本仍然支持 web_find 函数的使用。在实践中，建议大家使用效率和适应性更高的web_reg_find 函数。

在 web/http 协议的脚本中，以 web_reg 开头的函数属于注册函数，典型的就是检查点函数 web_reg_find 和关联函数 web_reg_save_param_ex。这里要注意，注册函数必须添加在页面请求函数之前，比如检查点函数就是插入在请求函数的前面。注册函数并不是在客户端浏览器页面获得数据之后进行数据查找，而是直接从缓存中查找相应的内容，查找速度和效率要快得多。

web_reg_find 函数常用参数的含义如下：

```
web_reg_find("Fail=NotFound",              //没找到则设置失败状态
        "Search=Body",                     //文本字符串搜索的范围
        "SaveCount=UserNameNum",           //定义查找计数变量名
        "TextPfx=Welcome,",                //要检查文本前缀
        "TextSfx=,to the Web Tours",       //要检查文本后缀
    LAST);
```

该函数一般会写在下列几个函数之前：web_custom_request ()、web_image ()、web_link ()、web_submit_data ()、web_submit_form ()、web_url ()。SaveCount 参数用来记录在缓存中文本字符串被查找到的次数，因此，在实际应用中经常用该参数来统计查找成功的次数，进而判断被检查的内容是否存在于相应页面上。下面是 SaveCount 参数的一个应用实例。

```
//注册型检查点函数

    web_reg_find("Search=Body",
    "SaveCount=UserNameNum",
    "TextPfx=Welcome,",
    "TextSfx=,to the Web Tours",
    LAST);
web_submit_data("login.pl",
    "Action=http://10.1.18.88:1080/cgi-bin/login.pl",
    "Method=POST",
    "TargetFrame=body",
    "RecContentType=text/html",
    "Referer=http://10.1.18.88:1080/cgi-bin/nav.pl?in=home",
    "Snapshot=t5.inf",
    "Mode=HTML",
    ITEMDATA,
    "Name=userSession","Value={userSession}",ENDITEM,
    "Name=username","Value=tester1",ENDITEM,
    "Name=password","Value=111111",ENDITEM,
    "Name=JSFormSubmit","Value=off",ENDITEM,
    "Name=login.x","Value=44",ENDITEM,
    "Name=login.y","Value=12",ENDITEM,
    LAST);
if(atoi(lr_eval_string("{UserNameNum}"))> 0){
    lr_output_message("用户登录成功");//如果查找次数大于 0,在日志中输出"用户登录成功"
}
else
{
    lr_error_message("用户登录失败");//反之,在日志中输出"用户登录失败"
    return 0;
}
```

（4）图片检查点

图片检查点函数只能在录制后借助"步骤工具箱"来添加。具体步骤如下：

在"步骤工具箱"中筛选出 web_image_check 函数，双击该函数进入其参数配置界面，如图 3-27 所示。在"常规"选项卡中可设置步骤名称，在"规格"选项卡中可设置备用图像名称（alt 属性）和图像服务器文件名（src 属性），单击"确定"按钮后，生成如下代码：

```
web_image_check("飞机订票图片检查",//步骤名称
    "Alt=机票展示图片 1",//alt 属性
    LAST);
```

图 3-27　"图像检查属性"界面

这里需要注意，只有将"运行时设置"|"首选项"中的"启用图像和文本检查"选中后，图片检查点函数才会生效。

3.8　块技术

使用 LoadRunner 进行脚本开发经常遇见这样一个问题：在一个被测业务中，不同操作执行的次数不同，即不同操作的脚本循环次数不一样。例如，在订票业务脚本中，登录操作脚本执行 1 次，订票操作脚本执行 10 次。针对这一问题，利用编程思想可以有两种解决方案：一是将订票操作的脚本复制多遍；二是使用循环语句，将订票操作脚本写入循环体内，循环执行多次。这两种解决方法理论上可以解决这个问题，但实现起来比较麻烦，尤其是所订票的参数不同时，需要考虑很多因素。

LoadRunner 提供了对业务流程的处理方法，即块（Block）技术，它的基本思想是将执行次数不同的脚本插入不同的块中，然后可以轻松设置块的执行次数以及执行顺序。下面以订票业务脚本为例，详细介绍块技术的实现步骤。

第一步，录制测试脚本，至少要将执行次数不同的脚本录制在不同的 Action 中。这里，

图 3-28 录制后的解决方案

将打开订票系统首页和登录脚本都录制到 login 中，订票脚本录制到 order 中，如图 3-28 所示。

第二步，使用块技术对两个 Action 的执行次数进行设置。具体步骤如下：

① 打开"运行时设置"｜"运行逻辑"选项卡，通过单击"插入块"按钮创建一个新块。

② 选中刚创建的块，单击"插入操作"，选择 login，即将 login 加入该块。

③ 用同样的方法创建另一个块，并将 order 加入该块。

④ 按照要求调整好脚本执行顺序，将块外部原有的 login 和 order 删除掉，如图 3-29 所示。

图 3-29 插入块与 Action

⑤ 将 order 所在块的"组属性"的迭代数设置为 10，运行逻辑设置为 Sequential，如图 3-30 所示。回放脚本，即可实现"一次登录，十次订票"的业务流程。

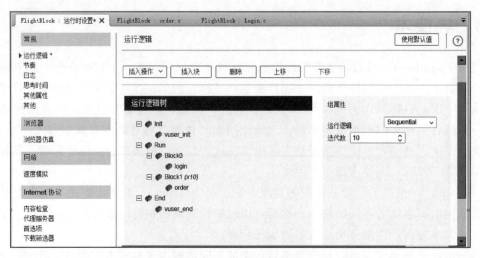

图 3-30 设置块的执行次数

3.9 参数化技术

所谓的脚本参数化，就是用参数变量来取代脚本中的某些常量。参数取值的数据源可来自一个文本文件，也可来自某个数据库，这也意味着测试脚本与测试数据是可以分离的，体现了数据驱动的思想。当不同 Vuser 在执行相同的测试脚本时，可使用不同的参数值来代替这些常量，从而达到模拟多用户真实使用的目的。

在 VuGen 脚本开放过程中，参数化技术是一项使用频率较高的技术，下面介绍参数化技术的应用背景及意义。

① 简化脚本。借助参数化技术可减少脚本数量，如果不使用该技术，可能需要复制并修改多个代码段。例如，搜索不同名称的产品，可将产品名称参数化，这样仅需要编写一个带参数的提交函数。在回放过程中，传递不同的参数值就可以了。

② 可以更加真实、有效地模拟客户业务。在客户的实际使用过程中，每个客户的操作不可能是一模一样的。使用参数化技术使每个 Vuser 使用不同参数值来模拟，这样可以更好地接近客户的实际情况。

③ 某些功能要求每次操作必须使用唯一的参数值完成。例如，用户注册功能中，用户名不允许与已有注册名重复；某些系统出于安全性考虑，不允许同名用户多次登录系统。通过参数化技术，可使每个 Vuser 在每次迭代过程中使用不同的参数值来运行脚本。

接下来以 LoadRunner 自带的飞机订票系统的注册业务为例，介绍参数的设置、参数属性的修改以及参数所需数据源的生成和导入等内容。

3.9.1 创建参数

要实现参数化技术，首先找到要参数化的常量，执行创建参数的操作，具体操作如下。

第一步：将飞机订票系统的注册业务录制成脚本后，浏览一遍脚本，找出要参数化的常量，在这里，就是用户名、密码和确认密码。选择要参数化的常量，右击"使用参数替换"|"新建参数"，打开"选择或创建参数"对话框，设置参数名称，选择参数类型，如图 3-31 所示。

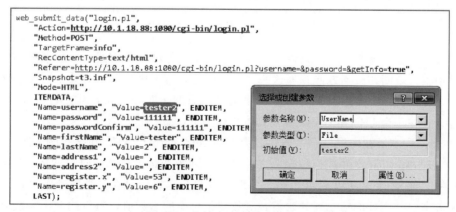

图 3-31 "选择或创建参数"对话框

第二步：设置完"创建参数"对话框后，单击"确定"按钮，弹出"是否要用参数替换该字符串的所有出现位置"提示，如图 3-32 所示。选择"是"即意味着将脚本中出现的所有与被选常量相同的字符串都使用 UserName 变量参数化，在本实例中，是指 tester2 字符串。通常选择"否"，即参数化操作只对被选择的字符串常量有效。

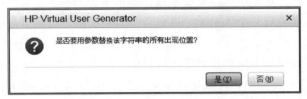

图 3-32 参数化替换所有字符串提示框

在这里，单击上述提示框的"否"按钮，此时脚本所在的文件夹下会自动生成一个参数化的文件 UserName.dat，可用记事本打开该文件。

第三步：使用上述办法参数化密码（password）值，参数变量名为 PW，即自动生成参数化文件 PW.dat。对于确认密码（passwordConfirm）常量，选中它之后，右击选择"使用参数替换"｜PW[111111]，如图 3-33 所示，即意味着使用已存在的参数变量 PW 来参数化它。

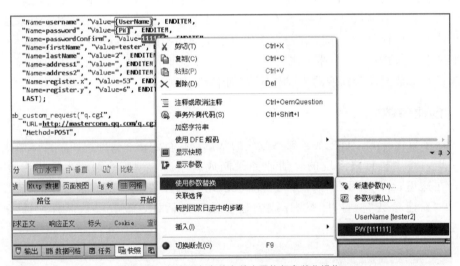

图 3-33 使用已存在的参数变量执行参数化操作

第四步：可选择将若干个参数化文件合并在一个文件中。在实践中，如果参数化文件很多，既占用很大空间，又不方便管理这些文件。因此，可考虑将多个有关系的参数化文件合并在一个文件中。本实例生成了两个参数化文件，即 UserName.dat 和 PW.dat，这里将这两个文件合并在一个 UserInfo.dat 中，具体步骤如下：

① 在当前脚本所在的根目录下创建名为 UserInfo.dat 的文件，并打开该文件。

② 对 UserInfo.dat 文件进行编辑。文件的第一列为变量名称列。这里输入"UserName，PW"，其中 UserName 和 PW 是变量名，"，"是变量分隔符，可在参数属性中设置，详情可参考 3.9.3 节。从文件的第二列开始就是参数变量对应的参数值，每行的两个参数值也使用"，"隔开，如图 3-34 所示。

③ 合并参数化文件后，可将原有的 UserName 和 PW 两个参数化文件删除掉。

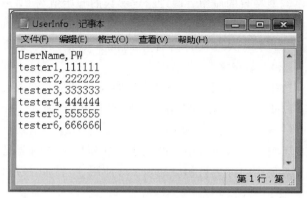

图 3-34　合并后的参数化文件

3.9.2　不同类型的参数

在参数创建过程中，需要选择参数的类型，也可以在创建好参数后，对它们进行设置，主要有以下几种参数类型。

（1）"日期/时间"参数类型

在运行时，该类型的参数用脚本执行时的日期和时间来代替。在设置此参数时，可在设置界面中给定参数的格式。这种类型的参数适用于以下两种情况：

① 由于可以给出脚本执行时的时间信息，因此当脚本中需要"当前时间"信息时，使用该类型参数可满足这一需要。

② 由于时间参数的唯一性，可以将其作为需要唯一输入数据的一部分。

（2）"组名"参数类型

在运行时，使用测试脚本所在的 Vuser 组的名称来替换参数。利用 Controller 设计场景方案时，导入测试脚本后，可设置脚本的 Vuser 组名。这种类型的参数可指出脚本是由哪个 Vuser 组执行的，在场景执行过程中，可利用这种类型的参数为不同 Vuser 组的脚本制定不同的行为，例如输入不同的数据。

（3）"迭代编号"参数类型

在运行时，使用当前的迭代顺序替换参数。这种类型的参数可指出脚本当前执行时的迭代次数，在场景执行过程中，可依据该参数的取值设定不同迭代顺序下的行为。

（4）"负载生成器名"参数类型

在运行时，使用运行 Vuser 脚本的负载生成器名来替换参数。

（5）"随机编号"参数类型

在运行时，使用一个随机生成的整数来替换参数，可通过指定最小值和最大值来设置随机编号的范围。

（6）"唯一编号"参数类型

在运行时，用一个唯一编号替换参数。在设定该类型的参数时，需要指定参数的起始值和范围（通过位数给出限定条件），同时还需要给出块值（块值是指一个 Vuser 运行过程中最多可以选择多少个参数值）。

举个实例来说明该类型参数的应用。假设给定参数的起始值为 0，参数的格式为 05d%，则参数的所有可能取值为 0~99999，共 100000 个。设定参数的块值为 500，那么为使场景执行过程中所有 Vuser 的每一次迭代都选择不同的参数值，该场景最多只能有 500 个 Vuser，每个 Vuser 的迭代次数最多为 200 次。

在"更新值的时间"下拉框中可选择一种更新参数值的频率，指示 Vuser 何时更新参数值，包括三个选项：each occurrence（每次参数出现时更新参数）、each iteration（每次迭代时更新参数）、once（一旦选择就一直使用）。

该类型在执行时由于设置编号块过小，可能会出现超出范围的情况。为解决这个问题，在"唯一编号"的设置界面中对此进行相应处理，即使用"当超出值时"选项。所执行的操作有以下三种：

- Abort Vuser（中断 Vuser）：停止循环，重新设置编号块大小，再次重新执行。
- Continue in a cyclic manner（以循环方式继续）：执行不停止，按照事先设置的编号的循环方式再执行一次。
- Continue with last value（使用最后的值继续）：选取最后一个值继续执行下去，即后面的编号相同并且使用的都是同一个值。

（7）Vuser ID 参数类型

在运行时，用 Controller 分配给每个 Vuser 的 ID 来替换参数。在测试场景中，每个 Vuser 都有一个唯一的数字 ID。如果在每个 Vuser 运行过程中需要一个与其他 Vuser 进行区别的标识，可使用该参数。

（8）"用户自定义函数"参数类型

该参数类型是 LoadRunner 保留的一个扩展接口。在脚本中给出一个该类型的参数，需要指明参数所在的动态库与作为参数来源的函数名。

（9）File 参数类型

可在参数属性中编辑参数化文件，也可直接选择已编辑好的参数化文件，还可从现成的数据库中提取。File 参数类型是最常用的一种类型，将在本书 3.9.3 节详细介绍该类型的相关设置。

（10）"表"参数类型

该类型与 File 类型相似，区别在于 File 类型为出现的每个参数设置单个数值，而"表"类型可为每个参数设置多个数值，类似于数组。

（11）XML 参数类型

XML 参数类型提供了对 XML 格式的支持。在 XML 参数设置界面中，单击"编辑数据"按钮，可对 XML 的元素和节点属性进行维护。每个节点后都可以填写自己的值，通过"添加列"为一个节点添加属性，通过"复制列"可新增一个节点下的元素。但是 XML 参数类型并不实用，当我们需要的参数值为 XML 时，还是推荐直接将 XML 源代码作为字符串保存。

3.9.3 File 类型参数属性设置

File 类型参数创建好之后，还需要对参数化文件（也叫数据源文件）、参数运行策略等内容进行配置。打开"解决方案资源管理器"视图，双击其中的 parameter（参数）项，即可进入"参数列表"界面，如图 3-35 所示。

图 3-35　"参数列表"界面

（1）"文件路径"属性

该设置用来选择参数化文件的路径，通常使用的是相对路径。假设将脚本复制到别的机器上运行，或者脚本的路径发生了变化，使用绝对路径会找不到参数化文件，导致运行出错。因此，这里建议使用相对路径，增强脚本的可移植性。

（2）管理参数化文件

如图 3-35 所示，可使用以下三种方式管理参数化文件：

① 使用系统本身的"添加列""添加行""删除列""删除行"按钮管理参数化文件。使用这种方式添加少量数据还可以，如果有成千上万条数据，那操作的时间代价就太高了。

② 通过单击"用记事本编辑"按钮，使用记事本程序打开参数化文件，如图 3-36 所示，可在记事本中编辑参数数据。这是一种常用的方式，如果参数可选的数据值在外部文件中已经建立好，那么测试人员只需要把这些数据复制到参数化文件中，调整好格式即可使用。

③ 通过单击"数据向导"按钮，弹出"数据库查询向导"界面，如图 3-37 所示，这意味着 VuGen 允许从已经存在的数据库向参数化文件中导入数据。如果参数数据较多，而且格式不统一，则可要求开发人员将测试数据先写入数据库，然后通过该方式导入 VuGen 中。

VuGen 提供以下两种方式获取数据：

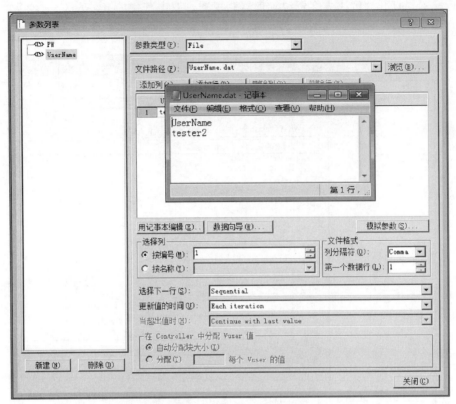

图 3-36　用记事本编辑参数数据

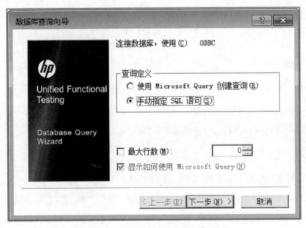

图 3-37　"数据库查询向导"界面

① 使用 Microsoft Query（要求在系统上先安装该软件）。

② 指定数据库连接字符串和 SQL 语句。

由于第一种方式需要预先安装 Microsoft Query 软件，所以通常使用第二种方式导入数据。下面简单介绍第二种方式的步骤：

a. 选择"手动指定 SQL 语句"，单击"下一步"按钮，进入"连接字符串"和"SQL 语句"设置界面，如图 3-38 所示。

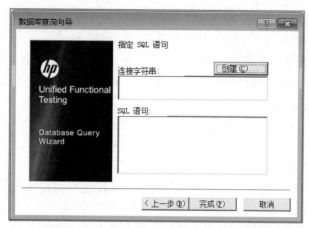

图 3-38　"连接字符串"和"SQL 语句"设置界面

b. 选择需要的数据源文件后，即可自动创建连接字符串。

c. 在"SQL 语句"文本框中输入 SQL 查询语句后，单击"完成"按钮，即可将数据导入参数化文件中。只要导入成功一次，数据就写入脚本所在根目录下的 .dat 格式的记事本文件中，后面只需要在该文件中编辑参数数据即可。

（3）"选择列"设置

指明参数变量，选择参数化文件中的那一列。可通过两种方式选择参数列：按照列编号来选择和按照列名来选择。通常，为避免出错，可选择按列名来选择参数数据的列。

（4）"列分隔符"属性

设置参数化文件中列与列之间的分隔符，包括三个选项：逗号分隔符、制表分隔符和空格分隔符。默认使用逗号分隔符。例如，在本实例中，UserName 列和 PW 列使用逗号作为分隔符。

（5）"第一个数据行"属性

设置脚本从第几行参数数据开始使用和执行。例如，在本实例中，由于 tester1 和 tester2 两个用户名已经注册过，为避免重复，回放时可设置从第三行参数值开始执行。

（6）"选择下一行"设置

当脚本调用参数化文件的数值时，通过该选项可设置参数值的分配方式，该选项包含四个选项："顺序""随机""唯一""与某列选择同一行的参数值"。下面具体介绍这四个选项：

• 顺序（Sequential）：每个 Vuser 按照行顺序读取参数化文件中的数据，如果参数化文件中的数据都执行了一遍，则返回第一行继续执行。

• 随机（Random）：每个 Vuser 随机读取参数化文件中的数据。

• 唯一（Unique）：为每个 Vuser 分配一个唯一的顺序值作为参数。

• 与某列选择同一行的参数（Same Line as XX）：与某个已定义好的参数变量取同一行数值。注意，该方法要求至少其中一个参数是顺序、随机或唯一的。例如，在本实例中，已经定义好 UserName 和 PW 两列参数值，如图 3-39 所示。

	UserName	PW
1	tester1	111111
2	tester2	222222
3	tester3	333333
4	tester4	444444
5	tester5	555555
6	tester6	666666

图 3-39　两列参数值

可将参数 PW 的"选择下一行"选项设置为 Same Line as UserName，那么当脚本运行时，若 UserName 变量选择 tester1，PW 变量将只能选择 111111。

（7）"更新值的时间"选项

该选项可选择更新参数值的策略，指示 Vuser 何时更新参数值，包括三个选项：each occurrence（每次参数出现时更新参数）、each iteration（每次迭代时更新参数）、once（一旦选择就一直使用）。例如，在注册脚本中，PW 参数出现了两次，如果选择 each occurrence，在一次迭代运行过程中，PW 参数出现两次，即从参数化文件中选取两个参数值；如果选择 each iteration，在某次迭代运行过程中，从参数化文件中选取 1 个参数值，两个 PW 参数都将使用该参数值，下次迭代运行才会重新从参数化文件中取值；如果选择 once，那么当前 Vuser 一旦选择了某个参数值，该 Vuser 的所有迭代运行都使用该参数值。

"选择下一行"和"更新值的时间"选项是参数化策略的重要选项，也是初学者理解的难点，下面将这两个选项结合起来，通过实例来介绍它们组合后的参数取值策略，如表 3-1 所示。

假设测试脚本中定义了参数变量 UserName，该参数在脚本中出现两次，该参数可取的参数值按顺序依次是 tester1、tester2、tester3 和 tester4。

表 3-1 不同设置时参数取值示例

"选择下一行"设置	"更新值的时间"设置	参数取值示例
Sequential	Each iteration	Vuser 将为每一次迭代从参数化文件中顺序选取下一个值。实例：第一次迭代，UserName 两次都选取 tester1；第二次迭代，UserName 两次都选取 tester2
	Each occurrence	Vuser 将为每一次参数的出现从参数化文件中选取下一个值。实例：第一次迭代，UserName 两次分别选取 tester1 和 tester2；第二次迭代，UserName 两次分别选取 tester3 和 tester4
	Once	Vuser 第一次迭代中分配的参数值就会在接下来的所有迭代中使用。实例：第一次迭代，UserName 选取 tester1，那么后续迭代都会选取 tester1
Random	Each iteration	Vuser 将为每一次迭代从参数化文件中选取一个新的随机值。实例：第一次迭代，UserName 两次都选取同一个随机值；第二次迭代与第一次迭代取值策略一样
	Each occurrence	Vuser 将为参数的每一次出现从参数化文件中选取一个新的随机值。实例：第一次迭代，UserName 两次分别选取一个新的随机值；第二次迭代取值策略与第一次相同
	Once	Vuser 第一次迭代中分配的参数值会在接下来的所有迭代中使用。实例：第一次迭代，UserName 选取一个随机值后，那么后续迭代都会选取该值
Unique	Each iteration	为每个 Vuser 的每一次迭代从参数化文件中顺序选取一个唯一值。该组合策略可满足每个 Vuser 在每次迭代中使用不同参数值的要求。实例：假设脚本迭代运行两次，两个 Vuser 并发，则 Vuser1 迭代两次分别选取 tester1 和 tester2；Vuser2 迭代两次分别选取 tester3 和 tester4
	Each occurrence	为每个 Vuser 的每一次出现的参数从参数化文件中顺序选取一个唯一值。实例：假设脚本迭代运行 1 次，两个 Vuser 并发，则 Vuser1 在一次迭代中分别选取 tester1 和 tester2；Vuser2 在一次迭代中分别选取 tester3 和 tester4
	Once	第一次迭代中分配的唯一值会在每个 Vuser 所有接下来的迭代中使用。实例：假设脚本迭代运行两次，两个 Vuser 并发，则 Vuser1 迭代两次都选取 tester1；Vuser2 迭代两次都选取 tester2

从表 3-1 可以看出：飞机订票系统的注册脚本实例中，UserName 参数应该选择 Unique 和 Each interation 策略，即每个 Vuser 在每次迭代中都使用不同的用户名来注册。在测试实践中，必须确保参数化文件中的数据量是充足的。例如，如果拥有 20 个 Vuser，并且要运行 5 次迭代，则参数化文件中必须至少包含 100 个唯一值。

当选择 Unique 和 Each interation 组合策略时，"当超出值时"和"在 Controller 中分配 Vuser 值"设置项就变成可用状态。当参数化文件中的参数值不够用时，可通过"当超出值时"选项设置处理办法，有以下三种处理方法：

- Abort Vuser：中断 Vuser 的运行。
- Continue in a cyclic manner：以循环方式继续。将参数继续循环一次，Vuser 按顺序选择参数值，这种情况与选择顺序的策略一致。
- Continue with last value：一直选择最后一个参数值。

"在 Controller 中分配 Vuser 值"设置是指设置在 Controller 执行场景时如何为 Vuser 分配参数，有以下两种方式：

① 自动分配块大小：由 Controller 根据参数值的数量和 Vuser 对参数的使用情况自动为每个 Vuser 分配一定大小的参数数据块。

② 手工设置每个 Vuser 可分配的块大小：测试人员通过对参数的使用情况进行分析，手工设置为每个 Vuser 分配的块大小。例如：假设设置为 20 个，那么，Vuser1 可使用参数化文件中第 1 到 20 个参数值，Vuser2 使用第 21 到 40 个参数值，依此类推。由于每个 Vuser 只有 20 个值，所以当 Vuser 迭代运行超过 20 次时，参数值不够用，Controller 会有相应的错误提示。

参数属性设置完成后，就可以回放和调试脚本了。回放脚本前，可启用"运行时设置"|"日志"|"扩展日志"中的"参数替换"，这样做的目的是在回放日志中查看每次迭代参数的使用情况，以验证参数化技术设置是否正确。当然，也可通过 VuGen 的"运行时数据"视图查看参数的使用情况。

3.10　关联技术

在执行 LoadRunner 脚本时，可将 LoadRunner 设想成一个演员，它伪装成浏览器，然后根据脚本，把当初浏览器说过的话，再对网站服务器重说一遍，LoadRunner 企图骗过服务器，让服务器以为它就是当初的浏览器，然后把网站数据传送给 LoadRunner。这样的做法在遇到某些安全级别较高的服务器时，可能会失效。这时就需要通过关联技术让 LoadRunner 再次成功地骗过服务器。

所谓的关联技术就是把测试脚本中某些常量数据转变成来自服务器的、动态的、每次可能都不一样的数据。关联技术也是一项常用的脚本完善技术，下面介绍关联技术的应用背景及意义。

(1) 使脚本能够骗过聪明的服务器

通常情况下，比较聪明的服务器为防范 DDos 攻击，要求客户端提交重要的请求信息时使用一个辨别码，这个辨别码是在提交操作之前客户端与服务端通信时，服务端告诉客户端的。这样做可以保证服务器的安全，但给实施性能测试造成了麻烦，会使脚本运行失败。这是因为，每次脚本回放时仍使用旧的辨别码向服务器请求数据，服务器发现这个辨别码是失效的或者根本不认识这个辨别码，当然就不会给 LoadRunner 传送正确的数据。例如录制时，服务器返回给客户端的辨别码为 123，客户端在后续访问中会夹带该辨别码；而回放时，服务器返回给客户端的辨别码变为 456，如果仍然用 123 作为辨别码，则服务器会拒绝提供数据。在录制飞机订票系统的登录业务脚本时，会出现与辨别码性质相似的 userSession 属性，相关代码如下：

```
"Name=userSession","Value=119081.1799919zVcfcDipVQfiDDDDDzHfVptcQVHf",ENDITEM,
```

在回放脚本时，服务器会给客户端返回新的、与录制时不一样的 userSession。如果脚本中仍使用旧的 userSession，服务器会拒绝对该登录请求进行正确响应，导致用户登录失败。这里使用检查点技术对登录后的用户名字符串进行验证很容易看出，使用旧的 userSession 会导致用户登录失败。

（2）保证脚本真实、有效地运行

在客户端与服务器通信过程中，服务器会将某些较长的、格式不统一的或复杂的属性值使用简单的 ID 值来标识，那么，后续客户端向服务器通信时用到该属性值时，不直接使用真实属性值而是将该 ID 值作为参数值提交。在脚本执行过程中，如果该 ID 值不断变化，那么脚本回放就会出错。第一个例子：带附件发送邮件、上传附件时，服务器会给客户端返回一个临时的附件 ID，后续发送邮件时，将附件 ID 作为属性值提交给服务器。第二个例子：用户创建账单时，首先登录系统，然后在创建账单时，为创建者属性值使用当前登录用户 ID，即将用户 ID 作为创建人信息提交给服务器。上述这两个实例如果不使用关联技术，第一个例子会出现附件无法正确提交的情况，导致业务流程执行失败；第二个例子会出现不论哪个用户登录，账单创建人都是录制时的那个登录用户的情形，即脚本无法反映真实的业务流程。

从原则上讲，脚本中的某些属性值在每次脚本执行时都是动态变化的，而且可从之前的服务器返回的数据中找到该数值的地方都需要关联。判断脚本中哪些地方需要关联是一项有难度的工作，按正常逻辑，脚本中某些地方需要关联而没有关联时，脚本回放时会显示错误提示信息。不过很遗憾，LoadRunner 并没有任何特定的错误消息和关联有关。以飞机订票系统的登录业务脚本为例，假设不对 userSession 进行关联，也没有使用检查点技术，脚本回放会成功，没有任何错误提示。判断脚本哪些地方要关联需要测试工程师具备一定的经验和灵感，有时还要多试验几次才能确定哪些地方需要关联。当然，如果实在找不出关联，可求助于软件开发人员。

这里说明一下关联技术的工作原理。首先利用关联函数通过已设置好的左右边界或者正则表达式在服务器返回给客户端的数据中查找关联数据，并将关联数据赋值给关联变量；然后使用关联变量取代后续脚本中要关联的常量数据。下面以 LoadRunner 飞机订票系统中的登录业务脚本为例，介绍关联的创建过程。

3.10.1　如何创建关联

在 VuGen 中，可通过以下三种方式来查找并创建关联。

① 录制后自动关联：脚本录制结束后，利用 VuGen 自带的关联扫描功能查找脚本中可能需要关联的地方，然后由测试人员确认并手动创建关联。

② 录制中自动关联：在录制脚本前，测试人员将关联规则（通过左右边界或者正则表达式来定义规则）在 VuGen 中定义好，然后录制脚本。在脚本录制过程中，VuGen 会依据关联规则从服务器返回的数据中查找关联并创建关联函数。使用该方式的前提条件是测试人员事先知道关联规则。

③ 手动关联：测试人员依据直觉和经验或者借助某些工具来查找需要关联的地方，然后手动创建关联，包括创建关联函数、用关联变量代替常量数据等操作。

在测试实践中，综合利用以上三种关联方式可更好地查找关联。通常，先利用前两种方式来查找并创建关联，若关联后的脚本仍存在问题，说明可能还存在需要关联之处，此时可通过手动关联方式来查找并创建关联。下面具体介绍这三种关联方式的实现步骤。

（1）录制后自动关联

① 扫描关联　在 LoadRunner12.02 中，脚本录制结束后，会自动执行关联扫描功能，将脚本中可能需要关联的地方扫描出来，显示在"设计工作室"窗口中，如图 3-40 所示。

图 3-40　"设计工作室"窗口

如图 3-40 所示，本实例中扫描出一处需要关联的地方。我们通过分析得知，要关联的数值是服务器返回给客户端的 userSession，因此，该处需要使用关联技术。这里要注意，通常扫描出来的关联不一定都需要创建关联，需要测试人员进一步分析和确认。如果不该关联的地方使用了关联技术，可能导致脚本运行出错。

另外，如果没有扫描出想要关联的数值，可单击"回放和扫描"按钮，重新回放一遍脚本（目的是重新获取一遍服务器返回的数据），然后自动执行关联扫描功能。

关联扫描功能的配置参数可在"录制选项"设置中的"关联"|"配置"选项卡中设置，如图 3-41 所示。

下面简单介绍常用的关联扫描参数：

• 规则扫描：执行关联扫描时应用"关联"|"规则"选项卡中的规则，该规则会在本小节中"（2）录制中自动关联"部分详细介绍。

• 自动关联找到的值："设计工作室"将自动关联用规则扫描找到的数值。

- 录制扫描：基于录制的引擎扫描关联。
- 回放扫描：基于回放的引擎扫描关联。
- 用于关联的 API：选择何种关联函数。VuGen 提供两种关联函数，即基于左右边界扫描的 web_reg_save_param_ex 函数和基于正则表达式匹配的 web_reg_save_param_regexp 函数。这两个函数除了扫描规则不同，其他效果差别不大。这里要注意，如果想更换脚本中的关联函数，除了修改该参数，还要重新回放和扫描脚本才能生效。

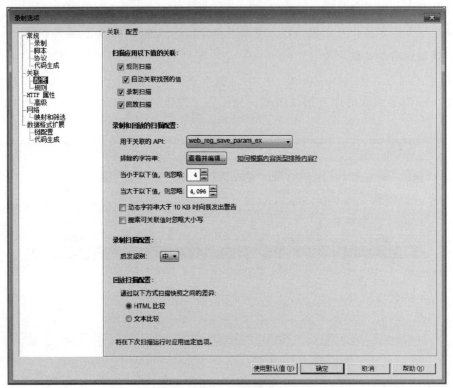

图 3-41　关联配置窗口

- 排除的字符串：录制和回放扫描可忽略的字符串。
- 有效字符串长度：定义字符串长度的有效区间，不在该区间的字符串则忽略。

② 创建关联　在"设计工作室"中，选中要关联的项，单击"关联"按钮，即可创建关联，此时该项的"状态"栏会由"新建"变为"已应用"，如图 3-42 所示。如果不想关联此项，可单击"撤消关联"按钮来取消已创建的关联。

图 3-42　创建关联后的视图

在本实例中，关联参数变量的名字由 VuGen 自动设置为 userSession，即脚本中出现关联数据的地方都用该变量名替代。关联成功后，生成的关联函数及相关应用代码如下：

```
//注册型检查点函数,通过左右边界来获取关联数值
    web_reg_save_param_regexp(
        "ParamName=userSession",
        "RegExp=name=\"userSession\"\\ value=\"(.*?)\"/> \\\n< table\\ border",
        "Ordinal=1",
        SEARCH_FILTERS,
        "Scope=Body",
        "RequestUrl=*/nav.pl*",
        LAST);
web_submit_data("login.pl",
        "Action=http://10.1.18.88:1080/cgi-bin/login.pl",
        "Method=POST",
        "TargetFrame=body",
        "RecContentType=text/html",
        "Referer=http://10.1.18.88:1080/cgi-bin/nav.pl?in=home",
        "Snapshot=t2.inf",
        "Mode=HTML",
        ITEMDATA,
        "Name=userSession","Value={userSession}",ENDITEM,
        "Name=username","Value=tester1",ENDITEM,
        "Name=password","Value=111111",ENDITEM,
        "Name=JSFormSubmit","Value=off",ENDITEM,
        "Name=login.x","Value=56",ENDITEM,
        "Name=login.y","Value=9",ENDITEM,
        LAST);
```

　　另外,在"设计工作室"界面上,可通过单击"添加为规则"按钮来创建关联规则,弹出的"添加为规则"对话框如图 3-43 所示。在该对话框中,选择应用程序和输入要创建的规则名后,就可以在"录制选项"|"关联"|"规则"选项卡中看到新建的规则。创建关联规则属于录制中自动关联方面的内容。

图 3-43　"添加为规则"对话框

(2) 录制中自动关联

　　① 定义关联规则　打开"录制选项"|"关联"|"规则"选项卡,如图 3-44 所示。在"规则"选项卡中,可查看和管理关联规则。

　　关联规则有两种:内建关联规则和用户自定义关联规则。

　　a. 内建关联规则:通俗地说,内建关联规则是 LoadRunner 内部自带的一些规则。VuGen 针对常用的一些应用系统(如 Oracle、PeopleSoft、Siebel 等)内建了一些关联规则,这些应用系统可能会有多种关联规则。

　　b. 用户自定义关联规则:除了内建的关联规则外,用户还可以自定义关联规则。

　　关联规则可通过两种方式创建:一种是在"设计工作室"中添加规则,另一种是在该选项卡中手动创建规则。第一种方式的操作前面已经介绍过,因此,这里只具体说明第二种方式的操作步骤,如下:

　　a. 通过单击"新建应用程序"按钮,创建新的应用程序并重新命名;

　　b. 选中刚创建的应用程序,单击"新建规则"按钮后,该应用程序下会出现新规则。

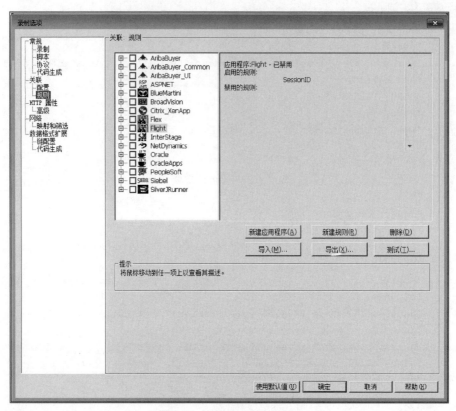

图 3-44 关联规则设置对话框

在关联规则设置对话框中，可修改规则名和配置规则参数，如图 3-45 所示。

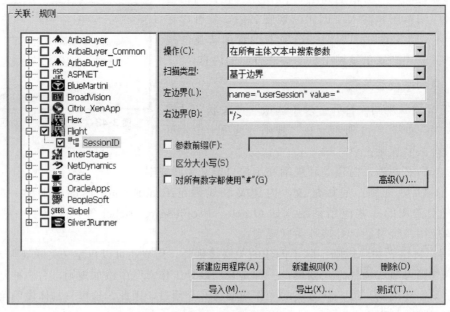

图 3-45 规则创建界面

下面介绍规则的常用参数：

- 扫描类型：包括三个可选项，即基于正则表达式匹配、基于左右边界、基于 Xpath 查询。如果选择基于正则表达式匹配，界面上会显示"正则表达式字符串"文本框，即要通过输入的正则表达式字符串来扫描关联值；如果选择基于边界，则界面上会显示"左边界"和"右边界"文本框，即通过输入的左右边界来扫描关联值；如果选择基于 Xpath 查询，则界面上会显示"Xpath 字符串"文本框，该类型主要用于扫描 XML 格式的数据。
- 参数前缀：在所有基于此规则自动生成的参数中使用前缀。前缀可确保不会覆盖现有用户参数。此外，前缀还有助于识别脚本中的参数。
- 区分大小写：扫描时是否区分大小写。
- 对所有数字都使用"♯"：该项仅适用于基于边界的扫描类型。使用通配符"♯"来替代左右边界中的数字。例如：若启用此选项并指定 tester♯♯ 作为左边界，则 tester02 和 tester45 都是有效的匹配结果。
- 导入：将外部规则文件导入 VuGen 中。
- 导出：将当前规则导出到本地磁盘。
- 测试：对已定义好的规则进行测试，测试规则的匹配是否正确。

② 使用关联规则　关联规则定义好之后，启用该规则，开始录制脚本。在脚本录制过程中，当 VuGen 检查到符合已经创建的关联规则的数据时，会依据规则建立关联。在本实例中，录制完成后生成的关联函数如图 3-46 所示。

```
/*Correlation comment: Automatic rules - Do not change!
Original value='119094.4618063992VcfQcVpDHQVzzzHDzHffpfcicHf'
Name ='userSession_1'
Type ='Rule'
AppName ='Flight'
RuleName ='SessionID'*/
    web_reg_save_param_ex(
        "ParamName=userSession_1",
        "LB/IC=name=\"userSession\" value=\"",
        "RB/IC=\"/>",
        SEARCH_FILTERS,
        "Scope=Body",
        "RequestUrl=*/nav.pl*",
        LAST);
```

图 3-46　生成的关联函数

（3）手动关联

"录制后自动关联"和"录制中自动关联"属于自动关联的范畴。正常情况下，自动关联能将大部分需要关联的地方扫描出来，但如果自动关联无法检查出需要关联的内容，那么只能使用手动方式来进行关联了。这里，还是以飞机订票系统的登录业务脚本为例，介绍手动关联的详细步骤，具体如下。

① 录制两份相同业务流程的脚本，保证事务流程和使用的数据相同　通俗地讲，就是按相同的操作步骤并输入相同的数据录制两遍脚本，并分别保存下来。后面需要对比两份脚本中服务器生成的数据的差异。

② 使用 WinDiff 工具比较两份脚本，找出需要关联的数据　WinDiff 是 LoadRunner 自带的文件比较工具，用于比较两个文件内容，找出两者之间的不同之处，对两份脚本中不同的地方进行判断，进而找到需要关联的数据。比较的详细操作如下：

a. 在 VuGen 中打开其中一份脚本文件的 Action 文件，依次选择菜单"工具"|"比较"|"与外部文件比较"选项，在弹出对话框中选择另一份脚本文件的 Action 文件。在这里，我

们使用的脚本语言是 C 语言，因此选择 .c（C 源文件）为后缀的 Action 文件。

b. 选择第二份脚本文件后，VuGen 就调用 WinDiff 工具，显示两份脚本，并显示存在差异之处。WinDiff 会以一整行黄色表示有差异的脚本代码行，如图 3-47 所示。然后，检查两份脚本中存在差异的地方，每处差异都可能是需要做关联的地方。这里要注意，名字中的 Snapshot 关键字是脚本录制过程中本地存储的快照资源，对比差异时可以略过。还需要注意，lr_think_time 的差异部分不需要分析，因为 lr_think_time 是用来模拟每个步骤之间使用者思考延迟的时间，而我们在录制脚本时每次操作的思考时间都可能不同。

图 3-47 比较两份脚本

③ 在"代码生成"日志的 response 部分里，找出关联数据的左右边界或者确定其正则表达式 在 WinDiff 中找到要关联的数据后，在"代码生成"日志中查找该数据。找到该数据后，要确认该数据是否在服务器返回的内容中，即 response 部分中。然后记录该数据的左右边界或者正则表达式。在本实例中，记录的是左边界是 name="userSession" value="，右边界是"/>，如图 3-48 所示，左右边界所取字符串长度不是固定的，但不宜过短，以免通过边界匹配的字符串过多。

④ 找到关联函数的插入位置并手动创建关联函数 通过分析"代码生成"日志中关联数据的上下文内容，可以比较容易地找到要关联的数据在哪个请求所返回的数据中。找到这个请求后，就可以针对该请求的响应数据创建关联函数了。下面以登录业务脚本为例来说明手动创建关联函数的过程。

a. 找到返回关联数据的请求之后，打开该请求的"快照"视图，然后打开"响应正文"窗口，如图 3-49 所示，响应正文即服务器返回数据。

b. 在"响应正文"窗口中查询关联值 119095.578614824zVcfQHipicfDzHffpiHcQf。如果未找到，则可能是找错请求了。如果找到，则选中该值并单击右键，弹出功能菜单，如图 3-50 所示。

```
***** Response Body For Transaction With Id 27 *****
<!DOCTYPE html
    PUBLIC "-//W3C//DTD XHTML 1.0 Transitional//EN"
      "http://www.w3.org/TR/xhtml1/DTD/xhtml1-transitional.dtd">
<html xmlns="http://www.w3.org/1999/xhtml" lang="en-US" xml:lang="en-US">
<head>
<title>Web Tours Navigation Bar</title>
<meta http-equiv="Content-Type" content="text/html; charset=iso-8859-1" />
</head>
<body bgcolor="#E0E7F1">
<style>
blockquote {font-family: tahoma; font-size : 10pt}
H1 {font-family: tahoma; font-size : 22pt; color: #993333}
H3 {font-family: tahoma; font-size : 10pt; color: black}
small {font-family: tahoma; font-size : 8pt}
</style>
<form method="post" action="/cgi-bin/login.pl" target="body">
<input type="hidden" name="userSession" value="119095.578614824zVcfQHipicfDzHffpiHcQf"/>
<table border="0"><tr><td> </td>
<td> </td></tr>
```

图 3-48　查找关联数据

图 3-49　"响应正文"窗口

图 3-50　查找关联值

c. 在图 3-50 弹出的功能菜单中，单击"创建关联"按钮，则弹出"设计工作室"并且该关联值出现在其列表中。接下来的操作与录制后关联方式相同，这里不再多讲。

3.10.2　关联函数简介

在 LoadRunner12.02 中，关联函数主要有三个，分别是 web_reg_save_param_ex、web_reg_save_param_regexp 和 web_reg_save_param_xpath。从函数名可以看出，关联函数也属于注册型函数。与检查点函数 web_reg_find 一样，关联函数也从缓存中扫描关联数据，因此，该函数也需要插入到相应请求代码之前。下面详细介绍这三个函数的常用参数。

（1）**web_reg_save_param_ex**

该函数通过左右边界来扫描关联数据，可在"步骤导航器"视图中查看并修改该函数的参数配置，如图 3-51 所示。

图 3-51 web_reg_save_param_ex 参数配置

- 参数名称：设置关联数据的参数名称。
- 左边界和右边界：关联数据的左边界字符串和右边界字符串，可设置是否区分大小写、支持二进制数以及使用正则表达式。如果边界字符串中有特殊字符，需要使用转义符号，例如，"为特殊字符，需要在其前加上转义符号"\"。
- DFE：设置文件扩展格式。VuGen 支持多种不同类型的数据记录。随着文件格式的不断增加，VuGen 必须能够支持这些格式，有一些格式是专有和使用自定义序列化，但二进制代码和一些无格式的数据很难让人理解，所以 VuGen 增加了数据格式扩展功能。将这些格式进行转换，可以更好地理解这些数据，同时也可以将这些数据作为参数进行关联。
- 序号（ORD）：符合条件的数据可能存在多个，该参数指明了选取第几次出现的数据赋给关联变量。该参数为可选参数，默认值为 1。假如值为 All，则查找所有符合条件的数据并把这些数据存储在数组中。
- 保存位移（SaveOffset）：当找到符合条件的动态数据时，从第几个字符开始才存储到参数中，该参数为可选参数。此属性的默认值为 0。
- 保存长度：从位移（Offset）开始算起到指定长度内的字符串才存储到参数中。该参数为可选参数，默认值为−1，表示存储整个字符串。

· 范围：搜寻的范围。可以是"主体"、"标头"、Cookie 和"全部"（默认值），该参数为可选参数。

· 帧 ID：相对于 URL 而言，要搜寻网页的 Frame。此属性值可以是 All 或具体数字，该参数为可选参数。

（2）**web_reg_save_param_regexp**

该函数通过正则表达式来扫描关联数据，可在"步骤导航器"视图中查看并修改该函数的参数配置，如图 3-52 所示。

图 3-52　web_reg_save_param_regexp 参数配置

· 正则表达式：设置扫描的正则表达式。正则表达式是一个用来扫描或者匹配一系列符合某个句法规则的字符串。在测试过程中，如果要匹配的值需要模糊查询，则需要使用正则表达式进行匹配。LoadRunner 中常用的正则表达式匹配规则如表 3-2 所示。

表 3-2　LoadRunner 常用正则表达式规则

字符	含义
[]	标记一个表达式的开始和结束位置
()	标记一个子表达式的开始和结束位置
^	匹配以某字符开始，如^abc 表示查找以 abc 开头的字符串
$	匹配以某字符结束，如$abc 表示查找以 abc 结束的字符串
.	匹配除换行符 \n 之外的任何单字符
?	匹配前面一个或一组字符，匹配次数为零次或一次。例如 ab?c 可匹配 abc 和 ac，A(123)?B 可以匹配 AB 和 A123B
+	匹配前面一个或一组字符，匹配次数为一次或多次。例如 ab+c 可以匹配 abbbc 和 abc，A(123)+B 可以匹配 A123B 和 A123123B
*	匹配前面一个或一组字符，匹配次数为零次或多次

续表

字符	含义
\	转义字符
|	匹配"|"前面或后面的字符,例如(ABC)|(123)可匹配 ABC 或 123
{n}	n 是非负整数,匹配 n 次。例如,o{2}不能匹配 Bob 中的 o,但是能匹配 food 中的两个 o
{n,}	n 是非负整数,至少匹配 n 次。o{2,}不能匹配 Bob 中的 o,但是能匹配 foooood 中的所有的 o
{n,m}	m 和 n 均为非负整数,其中 n≤m,表示最少匹配 n 次且最多匹配 m 次。例如,o{1,3}将匹配 fooooood 中的前三个 o

- 组：设置组号。该参数代表了一个 0～10 范围的取值。因为使用正则表达式取值时，表达式可能有多个匹配的字符串。若组＝0，会保存所有匹配的字符串；若组＝1～10，则保存 1～10 个位置匹配的字符串。

（3）web_reg_save_param_xpath

该函数是使用 XPath 路径取值的函数，它适用于 XML 格式的数据，该函数的参数配置如图 3-53 所示。

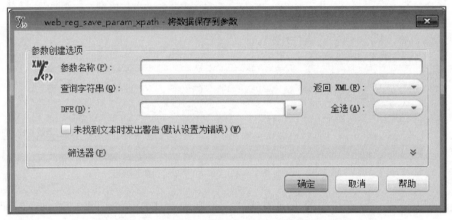

图 3-53 web_reg_save_param_xpath 参数配置

- 查询字符串：要取的值的 XPath 路径。
- 返回 XML：可选参数。若设置为"是"，则返回 XML 中匹配 XPath 的所有数据，包括所有的 XML 节点以及这些节点包含的所有元素；若设置为"否"，则只返回 XPath 指定元素的值。默认为"否"。

3.10.3　关联与参数化的区别

3.9 节和 3.10 节分别对参数化和关联技术进行了详细介绍。这两种技术比较容易混淆，它们有相似之处，即都使用参数变量来代替脚本中的某些常量，不同之处主要有以下两点：

① 参数化变量的取值来自参数化文件，即外部一个独立的文本文件或数据库表；而关联变量的取值从服务器返回的数据中查找，即服务器针对客户端的某个请求做出响应，将需要的数据发送回客户端，而关联变量所要获取的数值就隐藏在发回的数据中。

② 参数化变量的参数化文件是事先准备好的静态文本文件；而关联变量所要查找的数据是动态的，需要通过左右边界或者正则表达式来查找。

3.11　本章小结

　　VuGen 是 LoadRunner 工具中用于录制和开发脚本的重要组件。本章详细介绍了 VuGen 的常用配置项以及脚本录制和开发技术。首先介绍了脚本录制的过程以及相关配置项的使用；接着说明了"运行时设置"的常用配置项，这些设置在调试脚本和控制器场景执行时需要使用到；然后介绍了 VuGen 的通用函数以及使用脚本开发时的注意事项；最后讲述了一些常见的脚本完善方法，包括事务技术、集合点技术、检查点技术、块技术、参数化技术和关联技术。

练习题

　　1. 简述 LoadRunner 脚本开发的一般过程。

　　2. 使用 VuGen 录制脚本时为何要选择协议？如何选择合适的通信协议？

　　3. VuGen 中包含哪两种录制模式？它们各有什么特点？

　　4. 在性能测试实践中，应该采取什么策略来选择 VuGen 录制模式？

　　5. "运行时设置"中常用的配置项包含哪些？

　　6. 在 VuGen 脚本开发过程中，通常使用哪几种方式来调试脚本？

　　7. 插入事务的目的是什么？应该如何插入事务？

　　8. 插入集合点的目的是什么？应该如何插入集合点？

　　9. 插入检查点的目的是什么？应该如何插入文本检查点？

　　10. 在 LoadRunner 中，注册函数的含义是什么？请列举出几个常用的注册函数。

　　11. 什么是参数化技术？参数化技术的应用背景是什么？

　　12. 在参数化技术的实现过程中，创建参数的步骤是什么？

　　13. 关联技术的原理是什么？创建关联的方式有哪些？

　　14. 关联技术与参数化技术的区别是什么？

第4章

HP LoadRunner测试 场景的设计与执行

当 LoadRunner 测试脚本开发完成后，需要设置脚本运行的测试场景，包括 Vuser 数量、Vuser 执行策略、负载生成器等。一个好的测试场景能更真实地模拟用户的实际操作，用于创建、设计和执行 LoadRunner 测试场景的工具是控制器。本章主要介绍控制器的常用配置操作及相关场景设计技术。

 本章要点

- 控制器简介。
- 测试场景类型。
- 控制器的工作视图。

- 设计测试场景。
- 执行和监控测试场景。

4.1 控制器简介

Controller（控制器）组件是 LoadRunner 的控制中心，主要用于管理测试场景。在 LoadRunner 中，测试场景用来定义和描述性能测试会话中发生的各种事件，包括 Vuser 组、Vuser 数量、测试脚本列表、负载生成器列表等信息。使用 Controller 管理场景主要分为"场景设计""场景运行与监控"两部分。

该组件的主要运行流程如下：

① 将 VuGen 中编辑并调试好的脚本加载到 Controller 组件。

② 场景设计。针对已加载的测试脚本，并依据测试用例的要求制定脚本运行的策略，使脚本的运行接近真实用户的使用。在 Controller 中，设计场景时通常需要考虑场景类型、

Vuser 组设置、Vuser 并发数量、Vuser 的调度计划、负载生成器设置、集合点设置、IP 欺骗设置等内容。

③ 场景运行和监控。场景设计完成后，运行场景。在场景运行过程中，监控场景的运行信息以及生成的数据。根据笔者的经验，在场景运行初期，比较容易暴露测试脚本或者场景设计中的问题，因此，测试人员需要耐心地监测场景的运行情况。在运行场景时，通常需要关注 Vuser 脚本运行状态、事务通过情况、输出错误情况、各种资源计数器的指标、Vuser 运行的日志以及几种常见的数据分析图等信息。

④ 测试数据收集。场景运行结束后，Controller 会依据场景预设的策略将各负载生成器生成的测试数据收集起来并进行一定处理。收集到的测试数据是后续分析器进行数据处理和分析的原始数据。

可通过两种方式来启动 Controller，下面具体介绍这两种方式的相关操作。

① 直接通过 Controller 组件的应用程序启动，启动界面如图 4-1 所示。

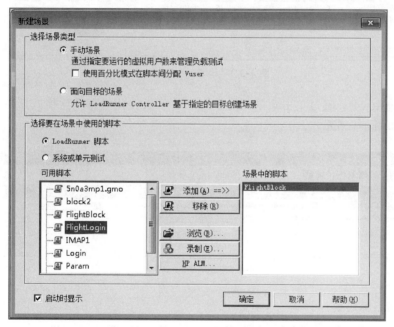

图 4-1　Controller 中的"新建场景"界面

在采用该种启动方式打开的"新建场景"界面中，用户需要选择场景类型并添加测试脚本。

② 在 VuGen 中启动 Controller，单击菜单"工具"|"创建 Controller 场景"后，弹出"创建场景"界面，如图 4-2 所示。

在采用该启动方式打开的创建场景界面中，需要用户设置场景类型、Vuser 数量、负载生成器、Vuser 组以及测试结果数据存放目录等。另外，通过该方式打开的场景会自动将 VuGen 中的当前脚本添加到场景中，比较便捷。

图 4-2　创建场景界面

4.1.1 测试场景类型

在新建一个场景时，首先需要选择场景类型。Controller 提供了手动和面向目标两种测试场景，具体介绍如下。

（1）手动场景

该方式根据性能测试用例中的要求，由测试人员手动配置测试场景的各项参数以及运行策略等。手动场景包含两种模式：用户组模式与百分比模式。这两种模式的不同之处在于计算 Vuser 的方式不同。

默认情况下，场景使用的是用户组模式，如图 4-3 所示。

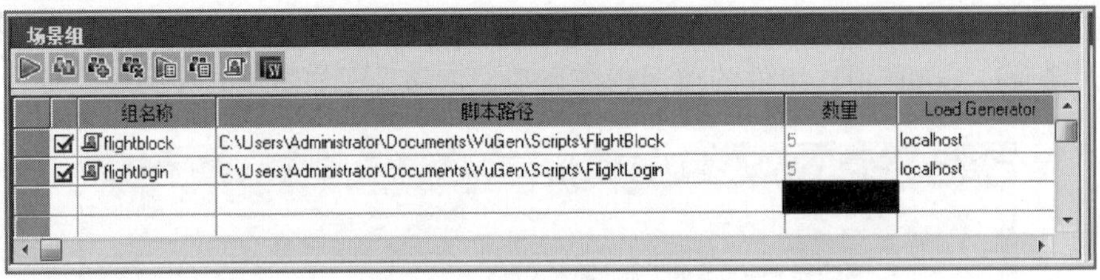

图 4-3 手动场景的用户组模式

在 Controller 中，通过单击菜单"场景"|"将场景转化为百分比模式"，可以切换到百分比模式，如图 4-4 所示。

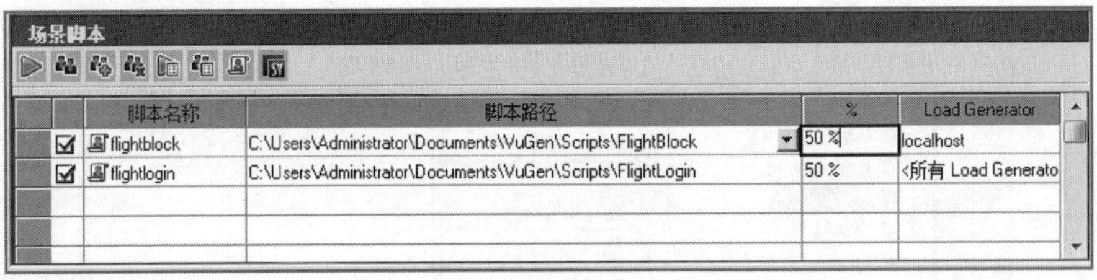

图 4-4 手动场景的百分比模式

（2）面向目标场景

该方式根据已定义的性能目标，由 Controller 基于该目标自动创建测试场景。在场景运行过程中，Controller 通过不断比较测试结果与目标，来动态调整测试场景的运行参数。在面向目标测试场景中，可针对虚拟用户数、每秒点击数、每秒事务数、事务响应时间和每分钟页面数五种性能指标来定义目标。面向目标场景设计的主界面如图 4-5 所示。

手动场景设计方法可以更灵活地按照测试需求和测试用例来设计测试场景，使测试场景能更接近用户的真实使用，因此大多数情况下使用该设计方法来设计场景。面向目标场景设计方法用于能力规划和能力验证的测试过程中。

4.1.2 Controller 工作视图

Controller 中有两个主要的工作视图："设计"视图和"运行"视图。

（1）"设计"视图

"设计"视图是 Controller 的场景设计视图，在手工场景模式下，其工作界面如图 4-6 所示。

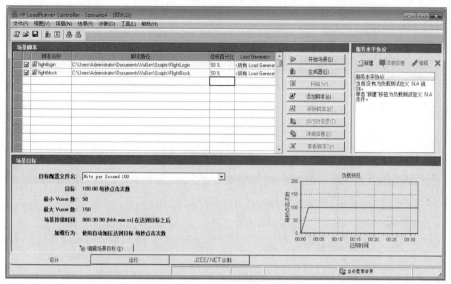

图 4-5　面向目标场景设计的主界面

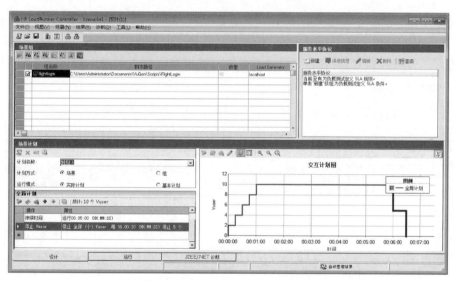

图 4-6　手工场景模式的"设计"视图

该界面中包含三个主要工作区域：

• 场景组设置区域：在该区域可以对 Vuser 组、Vuser 脚本以及负载生成器进行设置。另外，通过区域左上角的功能按钮，还可查看当前 Vuser 脚本、修改脚本的运行时设置等。

• 场景计划设置区域：可在该区域设置场景计划的名称、计划方式、运行模式、启动时间、Vuser 并发数量以及 Vuser 调度计划等。其中 Vuser 调度计划是指设置 Vuser 的启动加载方式、持续运行方式和结束释放方式。

• 服务水平协议设置区域：设计负载测试场景时，可为性能测试指标定义目标值，即设置服务水平协议（SLA）。运行场景时，LoadRunner 收集并存储与性能相关数据。分析运行情况时，Analysis 将这些数据与 SLA 进行比较，并为预先定义的测量指标确定 SLA 状态。

在面向目标场景的模式下，"设计"视图工作界面如图 4-7 所示。

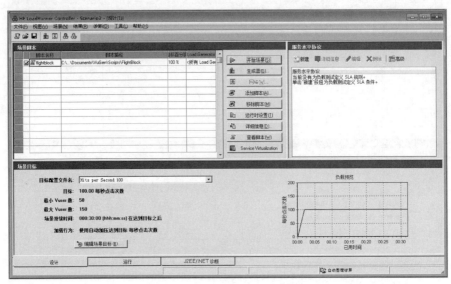

图 4-7 面向目标场景模式的设计视图

该视图中也包含三个主要工作区域："场景脚本"设置区域、"场景目标"设置区域、"服务水平协议"设置区域。其中，"场景脚本"设置区域和"服务水平协议"设置区域与手工场景模式的设置内容基本相同。"场景目标"设置区域主要负责创建和配置场景目标。

(2) "运行"视图

"运行"视图是 Controller 中的场景运行视图，其工作界面如图 4-8 所示。

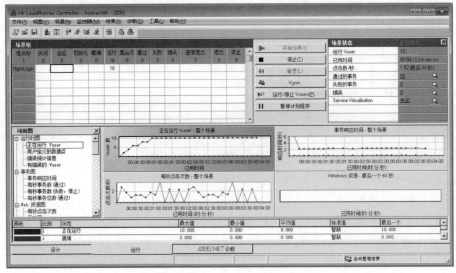

图 4-8 Controller 的运行视图

该视图包含 5 个主要区域：

• "场景组"区域：该区域显示场景组内 Vuser 的状态。通过使用该区域右侧的功能按钮可控制场景的运行以及查看各个 Vuser 的运行情况等。

- "场景状态"区域：该区域显示并发性测试的概要信息，包括场景状态、正在运行的 Vuser 数量、每秒点击数、事务的通过情况、场景错误等信息。
- "可用图"区域：该区域列出 LoadRunner 能提供的数据分析图，数据分析图中记录着性能指标的走势曲线。其中，蓝色是当前包含数据的分析图，黑色是暂时没有数据的分析图。
- "图查看"区域：该区域可以显示数据分析图的详细指标数据，可通过鼠标双击或者拖曳方式将"可用图"区域的数据分析图的详细信息显示在该区域。
- 图例：该区域显示所选数据分析图中性能指标的详细数据。

4.2　场景设计

本节主要介绍测试场景设计中常用的配置与技术，包括：配置脚本和运行时设置，配置场景计划，配置负载生成器，集合点运行设置以及 IP 欺骗技术。

4.2.1　配置脚本和运行时设置

在场景设计界面，Vuser 脚本加载后，用户可对已加载的脚本及相应的运行时参数进行编辑。有两种操作方法，具体如下：

① 直接通过"场景组"设置区域（面向目标场景设计方式中称为"场景脚本"设置区域）的"查看脚本"和"运行时设置"功能按钮来实现编辑操作。

② 通过测试脚本的功能菜单来实现编辑操作。具体操作是：在"场景组"设置区域，选中要编辑的脚本，单击右键，弹出与测试脚本相关的功能菜单，如图 4-9 所示。

图 4-9　测试脚本操作菜单

如图 4-9 所示，选择"查看脚本"命令，则 LoadRunner 自动启动 VuGen 的脚本编辑界面，可在其上查看和修改脚本。需要注意，脚本修改后，一定要在 Controller 中重新加载该脚本，才能确保场景执行中的脚本是修改后的脚本。

如图 4-9 所示，选择"运行时设置"命令，LoadRunner 会弹出该脚本的"运行逻辑"界面，如图 4-10 所示。该界面的设置参数在前面 3.3 节中详细介绍过，这里不再一一赘述。

4.2.2　配置手动场景计划

在信息系统软件实际使用过程中，用户对系统的访问具有一定的规律。为更好地模

图 4-10　脚本的"运行逻辑"界面

拟真实用户对信息系统软件的访问，在场景中需要对 Vuser 的调度计划进行设置。在手动场景设计界面中，通过设置场景计划的相关配置项来实现对 Vuser 的调度计划进行配置，如图 4-11 所示。

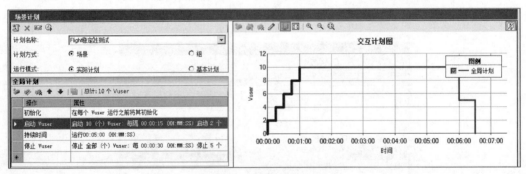

图 4-11　手动场景计划界面

下面详细介绍场景计划设置中常用配置参数的含义：

• 计划名称：场景计划的名称。可以定义一个新的场景计划并命名，还可以对已有的场景计划进行删除和修改。场景计划的命名应该遵循一定的规则，应该能够反映场景的动作。

• 运行模式：场景计划的运行模式有两个可选项，即"实际计划"和"基本计划"，默认选项是"实际计划"。"基本计划"启用后，可在"全局计划"中将用户组脚本的持续运行时间设置为"无限期运行"，如图 4-12 所示。"基本计划"运行模式是 LoadRunner 旧版本中的运行模式，通过一定的配置也可以取得与实际计划运行模式相近的效果。

• 场景启动时间：场景开始时间。可通过单击 按钮打开"场景启动时间"配置界面，如图 4-13 所示，场景启动时间设置包含以下三种方式。

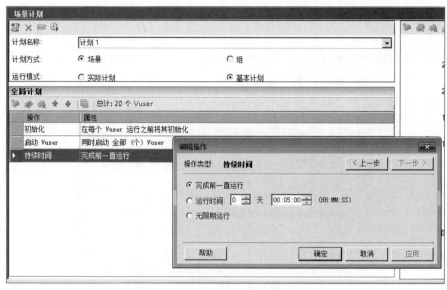

图 4-12　"基本计划"运行模式设置界面

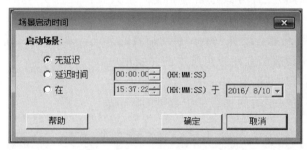

图 4-13　"场景启动时间"设置界面

启动方式一：单击"运行场景"按钮后，场景立即开始，没有延误时间。

启动方式二：单击"运行场景"按钮后，推迟指定的时间后才开始运行。

启动方式三：单击"运行场景"按钮后，在指定的时间开始运行。假设测试组要求在凌晨开始执行场景，可通过该选项来设置在指定的时间运行场景。

• 计划方式：场景计划分为两种方式，即"场景计划"和"用户组计划"。"场景计划"是指所有用户组脚本都按同一个 Vuser 调度计划来运行；"用户组计划"是指不同的用户组脚本可分别设置为不同的 Vuser 调度计划。例如定义两个用户组分别添加注册业务和登录业务脚本，若选择"场景计划"，则只需要为两个用户组脚本设置一个 Vuser 调度计划即可，即它们都按同一个 Vuser 调度计划来调度 Vuser；若选择"用户组计划"，则需要分别为两个用户组脚本设置计划，比如可设置为注册业务脚本执行完成后才执行登录业务脚本，此时不同用户组脚本遵从各自的 Vuser 调度计划。

不同场景计划方式所对应的 Vuser 调度计划设置有一定的差异，下面分别介绍两种不同计划方式下的 Vuser 调度计划的设置项及参数。Vuser 调度计划在"全局计划"区域中设置。

（1）按场景的 Vuser 调度计划

① "初始化"设置：设置脚本运行前如何初始化每个 Vuser，如图 4-14 所示。包括三种初始化方式：

方式一：同时初始化所有 Vuser。

方法二：每隔一段时间初始化一定数量的 Vuser。

方法三：在脚本运行之前初始化所有 Vuser。

图 4-14 "初始化"设置

通常情况下，选择第三种方式进行初始化，即只要保证每个 Vuser 在运行之前被初始化即可。

② "启动 Vuser"设置：设置 Vuser 启动加载的方式，如图 4-15 所示。

"启动"数量用于设置当前用户组脚本的并发用户数。

加载方式一：同时加载所有 Vuser。

加载方式二：每隔一定时间加载一定数量的 Vuser。

图 4-15 "启动 Vuser"设置

在实际性能测试过程中，通常选择第二种加载方式来启动 Vuser，主要有以下两方面的原因：

第一：为了保证场景可以更好地模拟真实用户的使用情况。这是因为在实际使用过程中，基本上不可能出现所有用户同时对某个系统或者业务进行并发性操作。

第二：同时加载方式不能真实反映系统的性能。同时加载可能导致系统的压力瞬间加大而出现瓶颈，但这不一定说明系统无法支持这些数量的 Vuser。因为服务器系统也需要一定时间的适应期，所以一般情况下选择每隔一段时间启动一定数量的 Vuser。

③ "持续时间"设置：设置 Vuser 全部启动后场景持续运行的时间，如图 4-16 所示。

图 4-16　"持续时间"设置

方式一：一直运行，直到所有的 Vuser 用户运行完成后，结束整个场景的运行。

方式二：设置场景持续运行时间。

在实际性能测试过程中，通常要检验系统在一定时间内的持久性能，因此使用第二种方式的情况居多。一般情况下，在进行负载压力测试时，需要测试 15～30 分钟；在进行稳定性测试时，则需要持续运行较长时间，常常是几天或者一周。

④ "停止 Vuser"设置：设置场景运行结束后 Vuser 的停止释放策略，如图 4-17 所示。需要注意，只有设置了持续运行时间时才需要设置该项。

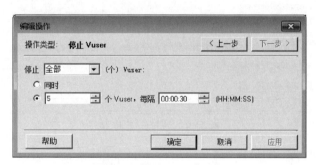

图 4-17　"停止 Vuser"设置

"停止"用户数指释放了多少 Vuser，默认值是所有 Vuser，也可以由用户自定义释放 Vuser 的数量。

释放方式一：当场景运行结束后，同时释放所有 Vuser。

释放方式二：每隔一段时间就停止一定数量的 Vuser。一般情况下，Vuser 如何启动加载就如何停止释放。

（2）按用户组的 Vuser 调度计划

相对于按场景的 Vuser 调度计划，按用户组的调度计划多出了"启动组"设置，其他三个设置项的配置参数相同。在按用户组的 Vuser 调度计划中，以用户组为单位进行计划，每个组都要单独设置自己的调度计划。按用户组的计划方式更灵活，能创建实际应用中用户组与用户组之间的约束关系，例如，注册业务用户组创建的用户可为登录业务用户组使用。下面介绍一下"启动组"设置的相关配置项，如图 4-18 所示。

运行方式一：场景开始运行时立即启动该脚本。

运行方式二：场景执行一段时间后才开始运行该脚本。

运行方式三：在某个选定的用户组脚本运行结束后才开始运行该脚本。

图 4-18 "启动组"设置的配置项

4.2.3 配置面向目标场景计划

在面向目标场景中，首先定义测试需要达到的目标，然后 Controller 会根据这一目标自动创建场景。在面向目标的场景设计界面中，在"场景目标"区域中可查看和编辑测试场景目标，如图 4-19 所示。

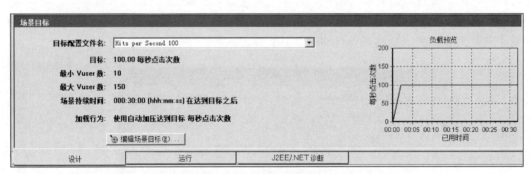

图 4-19 "场景目标"区域

单击"编辑场景目标"按钮，进入"编辑场景目标"界面，如图 4-20 所示，共包含五种目标类型（"虚拟用户数""每秒点击次数""每秒事务数""事务响应时间""每分钟页

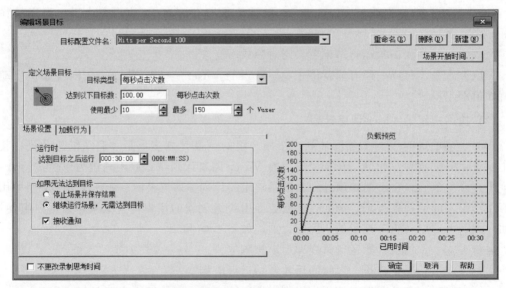

图 4-20 "编辑场景目标"窗口

数"）。下面以"每秒点击次数"目标类型为例，详细介绍各配置项的参数。

（1）目标配置文件

在该区域可管理场景目标的配置文件，包括新建文件、重命名文件和删除文件，如图 4-21 所示。另外，该区域还包含"场景开始时间"设置，该设置项与手动场景模式的"场景启动时间"设置项功能相同，这里不再赘述。

图 4-21 目标配置文件管理界面

（2）"场景设置"选项卡

"场景设置"选项卡包括"运行时"设置和"如果无法达到目标"设置两部分内容。

- "运行时"设置：表示当场景运行达到目标后，该场景还会持续运行一段时间（设置的时间值）才结束运行。
- "如果无法达到目标"设置：表示如果无法达到目标，Controller 将如何处理场景。该设置包含两个可选项："停止场景并保存结果"或"继续运行场景，无须达到目标"。

（3）"加载行为"选项卡

"加载行为"选项卡用于设置 Controller 达到定义目标的方式和时间，如图 4-22 所示，包含三种加载行为。

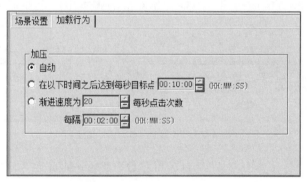

图 4-22 "加载行为"选项卡

加载行为一：Controller 按照内部默认策略来达到定义的目标。

加载行为二：Controller 需要在设定的时间达到目标。

加载行为三：Controller 每隔一段时间增加一定的目标量。

（4）目标类型

①"虚拟用户数"目标类型　这种目标类型主要用来测试服务器对并发用户的处理能力，这种目标类型与手动场景中设置 Vuser 数相似，如图 4-23 所示。假设将虚拟用户数设置为 50 个，那么 LoadRunner 会依据"加载行为"中设置的条件逐渐增加虚拟用户，直到加载到 50 个为止。倘若在加载到 50 个 Vuser 之前系统已经出现瓶颈，例如 CPU 使用率过高，那么 Controller 会依据"如果无法到达目标"设置的策略来运行当前场景。

②"每秒点击次数"目标类型　设置的目标是每秒点击数，如图 4-24 所示。该目标类

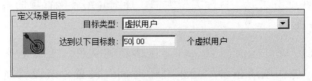

图 4-23 "虚拟用户数"目标类型

型需要设置最小 Vuser 数和最大 Vuser 数。在场景运行过程中，从最小 Vuser 数开始运行，只要没有达到目标，就要增加一定量的 Vuser 数，直至增加到最大 Vuser 数。至于每次增加多少是由"加载行为"设置和 Controller 内部策略决定的，用户不需要关心。如果增加到最大 Vuser 数之后仍然无法达到目标（Controller 会使用指定的最大 Vuser 数连续执行两次）或者加载到最大 Vuser 数之前系统已经出现瓶颈，则会依据"如果无法到达目标"设置的策略来运行当前场景。

图 4-24 "每秒点击次数"目标类型

③ 其他几种目标类型　"每秒事务数""事务响应时间""每分钟页数"目标类型的配置项与"每秒点击次数"目标的配置项以及运行原理基本相似，这里不再一一介绍。需要注意，"每秒事务数""事务响应时间"目标类型对应的脚本中一定要定义事务，否则"事务名"栏为空白，如图 4-25 所示。

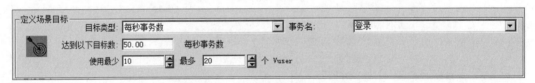

图 4-25 "每秒事务数"目标类型

在以下情况下，"每秒点击次数""每秒事务数""每分钟页数"目标类型的场景运行结果会被置为失败状态。

① Controller 两次使用指定的最大 Vuser 数均未达到目标。

② 第一批 Vuser 运行后，目标指标数值为 0。

③ Controller 运行几批 Vuser 后，目标指标数值未增加。

④ 所有 Vuser 都运行失败。

4.2.4　配置负载生成器

负载生成器（Load Generator，简称 LG）是指可独立部署并运行测试脚本的计算机，负载生成器也称为负载机。作为负载机的计算机必须安装负载生成器组件，否则 Controller 无法与其通信。默认情况下，安装 LoadRunner 的过程中会自动安装负载生成器组件，当然也可在负载机上单独安装该组件。在场景执行过程中，Controller 会依据场景设计方案向每台负载机发送配置参数和执行命令，Controller 可为每台负载机分配多个测试脚本和 Vuser。

　　默认情况下，Controller 使用本机作为负载生成器来运行脚本，如果 Vuser 数量比较大，那么负载生成器执行过程中所消耗的系统资源也比较大。假如负载生成器消耗的资源达到了一定的阈值，它可能就无法支持当前数量的 Vuser 并发执行测试脚本了，也就意味着负载机出现了瓶颈，导致测试无法进行。解决办法是，通过 Controller 设置多台负载生成器，并将 Vuser 分配在多台负载生成器上。另外，在实际测试过程中，为防止互相影响，Controller 和负载生成器一般不会部署在同一台计算机上。

　　下面详细介绍负载生成器的配置过程。

（1）添加负载生成器

① 在场景设计界面，打开 Load Generator 下拉框，如图 4-26 所示。

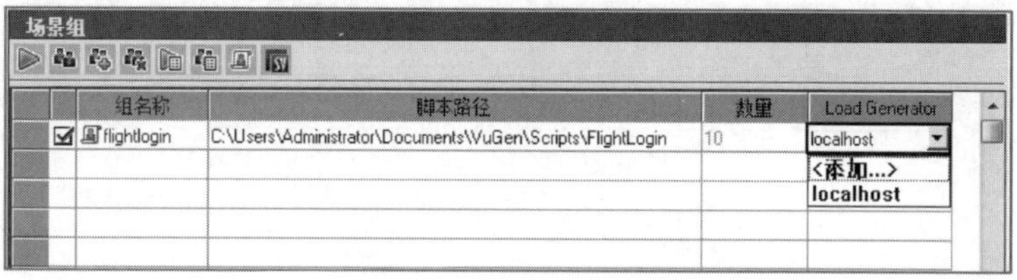

图 4-26　Load Generator 下拉框

② 在图 4-26 所示的界面中，单击"添加"按钮，弹出负载生成器创建界面，如图 4-27 所示，输入要添加负载生成器的名称、运行平台、测试数据的临时保存目录等信息，然后单击"确定"按钮，负载生成器创建完毕。其中，负载生成器名称可使用负载机的计算机名称或 IP 地址来标识；运行平台可选 Windows 和 Linux。

图 4-27　负载生成器创建界面

（2）为用户组分配多个负载生成器

　　如果用户组的 Vuser 数比较大，那么可能需要多台负载生成器来一起承担这些 Vuser 的运行。在 4.1.1 节中，我们了解到手动场景模式包含用户组模式和百分比模式，默认情况下使用用户组模式。Controller 中有这样的规定：只能在百分比模式下才可以为某个用户组脚本添加多台负载生成器，而在用户组模式下只能为用户组脚本添加一台负载生成器。因此，如果想要添加多台负载生成器，需要在两种模式下进行切换，具体操作如下：

　　① 选择菜单"场景"|"将场景转换为百分比模式"命令，即可将当前场景由用户组模式转换为百分比模式。

　　② 在百分比模式下，打开 Load Generator 下拉框，弹出负载生成器添加界面，如图 4-28 所示。

　　③ 在如图 4-28 所示的页面中，选择要添加的负载生成器，单击"确定"按钮，即可完成多个负载生成器的添加，如图 4-29 所示。

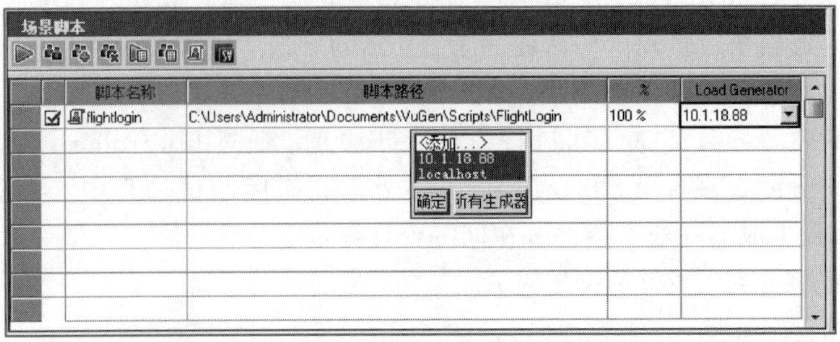

图 4-28　百分比模式下的负载生成器添加界面

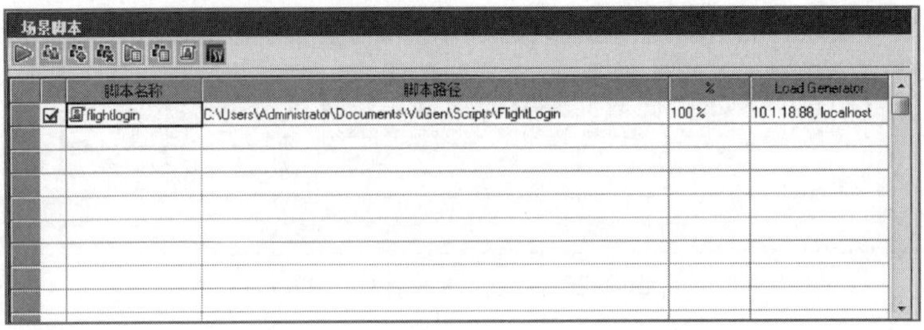

图 4-29　添加多个负载生成器

另外，还可通过选择菜单"场景"|"将场景转换为 Vuser 组模式"命令，将当前场景切换为 Vuser 模式。

（3）负载均衡

如果添加多台负载生成器来执行测试脚本，需要保证负载均衡，即多个负载生成器均分并发 Vuser 数，否则可能造成某些分配 Vuser 数较多的负载生成器系统出现瓶颈。例如，在测试过程中使用 2 台计算机作为负载生成器，Vuser 数为 1000 个，如果负载分配不均衡，一台计算机分配了 900 个 Vuser，另一台分配了 100 个，那么在执行过程中，分配 900 个 Vuser 的负载机的硬件资源可能被耗尽，导致测试失败。

在 LoadRunner 中，Controller 会自动为每个负载生成器分配 Vuser 数。有时，由于某些原因，如频繁修改 Vuser 数，会出现负载不均衡的情况。下面介绍如何查看和纠正负载均衡问题，具体操作如下：

在 Controller 的"运行"视图中，单击 Vuser 按钮，进入 Vuser 详细信息配置界面，如图 4-30 所示。在该界面，通过查看 Load Generator 列可检查负载是否均衡。例如，假设有两台负载机，10 个 Vuser，那么分配给每台负载机 5 个 Vuser 才算是负载均衡。倘若检查到存在不均衡的问题，可通过 Load Generator 下拉框的选项来重新分配负载机，直至负载均衡。

（4）连接负载生成器

在 LoadRunner 中，场景运行的原理是 Controller 通过代理程序控制负载生成器运行，因此，首先需要在负载生成器上启动代理程序，否则 Controller 与负载生成器无法连接通信。LoadRunner 代理程序名为 Agent Process，在"开始"菜单中，可在 LoadRunner 下的 Advanced Settings 目录下打开该程序，如图 4-31 所示。

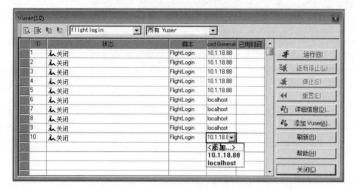

图 4-30　Vuser 详细信息配置界面

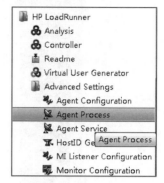

图 4-31　启动负载生成器的代理程序

4.2.5　服务水平协议设置

服务水平协议（Service Level Agreement，SLA）主要用于定义性能测试场景的具体目标。在场景运行过程中，LoadRunner 会收集和存储性能相关数据与已定义的目标值进行比较，从而可以确定目标的 SLA 状态（通过或失败）。例如，定义某个事务的平均响应时间阈值是 3 秒，那么运行结束后 LoadRunner 会将实际运行的响应时间与目标值进行比较。如果低于 3 秒，则 SLA 状态为通过，否则，SLA 状态是失败。

根据定义的目标，LoadRunner 将以下列某种方式来确定 SLA 状态：

① 通过时间线中的时间间隔确定 SLA 状态。在运行过程中，Analysis 按照时间线上的预设时间（例如，每 5 秒）显示 SLA 状态。

② 通过整个运行确定 SLA 状态。Analysis 为整个场景运行显示一个 SLA 状态。可在 Controller 中运行场景之前定义 SLA，也可以稍后在 Analysis 中定义 SLA。

下面简要介绍设置 SLA 的过程。

（1）打开"服务水平协议"向导

单击"服务水平协议"区域中的"新建"按钮，弹出"服务水平协议"功能项介绍界面，如图 4-32 所示。

注意，初次打开"服务水平协议"向导时，将显示功能项介绍页面，如果在下次运行时不希望显示该页面，请选择"下次跳过该页面"选项。

（2）"服务水平协议"指标选择

单击"下一步"按钮，可进入指标选择界面，如图 4-33 所示，该工具提供了 6 种 SLA 指标，包括"事务响应时间""每秒错误数""总点击次数""每秒平均点击次数""总吞吐量（字节）"和"平均吞吐量（字节/秒）"。用户可根据测试需要选择要设置目标值的指标项，这里以"每秒总点击数"为例，来进行目标值的设置。

（3）设置阈值

单击"下一步"按钮，进入设置阈值界面，如图 4-34 所示，由于各个目标指标的含义不同，所以它们的阈值设置界面也不同。这里仍以"每秒总点击次数"目标为例进行阈值的设置。

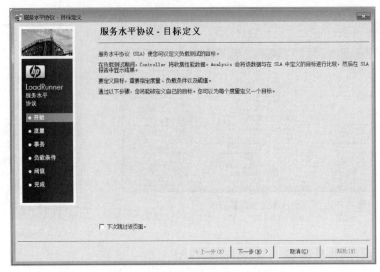

图 4-32 服务水平协议功能项介绍界面

图 4-33 度量指标选择界面

（4）结束设置

单击"下一步"按钮，目标创建完成，如图 4-35 所示。

如果还要继续创建 SLA 目标值，则选中"定义其他 SLA"选项，否则直接单击"完成"按钮。创建成功后，在"服务水平协议"区域会出现"服务水平协议"指标列表，如图 4-36 所示。

4.2.6 集合点运行设置

3.6 一节详细介绍了集合点技术的原理、应用背景以及在 VuGen 中的相关操作。当我们把含有集合点函数的测试脚本加载到 Controller 后，还应该在 Controller 中对集合点的运行策略进行配置，以便使并发的 Vuser 可按一定的运行策略"集合"和"释放"，使脚本的运行更加合理。下面具体介绍集合点运行设置的相关操作。

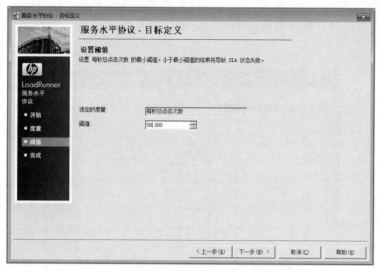

图 4-34　指标阈值设置界面

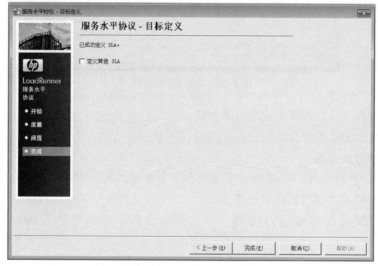

图 4-35　SLA 创建成功界面

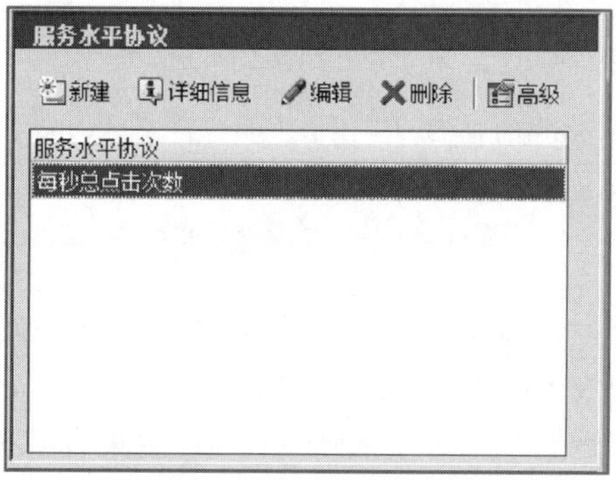

图 4-36　"服务水平协议"创建结果

通过选择菜单"场景"|"集合"命令可打开集合点设置界面，如图 4-37 所示。这里要注意，进行集合点运行设置的测试脚本中一定要包含集合点函数，否则菜单"场景"|"集合"项是不可选的。

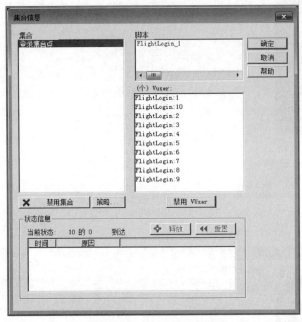

图 4-37 集合点设置界面

下面介绍集合点设置界面中主要对象的含义：

• 集合：显示脚本中所含的集合点。可通过"禁用集合点""启用集合点"按钮来启用和禁用当前选择的集合点。

• Vuser：设置单个 Vuser 是否启用集合点。可通过"禁用 Vuser""启用 Vuser"按钮为单个 Vuser 启用或禁用当前选择的集合点。

• 策略：设置集合点的运行策略。单击该按钮后，弹出集合点运行策略界面，如图 4-38 所示。

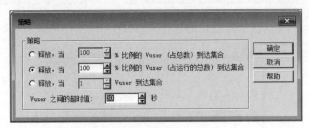

图 4-38 集合点运行策略界面

第一项：表示当所有 Vuser 数量（运行的和非运行的 Vuser 都包含在内）的 $X\%$ 到达集合点时，开始释放等待的 Vuser 并继续执行场景。

第二项：表示当前正在运行 Vuser 数量的 $X\%$ 到达集合点时，开始释放等待的 Vuser 并继续执行场景。

第三项：表示当 X 个用户到达集合点时，开始释放等待的 Vuser 并继续执行场景。

最后一项"Vuser 之间的超时值"是指当第一个 Vuser 到达集合点后，再等待 X 秒，如果在 X 秒内到达的 Vuser 数达到指定的数值，就继续执行场景。如果在 X 秒内还没有达到指定的 Vuser 数值，就不再等待，开始释放等待的用户并继续执行场景。

- 释放：在脚本运行过程中，可通过"释放"按钮手动释放等待的 Vuser，使其继续执行场景。当有 Vuser 在集合点等待时，"释放"按钮变为可用状态，如图 4-39 所示。

图 4-39　手动释放集合点的 Vuser

4.2.7　IP 欺骗技术

所谓的 IP 欺骗（IP Spoofer）技术就是在负载机上虚拟出多个不同的 IP 地址，然后将这些不同的地址分配给不同的 Vuser 使用，这样可使测试环境更加真实、有效。在场景执行过程中，如果不启用 IP 欺骗技术，则每个负载机上的 Vuser 都使用本机的固定 IP 地址，而在被测系统实际使用过程中，不可能所有用户都使用同一个 IP 地址来访问系统。在场景设计过程中，IP 欺骗技术的应用背景及意义如下：

① 使测试环境真实，即可以更好地模拟用户使用不同计算机访问系统的真实情况。

② 某些系统限制单个 IP 地址的访问次数，如果不使用 IP 欺骗技术，则针对该类系统的测试无法进行。例如，很多投票系统只允许某个 IP 每天投一次票。

③ 对于安全级别比较高的信息系统，当某个 IP 地址访问量过大或者过于频繁，服务器可能会拒绝该 IP 地址的访问请求。对于这类系统，如果不使用 IP 欺骗技术，会导致测试脚本无法按照预期的流程模拟用户的操作。

④ 对于某些信息系统，如果同一个 IP 地址多次访问服务器，服务器和路由器会对该 IP 地址的后续访问进行优化处理。

上面给出了使用 IP 欺骗技术的应用背景，测试人员可根据软件的运行要求来决定是否使用该技术以及如何使用该技术。需要注意，负载机必须使用固定 IP 地址，即不能使用 DHCP 服务器动态分配的 IP 地址，否则无法使用 IP 欺骗技术。

下面详细介绍 IP 欺骗技术的实现过程。

（1）在负载机上虚拟多个 IP 地址

在测试实践中，一般可通过两种方式在负载机上虚拟多个不同 IP 地址：一种是在本地连接中直接手动添加 IP 地址；另一种是通过 LoadRunner 自带的 IP 向导（IP Wizard）组件来批量添加 IP 地址。第一种方式的添加操作快捷、便利，适合添加少量 IP 地址的情况，第二种方式适合添加数量较多 IP 地址的情况。下面介绍这两种方式的具体操作。

① 在本地连接中手动添加 IP 地址：

该方式的添加操作比较简单，以 Win7 系统为例，首先单击"本地连接"|"属性"|"Internet 协议版本 4（TCP/IPv4）"|"属性"，即可进入本机网络地址信息配置界面，如

图 4-40 所示。

然后，在网络地址信息配置界面单击"高级"按钮，进入高级网络地址信息设置界面，如图 4-41 所示。

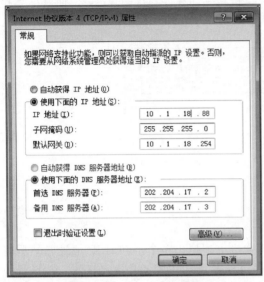 

图 4-40 网络地址信息配置界面　　　　　　　**图 4-41** 高级网络地址信息配置界面

接着，通过"IP 地址"区域下的"添加"按钮可实现新 IP 地址的添加。

最后，通过重启本地连接（可先禁用再启用）来使新添加的 IP 地址生效。通过网络命令 IPconfig/all 可查看该 IP 地址是否生效，如图 4-42 所示。

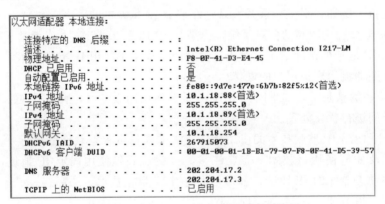

图 4-42 通过 IPconfig 命令查看网络地址信息

② 通过"IP 向导"批量添加 IP 地址：

a. 选择"开始"菜单｜"所有程序"｜HP Software｜HP LoadRunner｜Tools｜IP Wizard 命令，弹出 IP 向导配置窗口，如图 4-43 所示。

b. 在 IP 向导配置窗口，如果有已经创建好的 IP 向导配置文件（.ips 格式），可通过"从文件中加载原有设置"选项导入配置文件，否则选择"创建新设置"选项，即创建一个新的配置。这里选择"创建新设置"选项，单击"下一步"按钮，在弹出的对话框中设置服务器的 IP 地址，如图 4-44 所示。如果计算机中安装了多个网卡，那么先要选择用于这些 IP

地址的网卡，然后设置服务器的 IP 地址。

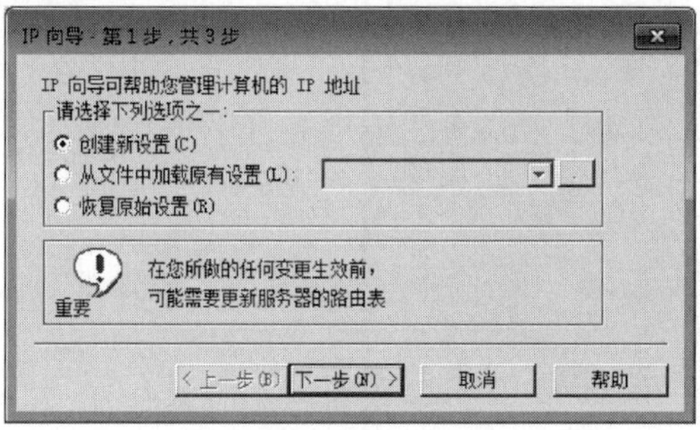

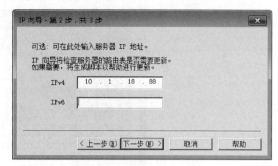

图 4-43　IP 向导配置窗口　　　　　　　　　　　　　图 4-44　设置服务器的 IP 地址

c. 单击"下一步"按钮，在弹出的界面上可以看到该计算机的 IP 地址列表。单击"添加"按钮，弹出 IP 地址添加界面，如图 4-45 所示。

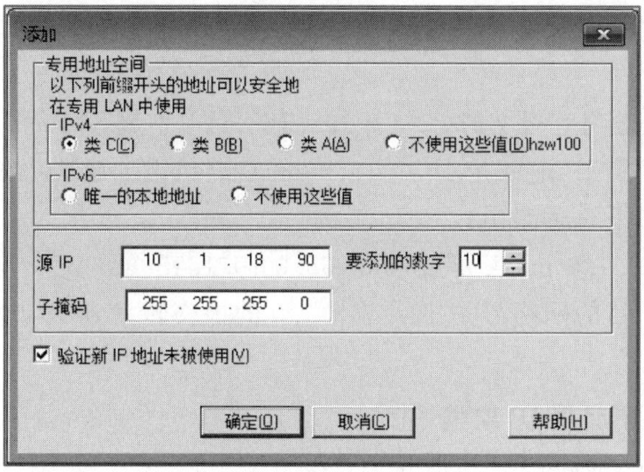

图 4-45　IP 地址添加界面

d. 在 IP 地址添加界面中，选择负载机的 IP 地址类型，并指定要创建的 IP 地址范围。本实例中选择 C 类地址，IP 地址范围为 10.1.18.90～10.1.18.99。这里说明一下，A 类、B 类和 C 类地址只影响子网掩码，对应的掩码分别是 255.0.0.0、255.255.0.0 和 255.255.255.0，并不限制源 IP 地址。

"验证新 IP 地址未被使用"默认启用，该选项意味着 IP 向导对新添加的 IP 地址进行检查，即检查新添加的 IP 地址在同一网段中是否已被使用。如果 IP 已经被使用，那么这些 IP 地址将不会被添加进来，只有未被使用的 IP 地址才会被添加进来。单击"确定"按钮后即可进入 IP 地址检查环节。

e. IP 地址添加完毕后，IP 向导会显示出 IP 地址变更统计界面，如图 4-46 所示。在该界面中，可通过"另存为"按钮将此次添加的 IP 地址保存为 .ips 格式的配置文件，如果下次还要添加该范围的 IP 地址，可直接加载此配置文件。

IP 地址添加完成后，也可通过 IPconfig/all 命令查看 IP 地址添加是否成功。

另外，如果添加的 IP 地址不在负载机所属的网段，会导致使用这些 IP 地址的 Vuser 无法收到服务器的响应报文。例如，假设负载机固定 IP 地址为 10.1.18.88，添加的 IP 地址为 192.168.1.1～192.168.1.10，服务器的 IP 地址为 10.1.20.100。当服务器向 IP 地址为

图 4-46 IP 地址变更统计界面

192.168.1.1 的机器发送响应报文时，由于 192.168.1.1 不属于 10.1.18.0 网段，因此该报文不会通过路由器转发到 IP 地址是 10.1.18.88 的负载机上。解决办法是在 10.1.18.0 网段出去的路由器上添加如下一条路由：

Route add 192.168.1.0 mask 255.255.255.0 10.1.18.88

此路由的含义为：目的网络号是 192.168.1.0 的报文转发到 IP 地址为 10.1.18.88 的计算机上。

（2）在 Controller 中启用 IP 欺骗

完成虚拟 IP 地址的创建后，必须在 Controller 中启用 IP 欺骗，具体操作是选择"场景"｜"启用 IP 欺骗器"命令。启用 IP 欺骗后，在 Controller 的下方区域可看到"IP 欺骗器"标记，如图 4-47 所示。

图 4-47 "IP 欺骗器"标记

至此，IP 欺骗技术设置完毕。在场景运行过程中，可在单个 Vuser 的运行日志中查看 IP 地址的使用情况，从而判断虚拟出的 IP 地址是否被正确使用。查看单个 Vuser 的运行日志的具体操作如下：

① 在 Controller 的"运行"视图中，单击"场景组"区域的 Vuser 按钮，进入 Vuser 运行信息查看界面。

② 选中某个 Vuser 的运行记录，右击"显示 Vuser 日志"按钮，进入该 Vuser 运行日志查看界面，如图 4-48 所示。在日志查看界面上，可查看该 Vuser 使用虚拟 IP 地址的情况。

在 VuGen 脚本开发中，可使用 lr_get_vuser_ip 函数来得到当前 Vuser 的 IP 地址，在脚本中加入下面的代码即可。

图 4-48　Vuser 运行日志查看界面

```
char *ip;
ip= lr_get_vuser_ip();
if(ip)
    lr_output_message("该 Vuser 使用的 IP 地址为% s",ip);
else
    lr_output_message("IP 分配失败");
```

另外，在测试结束后，最好释放负载机所添加的 IP 地址，以免影响网络其他用户的使用。在 IP 向导配置首页，如图 4-43 所示，通过选择"恢复原始设置"选项可以实现 IP 地址的释放。

4.3　场景执行

测试场景设计完毕后，就可以运行设置好的场景。由于 Controller 需要收集和保存场景运行所产生的结果数据，因此，通常情况下，测试人员首先需要对场景运行过程中结果数据的保存目录进行设置，然后运行场景。下面具体介绍场景执行的具体操作。

（1）设置结果目录

单击菜单"结果"|"结果设置"，打开"设置结果目录"界面，如图 4-49 所示。

图 4-49　"设置结果目录"界面

- 结果名称：设置结果文件的名称。
- 目录：设置结果文件的保存目录。
- 自动为每次场景执行创建结果目录：如果启用该选项，则每执行一次场景就生成一份结果文件，结果文件的命名方式为 res 后接一个数字序号，每执行一次序号就加 1；如果不启用该选项，则每次执行场景的结果文件会覆盖上一次执行的结果文件，结果文件名称固定不变，默认情况下是 res。
- 无需确认提示，自动覆盖现有结果目录：如果启用该选项，那么在当前执行场景的结果文件需要覆盖先前的结果文件时，不需要确认提示，直接覆盖；如果不启用该选项，则每次覆盖时，会弹出覆盖确认提示框，只有用户选择"是"之后，才会覆盖之前的结果文件。

（2）运行场景

图 4-50 场景的控制操作界面

在 Controller 的"运行"视图中，控制场景运行、停止等操作的按钮位于"场景组"区域的左侧，如图 4-50 所示。

- 开始场景：单击该按钮，场景即开始运行。
- 停止：在场景未开始运行时，该按钮为不可用状态。只有当场景处于运行状态时，该按钮才是可用状态。在场景运行期间，可通过单击该按钮停止运行场景。在 Controller 中，可通过相关设置来控制场景停止/运行的方式，具体操作是单击菜单"工具"|"选项"弹出"选项"对话框，打开"运行时设置"选项卡，可在"停止 Vuser 时"区域对场景停止/运行的控制方式进行设置，如图 4-51 所示。

控制场景停止/运行有以下三种方式：

方式一：等待脚本的当前迭代运行结束后，再停止 Vuser 的运行。

方式二：等当前的操作（Action）运行结束后，再停止 Vuser 的运行。

方式三：不等待，立即停止 Vuser 的运行。

- 重置：将用户组脚本中所有的 Vuser 状态重置为运行前的"关闭"状态，准备下一次场景的执行。
- Vuser：单击该按钮，可进入 Vuser 运行信息显示界面，如图 4-52 所示。在该界面中，可查看 Vuser 组中每个 Vuser 的 ID、状态、脚本、负载生成器和所用的时间，还可通

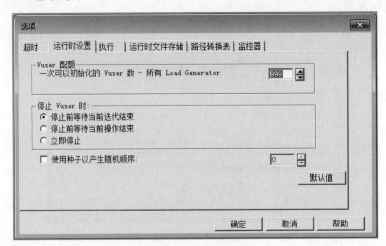

图 4-51 "选项"对话框

过界面右侧的功能按钮对单个或多个被选中的 Vuser 进行操作。

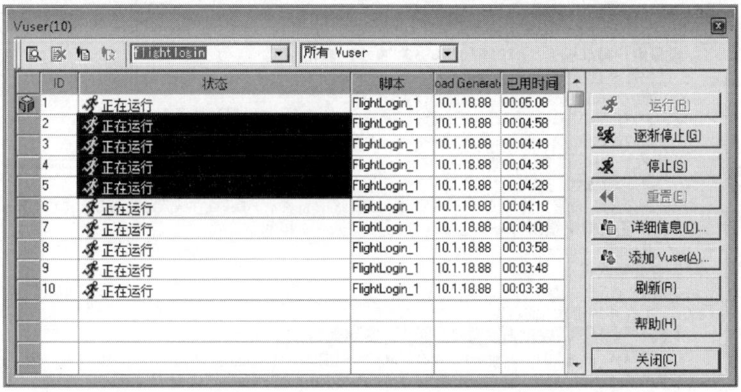

图 4-52　Vuser 运行信息显示界面

在图 4-52 所示的界面中，选中某个 Vuser，单击右键弹出 Vuser 控制命令菜单，如图 4-53 所示。

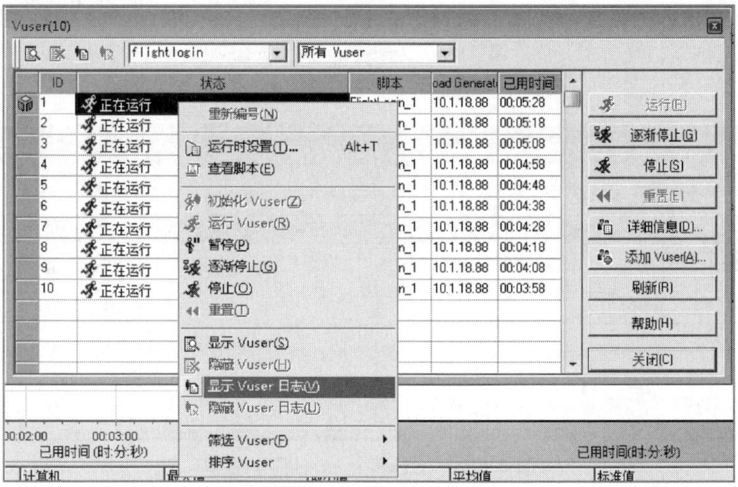

图 4-53　Vuser 控制命令菜单

Vuser 控制命令菜单中大多数功能命令的含义不难理解，这里不再一一介绍。需要强调的是，在场景执行过程中，经常用到的功能是显示某个 Vuser 的运行日志，即通过单击"显示 Vuser 日志"按钮进入 Vuser 日志查看界面，如图 4-54 所示。

通过查看和分析单个 Vuser 的运行日志，可以发现测试脚本、场景设计、服务器等资源中隐藏的问题，例如，检查点查找失败、参数化取值策略错误、关联数值未找到、IP 欺骗失败、Web 服务器资源无法访问等问题都可通过日志数据分析出来。可以说，Vuser 运行日志是场景监控的一个关键点。另外，如果想在日志中查看参数变量的取值情况，需要在 VuGen 的"运行时设置"中启用"扩展日志"下的"参数替换"。

• 运行/停止 Vuser：单击该按钮，打开"运行/停止 Vuser"对话框，如图 4-55 所示。

在该对话框中，可向 Vuser 组中添加新的 Vuser 数（用户组模式）或者新 Vuser 的百分比（百分比模式）以及设置运行这些新 Vuser 的负载生成器。如果场景正在运行，那么新增的 Vuser 会按照当前用户组已经设置好的场景计划运行。例如，如果场景设置了 5 分钟

图 4-54 Vuser 日志查看界面

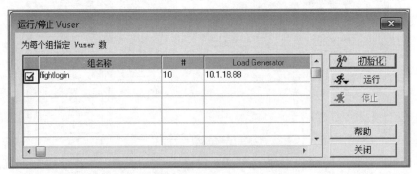

图 4-55 "运行/停止 Vuser" 对话框

的持续运行时间，原有 Vuser 已经持续运行了 3 分钟，那么新添加的 Vuser 只需要跟随原有的 Vuser 运行 2 分钟即可。如果场景未运行或已经运行结束，则新添加的 Vuser 只需要按照用户组脚本的运行时设置来运行。

4.4　场景监控

在场景执行过程中，测试人员要监控场景的运行情况。场景执行初期尤其比较容易暴露测试脚本和场景设计中的问题，尽早发现并解决测试中存在的问题可以减少一些不必要的时间浪费。例如，如果场景要持续运行 24 小时，在场景运行结束后才发现测试脚本中犯了某些低级错误，那么本次场景运行基本上就没有任何意义了。

在场景执行过程中，主要监控的内容包括：Vuser 的运行状态、场景运行的概要信息、错误输出消息、Vuser 运行日志、数据分析图和资源计数器。由于查看 Vuser 运行日志信息的相关操作已在 4.3 节中介绍过，因此下面介绍其他几项监控的内容。

4.4.1　Vuser 运行状态

在场景执行期间，可在"运行"视图中的"场景组"区域查看 Vuser 组及单个 Vuser 的运行状态，如图 4-56 所示。

组名称	关闭	挂起	初始化	就绪	运行	集合点	通过	失败	错误	逐渐退出	退出	停止
	0	0	0	0	10	0	0	0	0	0	0	0
飞机订票登录					10							

图 4-56　Vuser 的运行状态

场景组中这些状态的含义如表 4-1 所示。

表 4-1　Vuser 运行状态的含义

状态	含义
关闭	处于关闭状态的 Vuser 数
挂起	准备初始化并正在等待可用或正在向负载生成器传输文件的 Vuser 数
初始化	正在远程负载机上进行初始化的 Vuser 数
就绪	已执行脚本初始化部分(init 脚本)并准备运行的 Vuser 数
运行	正在负载生成器上执行 Vuser 脚本的 Vuser 数
集合点	已到达集合点并正在等待 Controller 释放的 Vuser 数
通过	已完成运行且脚本通过的 Vuser 数
失败	已完成运行且脚本失败的 Vuser 数
错误	遇到问题的 Vuser 数。可通过"场景状态"区域的"错误"按钮打开输出窗口，了解完整的错误说明
逐渐退出	退出前完成迭代或操作(可在场景的"运行时设置"中设置)的 Vuser 数
退出	已完成运行或已停止，且现在正在退出的 Vuser 数
停止	已停止运行的 Vuser 数

4.4.2　场景运行的概况

可在"运行"视图的"场景状态"区域中查看正在运行场景的概况，如图 4-57 所示。

图 4-57　场景运行的概要信息

"场景状态"区域中各参数项的含义如表 4-2 所示。

表 4-2　场景运行的概要信息含义

状态	含义
场景状态	表示场景是处于"正在运行"还是"关闭"状态
运行 Vuser	表示当前正在运行的 Vuser 数
已用时间	表示自场景开始运行以来已经用过的时间
点击数/秒	表示在每个 Vuser 运行期间，每秒向被测系统提交了多少次点击（HTTP 请求数）
通过/失败的事务数	表示自场景开始运行以来已通过/失败的事务数
错误	表示自场景开始运行以来已发生错误的 Vuser 数

可单击"场景状态"区域中"通过的事务数"或"失败的事务数"右侧的快照按钮来查看当前事务执行的详细信息，如图 4-58 所示。

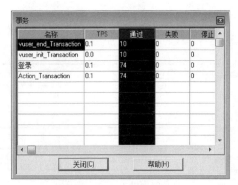

图 4-58　事务执行的详细信息

如图 4-58 所示，TPS 表示每秒的事务数，在场景执行初期，随着 Vuser 数量的增大，TPS 也应逐渐增大。通过监控事务执行的详细信息，可以估算出事务成功率（也可称为业务成功率）指标的数值，计算公式如下：

事务成功率＝已通过的事务数/事务总数

事务成功率越高，说明被测系统的并发性能以及稳定性越好。在测试实践中，通常情况下，事务成功率要求在 98％以上，而对于性能要求较高的系统，事务成功率则要求达到 100％。在场景运行过程中，如果发现事务成功率过低，可立即停止场景的运行并查找系统可能存在的问题。

4.4.3　错误输出消息

在场景运行时，Vuser 和负载生成器会向 Controller 发送错误、通知、警告、调试和批处理消息，这些信息可在 Controller 的 "输出" 窗口中查看到。通过选择 "视图" | "显示输出" 或单击 "场景状态" 区域中 "错误" 右侧的快照按钮可以打开 "输出" 窗口，如图 4-59 所示。

在"消息类型"下拉框中，可选择要显示的消息类型。在场景运行过程中，测试人员主

图 4-59　"输出"窗口

要关注的是"错误"类型的消息，通过对错误进行分析，找到出错的原因并进行改正才能使后续场景正常运行。

在"输出"窗口，选择"错误"消息类型，可以查看当前错误消息列表，然后双击某条消息之后，在"详细消息文本"区域就会显示该错误的描述信息，如图 4-60 所示。

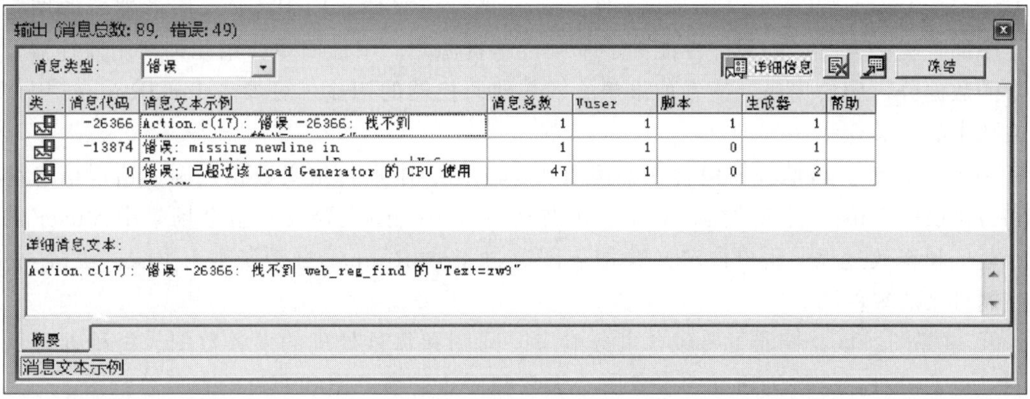

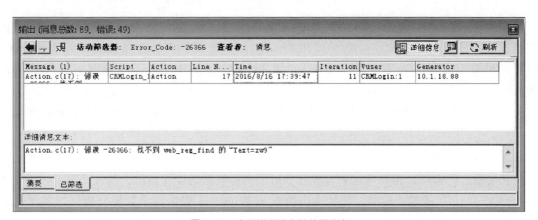

图 4-60　"错误"类型消息窗口

通过查看错误的描述信息，测试人员可判断错误发生的原因。然后单击"消息总数"列中的蓝色数字，可以查看该条错误产生的位置，如图 4-61 所示。

图 4-61　查看错误消息的位置信息

从图 4-61 可以看出，该错误出现在 CRMLogin_1 脚本的第 11 次迭代运行中，错误位置是脚本 Action 中的 17 行，Vuser 的 ID 是 1，负载生成器 IP 为 10.1.18.88。掌握了错误位置的信息，再结合该 ID 的 Vuser 的运行日志等信息，测试人员可以更快、更准确地找到错误产生的原因。

4.4.4　数据分析图

在 Controller "运行"视图的"可用图"区域，用户可通过数据分析图监控某些性能指标数据的变化情况，这些指标数据经过 Controller 收集和处理后，以数据图形式显示在 Controller 中。指标数据主要来源于两个方面：一个是负载机执行时的数据，例如运行的 Vuser 数、事务响应时间、吞吐量、点击率等；另一个是服务器运行时的相关数据，包括 Web 服务器、数据库服务器的资源消耗情况。对于服务器运行指标的监控，有时候仅使用

LoadRunner 来监控还是不够的，还需要借助第三方工具来辅助监控。

（1）可用监控器

Controller 中提供多种监控器，包括运行时图、事务图、Web 资源图、系统资源图、网络图、Web 服务器资源图、Web 应用服务器图、数据库服务器资源图、网络虚拟化图形、HP Service Virtualization、SiteScope 图、Flex 图、流媒体、ERP/CRM 服务器资源图、应用程序部署解决方案、中间件性能图、基础设施资源图。下面简单介绍几种常用监控器及其包含的数据分析图的用途，读者如果想了解其他监控器的用途，可参考 LoadRunner 用户指南文档中的相关介绍。

① 运行时图：该监控器包含正在运行 Vuser 图、用户自定义数据点图、错误信息统计图和有错误的 Vuser 图四种图。其中，正在运行 Vuser 图主要反映整个场景中 Vuser 的加载、运行和释放过程；用户自定义数据点图通过 LoadRunner 自带函数 lr_user_data_point 来绘制自己需要的图。

② 事务图：该监控器主要包含事务响应时间图和每秒处理的事务数图。每秒处理的事务图又包括三种：结果为通过的事务图、失败和停止的事务图和通过的事务总数图。

③ Web 资源图：该监控器有两个重要的数据分析图，即每秒点击次数图和吞吐量图。每秒点击次数需要与正在运行的 Vuser 数成正比，如果不成正比，说明客户端提交的申请很可能并未发送到服务器端。吞吐量图反映服务器的处理能力，它的走势在通常情况下与每秒点击次数成正比。

④ 系统资源图：该监控器主要监控 Windows 系统资源的使用情况和 UNIX 系统使用情况。在实际测试过程中，很少使用 LoadRunner 来监控 UNIX 系统资源的使用情况，通过使用第三方测试工具来监控 UNIX，而 LoadRunner 对 Windows 资源的监控效果比较好。

⑤ Web 服务器资源图：该监控器用来监控场景运行期间 Apache 和 IIS 服务器的统计信息。

（2）监控视图设置

在场景运行期间，用户可以查看数据分析图指标数据的变化情况。默认情况下，显示正在运行 Vuser、事务响应时间、每秒点击次数和 Windows 资源四个数据分析图，如图 4-62 所示。

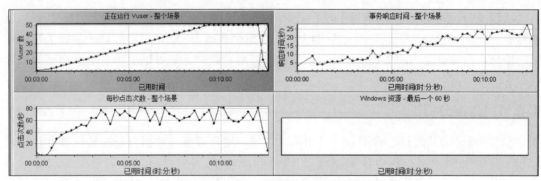

图 4-62 默认数据分析图

在监控过程中，如果想监控其他分析图的指标变化情况，可通过双击左侧可用图列表中

的某个数据分析图来完成。另外，还可对数据分析图的显示数量进行设置，通过选择菜单"视图"|"查看图"，在其子菜单中可选择或设置显示图的个数，可以选择同时显示 1 个、2 个、4 个或 8 个视图，也可在自定义数字中设置视图的数量，但自定义显示视图数量最多只能设置为 16 个，如图 4-63 所示。

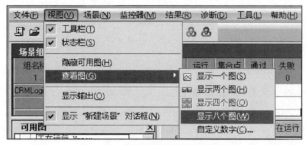

图 4-63　设置视图数量

(3) 监控器设置

在菜单"工具"|"选项"的"监控器"选项卡中，可启用事务监控器，配置事务数据工作方式，还可为监控器设定数据采样率、错误处理、调试及频率，如图 4-64 所示。

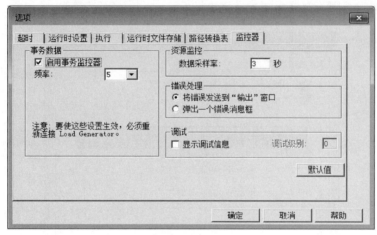

图 4-64　监控器设置

• 事务数据：用来配置"事务""数据点""Web 资源"联机图的数据行为。需要注意，更改完设置后，必须重新连接负载机后才能生效。

• 启用事务监控器：使联机的 Vuser 事务监控器在场景开始时监控事务。

• 频率：用来设置联机监控器为生成"事务""数据点""Web 资源"联机图而采集数据的频率，默认值为 5 秒。频率越高，网络流量越低。

• 数据采样率：采样速率是连续采样之间的时间间隔，以秒为单位。

• 错误处理：用来控制 LoadRunner 发出错误消息的方式。可选择发送至"输出"窗口或弹出错误消息框中的一种。

• 将错误发送至"输出"窗口：将执行场景过程中所有的错误发送至"输出"窗口。

• 弹出一个错误消息框：将错误发送到消息框。

4.4.5 资源计数器

在测试场景运行过程中，测试人员需要对被测系统的各种资源使用情况进行监控，并从中分析出系统可能存在的瓶颈和问题。在 LoadRunner 中，利用各种资源计数器可监测各种资源指标的变化情况。下面介绍几种常见的资源计数器配置操作，其他计数器配置操作请参考 LoadRunner 用户指南文档。

（1）监控 Windows 系统

假如服务器采用 Windows 操作系统，那么测试人员应该对 Windows 操作系统的各项指标进行监控。对 Windows 操作系统的监控方法一般有两种：一种是使用 LoadRunner 直接监控；另一种是使用 Windows 操作系统自带的性能工具进行监控。LoadRunner 能很好地监控 Windows 操作系统，因此优先选用第一种方式。在添加 Windows 资源计数器前，需要先配置被监控主机的访问模式以及应启用的服务，保证计数器可以顺利取到数据。具体配置步骤如下：

① 修改被监控主机访问模式。进入"管理工具"|"本地安全策略"|"本地策略"|"安全选项"|"网络访问：本地帐户的共享和安全模式"，将访问方式更改为"经典-对本地用户进行身份验证，不改变其本来身份"，如图 4-65 所示。需要注意，被监控的主机一定要设置非空的登录密码，否则控制器无法登录该主机。

图 4-65 设置被监控主机访问模式

② 保证被监视系统启用以下 3 个服务：Remote Procedure Call（RPC）、Remote Registry Service 和 Remote Registry。其中，Remote Procedure Call（RPC）Locator 的登录选项中要输入当前主机账户和密码，然后重启该服务，其他服务设置不变。

注意，有时只要启用两个服务 Remote Procedure Call（RPC）和 Remote Registry

即可。

③ 确认并打开共享文件。首先在监视的主机上右击"我的电脑",选择"管理"|"共享文件夹"|"共享",这里有 C＄这样一个共享文件夹。该文件可能存在,也可能不存在。若不存在,需要手动添加。然后在安装 LoadRunner 的机器上使用"运行",在命令行中输入"\\ *被监控主机 IP* \C＄"(斜体的"被监控主机 IP"代表此处输入内容为实际 IP),然后输入管理员用户名和密码,如果能看到被监控主机的 C 盘,就说明 LoadRunner 所在计算机具有被监控主机的管理员权限,可以使用 LoadRunner 去连接了。

完成被监控主机的配置后,就可以在控制器中添加 Windows 资源计数器了,具体步骤如下:

① 在"Windows 资源"中单击右键,在弹出菜单中选择"添加度量",如图 4-66 所示。

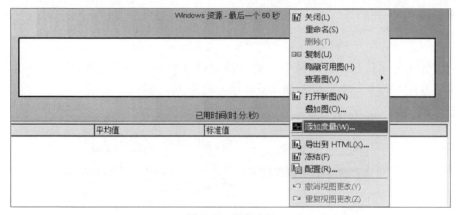

图 4-66　添加度量

弹出"Windows 资源"对话框,如图 4-67 所示。

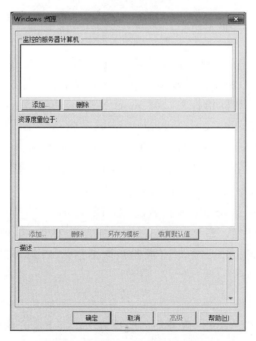

图 4-67　"Windows 资源"对话框

② 在该对话框中单击"添加"按钮，可添加要监控的计算机，如图 4-68 所示。在该对话框中输入要监控的计算机的名称或 IP 地址，并选择操作系统平台。

③ 添加完要监控的计算机后，可选择并添加要监控的指标，具体操作如下。

a. 单击"资源度量位于"下的"添加"按钮，如果当前场景首次监控该计算机的资源，则会弹出被监控计算机的"输入登录信息"对话框，如图 4-69 所示。该对话框的密码信息不允许为空，这也是被监控计算机登录密码不允许为空的原因。

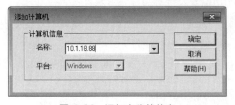

图 4-68 添加名称等信息

图 4-69 被监控主机的"输入登录信息"对话框

b. 在"输入登录信息"对话框中，输入被监控计算机的用户名和密码，单击"确定"按钮，弹出"Windows 资源"指标选择对话框，如图 4-70 所示。

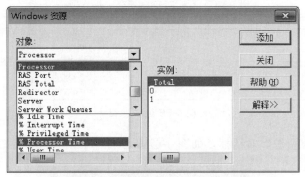

图 4-70 "Windows 资源"指标选择对话框

c. 在"Windows 资源"指标选择对话框中，可选择内存、CPU、磁盘、process、thread 等对象的相关指标。由于指标较多，可选择较常用的指标，常用指标说明如下：

分析内存时常用的计数器指标有：Memory \ Available Mbyte，Memory \ Pages/sec、Pages Read/sec 和 Page Faults/sec，Process \ private Bytes、Work set。

分析 CPU 时常用的计数器指标有：Processor \ ％Processor Time、％User Time、％Privileged Time、％DPC Time，System \ Processor Queue Length。

分析磁盘时常用的计数器指标有：Physical Disk \ ％Disk Time、Average Disk Queue Length、Average Disk Seconds/Read 和 Average Disk Seconds/Write。

d. 添加完度量指标后，返回"Windows 资源"对话框，单击"确定"后，激活 Windows 资源监视器。Windows 资源监视器被激活后，Windows 资源图中就会出现指标数据。

（2）监控 Apache

LoadRunner 提供了对 Apache 服务器的监控方法。接下来介绍配置 Apache 资源计数器的具体操作。首先需要修改 Apache 的配置，具体做法如下。

① 打开 apache/conf/extra/httpd-info. conf 配置文件，将 server-status 部分的代码改为允许所有用户查看 Apache 服务器的状态信息，具体代码如下：

```
<cation/server-status>
SetHandler server-status
Order deny,allow
Deny from nothing
Allow from all
</Location>
```

然后，在该配置文件中找到 ExtendedStatus，该选项的默认值为 Off，将其值设置为 On，具体代码信息如下：

```
ExtendedStatus On
```

② 打开 apache/conf/httpd. conf 配置文件，将 Include conf/extra/httpd-info. conf 前的注释符号 "♯" 去掉。将 LoadModule status_module modules/mod_status. so 前的注释符号 "♯" 去掉，加载该模块。

③ 重新启动 Apache，在浏览器地址栏输入 http：//服务器 IP：端口号/server-status? auto，测试是否可以正确显示 Apache 服务器的动态信息，如果正确，则会在打开的页面中显示以下信息：

```
Total Accesses:3
Total kBytes:5
Uptime:9
ReqPerSec:.333333
BytesPerSec:568.889
BytesPerReq:1706.67
BusyWorkers:2
IdleWorkers:62
```

这几个指标的含义如下：

- Total Accesses：到目前为止 Apache 接收的联机数量及传输的数据量。
- Total kBytes：接收的总字节数。
- Uptime：服务器运行的总时间（单位为秒）。
- ReqPerSec：平均每秒请求数。
- BytesPerSec：平均每秒发送的字节数。
- BytesPerReq：平均每个请求发送的字节数。
- BusyWorkers：正在工作数。
- IdleWorkers：空闲工作数。

BusyWorkers 与 IdleWorkers 之和为 Apache 服务器所允许的同时工作的最大线程数。最大线程数可以在 httpd_mpm. conf 配置文件中通过修改 ThreadPerChild 选项进行设置。

修改完 Apache 的配置文件后，可在控制器里添加 Apache 资源计数器。具体步骤如下：

① 右键单击 Apache 图，然后选择 "添加度量"。

② 在 "Apache" 对话框的 "监视的服务器计算机" 部分，单击 "添加" 按钮，在弹出

图 4-71 添加 Apache 资源监控的资源指标

的对话框中输入要监视计算机的名称或 IP 地址，选择计算机运行的操作系统平台，单击"确定"按钮。

③ 在"Apache"对话框的"资源度量位于"部分单击"添加"按钮，弹出"Apache-添加度量"对话框，显示可添加的度量和服务器属性，如图 4-71 所示。

④ 在"服务器属性"部分输入端口号和不带服务器名的 URL，并单击"确定"。默认的 URL是/server-status? auto。

这里选择"点击次数/秒""忙工作进程数""闲工作进程数"和"已发送 KB/秒"这 4 个度量指标。由于当前 Apache 版本对"CPU 使用情况"指标支持不太好，所以不监控该指标。

⑤ 在"Apache"对话框中，单击"确定"按钮，激活 Apache 资源监视器。

4.5 本章小结

Controller 是 LoadRunner 工具中用于管理测试场景的组件，本章主要介绍 Controller的常用配置项以及相关技术。首先介绍了 Controller 测试场景的类型，包括手动场景类型和面向目标的场景类型；接着重点说明了测试场景设计的常用配置项以及相关技术；然后介绍了场景执行相关的配置项和操作；最后讨论了场景监控的主要内容，包括 Vuser 运行状态、场景运行的概况、错误输出消息、数据分析图和资源计数器。

📝 练习题

1. 简述 Controller 组件的主要运行流程。

2. 手动场景和面向目标场景的区别及特点分别是什么？

3. 在手动场景中，按场景的 Vuser 调度计划有哪些设置项？它与按用户组的调度计划有什么区别？

4. 简述负载生成器的主要作用。

5. 如何添加负载生成器并检查负载是否均衡？

6. 设置服务水平协议的主要目的是什么？

7. 什么是 IP 欺骗技术？该技术的应用背景是什么？

8. 在场景执行过程中，场景监控的主要内容包含哪些？

第5章

HP LoadRunner测试 结果分析

当 LoadRunner 测试场景执行完毕后，需要对测试结果数据进行综合分析，以达到验证性能测试指标、发现系统瓶颈、提出优化建议、评估系统性能等目的。在 LoadRunner 中，用于收集、显示、处理和分析测试结果数据的工具是分析器。本章主要介绍分析器的常用配置操作及相关分析技术。

本章要点

- 分析器简介。
- 常用设置选项。
- 摘要报告。

- 常用数据分析图介绍。
- 测试报告。

5.1 分析器简介

Analysis（分析器）是对测试结果数据进行分析的组件，它提供了丰富的图表信息以及多种图表处理分析技术，可以帮助测试人员确定系统的性能以及分析系统的瓶颈。在场景执行过程中，Controller 组件会将测试数据收集起来并保存在结果文件中，其扩展名为 .lrr。当场景执行完成后，可使用 Analysis 组件对结果文件中的数据进行整理，并生成数据分析图和测试报告。

可以通过以下两种方式打开 Analysis 组件并载入测试结果数据：

① 在 Controller 中打开 Analysis。当场景运行结束后，通过选择菜单"结果"|"分析结果"命令或者单击工具栏上的按钮，打开 Analysis 组件，同时自动将当前场景运行的测

试结果数据加载到该组件中。

② 通过桌面应用程序启动 Analysis。通过桌面应用程序打开 Analysis 后，通过选择"文件"|"交叉结果"命令，打开结果文件选择界面，如图 5-1 所示。在该界面可以选择并添加某个测试结果文件，即将被选择结果文件中的测试结果数据加载到 Analysis 组件中。

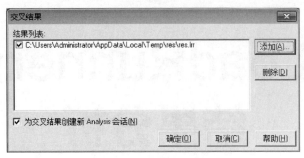

图 5-1　结果文件选择界面

需要注意，lrr 文件是 Controller 收集和处理的数据结果文件，在 Analysis 中打开 lrr 文件后，经过一定设置后的分析文件可保存为 lra 格式的文件，lra 格式文件可以在 Analysis 中使用菜单"文件"|"打开"命令打开。

打开 Analysis 组件并载入测试结果数据之后的界面如图 5-2 所示。

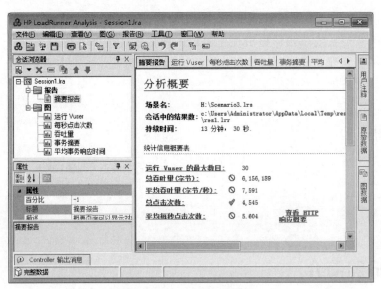

图 5-2　Analysis 主界面视图

Analysis 界面包含的主要窗口如下：

• "会话浏览器"区域：该区域中显示可供查看的报告和数据分析图。在该区域，用户可以对报告和数据分析图进行添加和删除等管理操作。

• "属性"区域：该区域显示用户在会话浏览器中选择的数据分析图或报告的属性信息，黑色字段是可编辑字段。

• 图查看区域：在该区域可以查看报告和数据分析图的详细信息。默认情况下，该区域显示摘要报告。

5.2　常用设置选项

Analysis 组件中的数据分析图是进行测试结果分析的重要对象。在数据图分析过程中，可以通过一些相关的设置来配置和筛选 Analysis 收集到的原始数据，以便用户对数据进行更加准确和直观的分析。下面介绍一些常用的设置选项的设置。

（1）"结果集合"设置

可以通过单击菜单"工具"|"选项"中的"结果集合"选项卡来打开结果集合设置界面，如图 5-3 所示。"结果集合"设置中定义 Analysis 处理负载测试场景结果数据的方式，包括：Analysis 聚合结果数据的方式、数据的处理范围以及是否从 Controller 中复制输出消息。在这里，主要介绍 Analysis 数据聚合的相关选项。

① 数据源：

• 仅生成概要数据：概要数据指未经过处理的原始数据。如果选择此选项，那么 Analysis 不会处理数据以用于筛选和分组等高级用途。注意，选择该项时，选项是不可以设置"数据聚合"的。

• 仅生成完整数据：完整数据是指经过处理可在 Analysis 内使用的结果数据。如果选中此项，则可对数据图进行排序、筛选和处理。

• 生成完整数据时显示概要：该选项意味着用户在等待处理完整数据时查看概要数据。

② 数据聚合：

• 自动聚合数据以优化性能：使用 Analysis 内置数据聚合公式聚合数据，以优化性能。

• 仅自动聚合 Web 数据：仅使用内置数据聚合公式聚合与 Web 有关的数据。

• 应用用户定义的聚合：应用用户自定义来设置聚合数据。

单击"聚合配置"按钮，会弹出显示聚合配置的对话框，如图 5-4 所示。

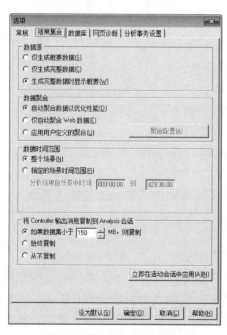

图 5-3　"结果集合"设置界面

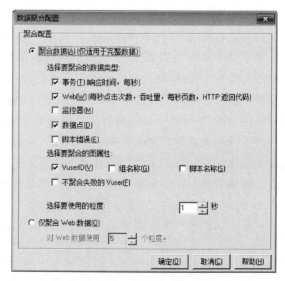

图 5-4　"聚合配置"界面

• 聚合数据（仅适用于完整数据）：该选项用于选择要聚合的数据类型、图属性和粒度。其中，选择需要聚合的图属性在一定程度上可以减小数据库的容量。

• 仅聚合 Web 数据：仅聚合与 Web 应用有关的数据，在这里可以设置聚合的粒度。

（2）"配置度量"设置

通过"配置度量"设置可以更改数据分析图 Y 轴的比例，即可以对 Y 轴执行适当的放大或缩小操作。通过选择菜单"查看"｜"配置度量"命令，弹出"度量选项"界面，如图 5-5 所示。

在"度量选项"界面，可以设置当前数据图中某指标曲线的颜色和 Y 轴的比例。在数据图分析过程中，如果某数据图中含有多个性能指标，且这几个性能指标的数值大小相差几个数量级，那么，要想比较这几个性能指标的走势，则需要更改这几个指标的 Y 轴比例，使测试人员可以更加直观地查看走势关系。

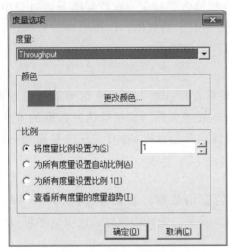

图 5-5 "度量选项"界面

（3）X 轴粒度设置

所谓的 X 轴粒度是指性能指标数据的采集和显示间隔，单位为秒。在数据图分析过程中，通过更改 X 轴的粒度可以使数据图便于阅读和分析。通过选择菜单"查看"｜"设置粒度"命令或在数据图右键选择"设置粒度"命令，可以弹出 X 轴"粒度"设置界面，如图 5-6 所示。

在"粒度"设置界面上，可以根据测试的需要更改当前图 X 轴的粒度值，最大粒度不能超过数据图的最大时间。若粒度值过大或过小，系统会显示相应的错误提示。

（4）筛选条件设置

在数据图分析过程中，可通过设置一定的筛选条件来提取图中最关键的数据。在 Analysis 中有两种筛选设置，即全局筛选设置和单个图筛选设置，其中，单个图筛选设置根据当前图是否为摘要图又可分为摘要图筛选设置和数据图筛选设置。通过单击 Analysis 工具栏的 ▽ 按钮可以打

图 5-6 X 轴"粒度"设置界面

开全局筛选设置界面；通过单击工具栏上的 按钮可以打开单个图筛选设置界面；通过单击工具栏上的 按钮可以取消当前已设置的筛选条件。

由于两种筛选的设置操作相近，因此，下面主要介绍单个图筛选设置的相关操作，"平均事务响应时间"数据图筛选设置界面如图 5-7 所示。

• 筛选条件：在这里要为每个筛选条件选择条件和值。

• 条件：可以选择"＝"（等号）或"＜＞"（不等号），"like"或"not like"。

• 值：从"值"栏列表中选择一个值，筛选条件的值分为三种类型，即离散、连续和基于时间。其中，离散值是一个明确的整数值，如事务名下拉列表中会显示所有事务名；连续值是一个可变维度，可以在最小值和最大值范围限制内取任何值，如事务响应时间；基于时间的值是指相对于测试场景开始时间的值，如场景已用时间。

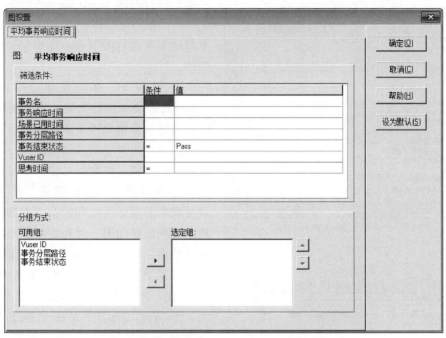

图 5-7　"平均事务响应时间"数据图筛选设置界面

• 分组方式：通过该设置对图显示进行按组排序，分组方式包含可用组和选定组两个列表框。例如，如果选择 VuserID 的分组方式，则事务平均响应时间图会将每个 VuserID 对应的事务数据显示出来，如图 5-8 所示。

Col	Scale	Measurement	Minimum	Average	Maximum	Std. De
✔	标准化	登录:Vuser50	0.116	3.975	15.905	4.543
✔	标准化	登录:Vuser6	0.099	3.772	9.146	3.298
✔	标准化	登录:Vuser7	0.093	4.856	17.107	4.571
✔	标准化	登录:Vuser8	0.121	4.817	14.855	4.019
✔	标准化	登录:Vuser9	0.109	4.992	16.449	4.035
✔	标准化	订票:Vuser1	0.092	0.605	8.816	1.799
✔	标准化	订票:Vuser10	0.092	1.762	8.159	3.059
✔	标准化	订票:Vuser11	0.093	1.853	8.932	3.198

图 5-8　VuserID 分组方式

(5) 添加数据分析图

Analysis 中提供了丰富的数据分析图，经常用到的数据图有 8 类：Vuser 图、错误图、事务图、Web 资源图、网页诊断图、系统资源图、Web 服务器资源图和数据库服务器资源图。在"会话浏览器"区域中，单击右键，然后选择"添加新项"|"添加新图"命令，弹出数据分析图添加界面，如图 5-9 所示。

如果选中图 5-9 中的"仅显示包含数据的图"复选框，则只显示包含运行数据的数据图，有数据的图显示蓝色字体，没有数据的图显示黑色字体。

下面简单介绍一下常用的 8 类数据图。

① Vuser 图。在场景执行过程中，Vuser 在执行事务时生成数据。使用 Vuser 图可以确

图 5-9 数据分析图添加界面

定场景执行期间 Vuser 的整体行为。它显示 Vuser 状态和完成脚本的 Vuser 的数量。主要包括正在运行的 Vuser 图和 Vuser 摘要图两种。

② 错误图。在场景执行期间，某些 Vuser 可能会有执行失败、停止或因错误而终止的情况。错误图主要统计场景执行时的错误信息。主要包括：错误统计、错误统计信息、每秒错误数和每秒错误总数几种图。

③ 事务图。事务图描述了整个脚本执行过程中的事务性能和状态。主要包括：平均事务响应时间图、每秒事务数图、每秒事务总数图、事务摘要图、事务性能摘要图、负载下的事务响应时间图、事务响应时间（百分比）图和事务响应时间（分布）图。

④ Web 资源图。Web 资源图主要提供与 Web 服务器性能有关的一些信息。使用 Web 资源图可分析方案运行期间每秒单击次数、服务器的吞吐量、从服务器返回的 HTTP 状态代码、每秒 HTTP 响应数、每秒页面下载数、每秒服务器重试次数、服务器重试摘要、连接数和每秒连接数。

⑤ 网页诊断图。网页诊断图主要提供一些信息来评估页面内容是否影响事务响应时间。使用网页诊断图可以分析网站上存在问题的元素，例如，下载速度慢的图像。主要包括网页诊断、页面组件细分、页面组件细分（随时间变化）、页面下载时间细分、页面下载时间细分（随时间变化）、第一次缓冲时间细分、第一次缓冲时间细分（随时间变化）等图。

⑥ 系统资源图。系统资源图主要监控场景运行期间系统资源使用率的情况，可以监控 Windows、UNIX、SNMP、Sitescope 等资源。

⑦ Web 服务器资源图。Web 服务器资源图主要用来捕捉场景运行时 Web 服务器的信息，以分析 Microsoft IIS 服务器和 Apache 服务器的运行情况。

⑧ 数据库服务器资源图。数据库服务器资源图主要显示数据库服务器的统计信息。主要支持 DB2、Oracle、SQL Server 数据库。

5.3 摘要报告

在 Analysis 中打开测试结果文件后，默认情况下，在图查看区域显示的是摘要报告。摘要报告中提供了场景运行情况的统计信息，它可以帮助测试人员了解场景执行的基本情况。打开摘要报告，可以通过选择菜单"查看"｜"将概要导出到 Excel"命令将摘要导出到外部 Excel 文件中。摘要报告中主要包括运行概要、统计信息摘要、事务统计、SLA 分析和 HTTP 响应统计五大部分信息，下面具体介绍这五大部分的内容。

（1）概要部分

摘要报告中概要部分的信息如图 5-10 所示。

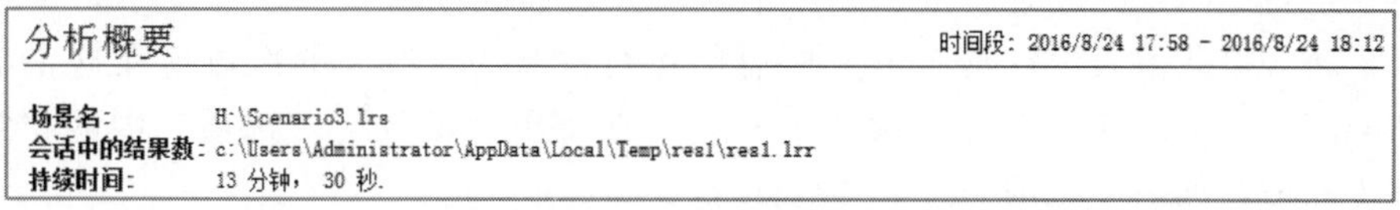

图 5-10　摘要图概要部分

- 场景名：显示场景名的内容。如果该场景保存过，将显示场景的保存路径。
- 会话中的结果数：显示场景结果文件存储的路径和结果文件名。
- 持续时间：显示该场景运行的总时间。

（2）统计信息摘要部分

统计部分显示的信息如图 5-11 所示，在该部分显示了"运行 Vuser 的最大数目""总吞吐量""平均吞吐量""总点击次数""平均每秒点击次数""错误总数"和"HTTP 响应概要"七种指标的数值。其中，只有场景运行中出现了错误才会显示"错误总数"指标。

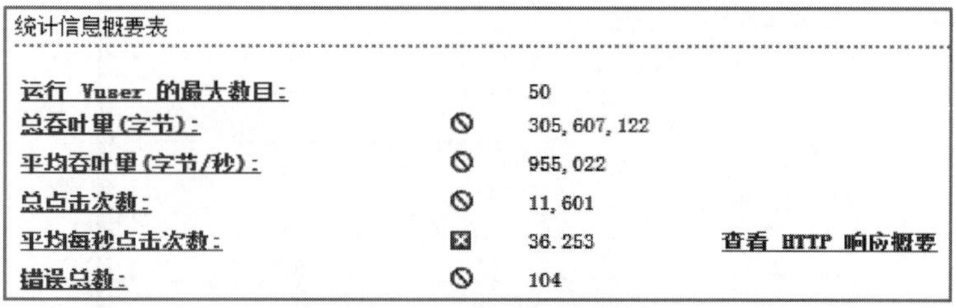

图 5-11　摘要图统计部分

（3）事务统计部分

事务统计部分信息如图 5-12 所示。

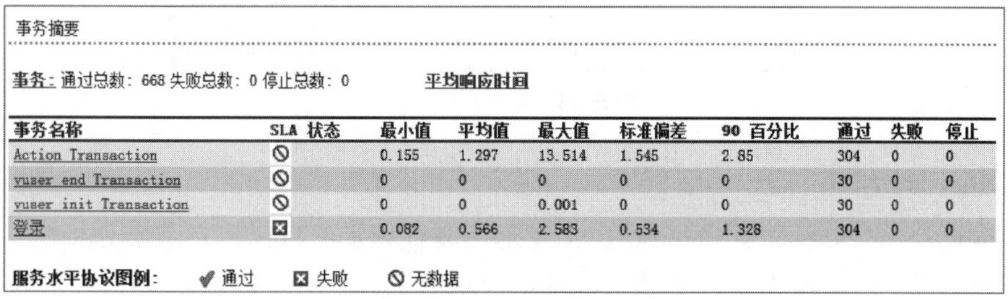

图 5-12　摘要图事务统计部分

事务统计部分第一行统计场景运行时所有事务通过、失败和停止的数量。接下来的表格详细列出各个事务的运行结果信息，包括事务名称、SLA 状态、最小值、平均值、最大值、标准方差、90％事务的值、通过数量、失败数量和停止数量。其中事务的 SLA（服务水平协议）状态有三种：通过、失败和无数据。"失败"意味着实际运行值大于预期目标值；"通过"意味着实际运行值小于或等于预期目标值；无数据意味着该事务未获取该项事务的数据。这里，笔者定义了"登录"事务的预期目标值是 0.03 秒，这是小于实际运行值的，因此 SLA 状态为失败。

在事务结果信息中，事务响应时间包括：最小值、平均值、最大值和90％事务的值。一般来说，如果标准方差不大，可参考平均值和最大值来评估服务器的响应性能，因为这意

味着在整个运行期间，响应时间上下波动不大。如果标准方差较大，可参考最大值和90%事务的值，90%事务值表示在这个事务所有的运行次数中，90%的次数落在这个响应时间里。在 Analysis 中，事务百分比默认是90%，可在菜单"工具"|"选项"中的"常规"选项卡中修改此值，如图 5-13 所示。

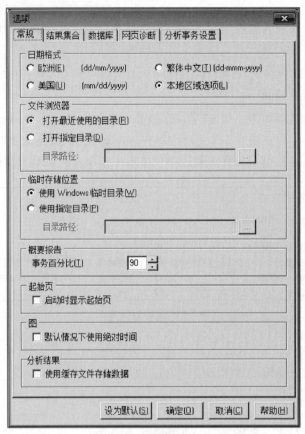

图 5-13 修改事务百分比

（4）SLA 分析

在 Controller 中，测试人员可通过 SLA 定义测试场景的目标。在结果分析时，Analysis 会将收集的数据与 SLA 中定义的度量数据进行比较，并将分析结果显示在 Analysis 中，SLA 的结果状态有以下三种：

① 通过：表示 SLA 获得该项测试数据，并且该数据达到目标要求；

② 失败：表示 SLA 获得该项测试数据，但是测试结果未达到目标要求；

③ 无数据：表示 SLA 未获得该项测试数据，所以无法确定是通过还是失败。

在摘要报告中，系统会显示总吞吐量、每秒吞吐量、总点击数、每秒点击数、错误总数和事务响应时间的 SLA 状态，用户可通过单击这些指标之后的状态链接按钮进入 SLA 报告，来查看指标实际运行的数值和预期的目标值。例如，若在 SLA 中定义了每秒点击数和事务响应时间的预期目标值，则在场景执行结束后，打开 Analysis 中的 SLA 报告可以查看这两个指标的实际值和预期目标值，如图 5-14 所示。

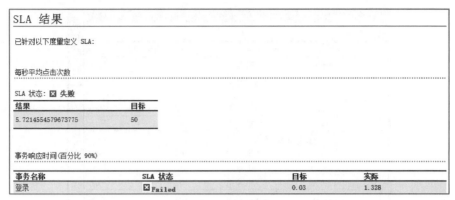

图 5-14　SLA 运行结果

（5）HTTP 响应统计

HTTP 响应统计信息如图 5-15 所示。

HTTP 响应概要		
HTTP 响应	**合计**	**每秒**
HTTP_200	10,481	32.753
HTTP_302	1,120	3.5

图 5-15　HTTP 响应摘要

只有被测系统是基于 HTTP 协议的 Web 系统时，摘要报告中才含有 HTTP 响应统计信息，它反映了 Web Server 的处理情况。该部分主要包含三部分内容：HTTP 响应的状态码、该状态码的总响应数量和每秒的响应数量。其中，状态码由三位数字组成，第一个数字定义了响应类别，它有五种可能取值，如下：

1xx：指示信息，表示请求已接收，需要继续处理。

2xx：成功，表示请求已被成功接收、理解或接受。

3xx：重定向，要完成请求则必须执行进一步的操作。

4xx：客户端错误，请求存在语法错误或请求无法实现。

5xx：服务器端错误，服务器未能实现合法的请求。

5.4　常见数据分析图

在分析数据图时，通常先分析几个常用数据图中的指标数据，然后根据需要分析其他数据。常用的数据分析图包括：运行 Vuser 图、平均事务响应时间图、每秒事务数、点击率图、吞吐量图、系统资源计数器图等。对于系统资源计数器图，LoadRunner 对 Windows、IIS、Apache 和 SQL Server 等系统资源支持较好，其他资源的运行指标数据可以考虑使用第三方监控工具来获取。

用户在打开数据分析图之后，在图的右侧可看到 3 个视图，即用户注释、原始数据和图数据，如图 5-16 所示。其中，用户注释可以帮助用户记录与该图相关的一些文字描述；原始数据中可以列出生成该图的原始数据；图数据中将列出图的数据。用户可以将原始数据和图数据导出到外部 Excel 文件中，以便做进一步分析。

原始数据

	Vuser ID	组名	场景已用时间	Vuse
	Vuser5	飞机登录	18	Pass
	Vuser6	飞机登录	18	Pass
	Vuser7	飞机登录	22	Pass
	Vuser8	飞机登录	32	Pass
	Vuser9	飞机登录	42	Pass
	Vuser11	飞机登录	52	Pass
	Vuser14	飞机登录	62	Pass
	Vuser15	飞机登录	72	Pass
	Vuser16	飞机登录	82	Pass
	Vuser17	飞机登录	92	Pass
	Vuser18	飞机登录	102	Pass
	Vuser20	飞机登录	112	Pass
	Vuser21	飞机登录	122	Pass
	Vuser22	飞机登录	132	Pass
	Vuser29	飞机登录	142	Pass
	Vuser30	飞机登录	152	Pass

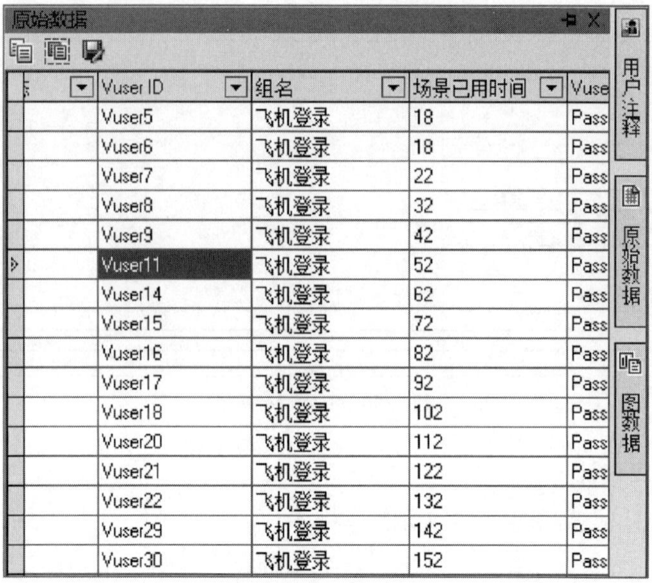

图 5-16　数据分析图右侧的视图

接下来介绍一些常用数据分析图的含义。

（1）“运行 Vuser”图

“运行 Vuser”图反映了 LoadRunner 形成 Vuser 负载的过程，即随着时间的推移，Vuser 数量是如何变化的，如图 5-17 所示。Vuser 数量的变化情况应与 Controller 中设定好的 Vuser 调度计划保持一致。从图 5-17 中可以看出，系统每 5 秒增加 1 个 Vuser，在 4 分 50 秒时到达负载峰值 30 个 Vuser，然后持续运行一段时间，再逐渐结束 Vuser。

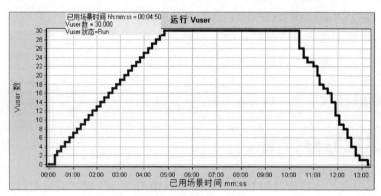

图 5-17　运行 Vuser 图

（2）“平均事务响应时间”图

“平均事务响应时间”图记录了在场景运行期间执行事务所用的平均时间，如图 5-18 所示。事务的响应时间直接体现了系统对用户操作的反应速度，影响着被测系统的使用和推广，因此，该指标是测试人员比较关心的数据之一。在结果分析过程中，可将此图与 Vuser 图合并在一起查看，来观察 Vuser 数量对事务性能的影响。如果某个事务的响应时间过长，可通过其他数据分析图来进一步分析是哪些原因导致的。

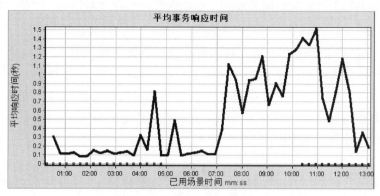

图 5-18　"平均事务响应时间"图

（3）"每秒事务数"图（TPS）

"每秒事务数"图记录了系统每秒处理的事务数，如图 5-19 所示。该数据反映了系统在同一时间内处理业务的能力，该数据越高，系统处理能力越强。可将此图与运行 Vuser 图合并在一起进行查看，观察 Vuser 数量对 TPS 的影响。

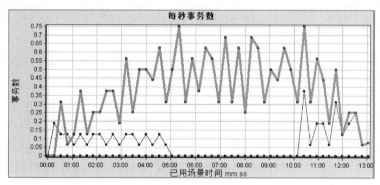

图 5-19　"每秒事务数"图

（4）"每秒点击次数"图

"每秒点击次数"图记录了场景运行过程中 Vuser 每秒向 Web 服务器提交的 HTTP 请求数，如图 5-20 所示。依据每秒点击次数可以评估 Vuser 生成的负载量，在结果分析过程中，可以将此图与运行 Vuser 图合并在一起进行查看，观察 Vuser 数量对点击次数的影响，

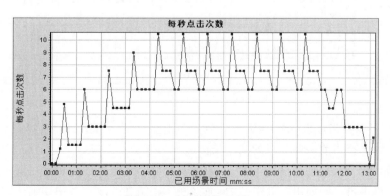

图 5-20　"每秒点击次数"图

也可以将此图和平均事务响应时间图放到一起，观察点击次数对事务性能的影响。

（5）"吞吐量"图

"吞吐量"图记录了在场景运行过程中服务器每秒返回给 Vusers 的数据量，如图 5-21 所示，吞吐量的单位为字节。依据吞吐量可以评估 Vuser 产生的负载量，吞吐量越大，说明服务器处理业务的能力越强。在结果分析过程中，可以将此图与运行 Vuser 图合并在一起进行查看，观察 Vuser 数量对吞吐量的影响，也可将吞吐量和平均事务响应时间图合并在一起，以观察吞吐量对事务性能产生的影响。

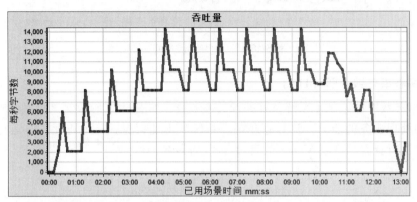

图 5-21 "吞吐量"图

（6）"Windows 资源"计数器图

"Windows 资源"计数器图记录了 Windows 操作系统下各项资源指标的运行数据，包括 CPU、内存、磁盘、网络等相关指标数据，如图 5-22 所示。在测试实践中，大多是要对服务器所使用的 Windows 系统进行监控，并生成 Windows 资源计数器图。通过分析该图中各项资源指标数据来判断服务器的各个部件是否正常运行，是否存在瓶颈。

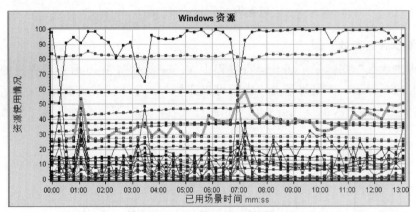

图 5-22 Windows 资源计数器

从图 5-22 可以看出，Windows 资源计数器图上显示的指标数量多而杂乱，测试人员可在"图例"区域选择当前需要分析的几个指标。

另外，"错误"图、"页面诊断"图、"服务器资源"计数器图等也是需要关注的数据图，限于篇幅，这里不再一一列出。其中，"页面诊断"图将在 5.5.3 节中详细介绍。

5.5　数据图分析技术

在上一节，我们介绍了一些常用的数据分析图，但在项目实践过程中仅靠这些原始数据图难以更好地捕捉图的信息。在结果分析过程中，为更好地挖掘数据分析图中的信息，测试人员可借助一些分析处理技术来分析数据图。Analysis 中常用的分析处理技术包括分析图合并、分析图关联、页面细分等技术，下面具体介绍这些技术的原理以及相关操作。

5.5.1　分析图合并

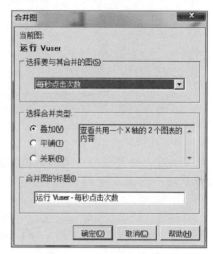

分析图合并技术，顾名思义，就是将若干个有关系的数据分析图合并在一个图中进行查看和分析。合并技术是一种常用的数据图处理技术，通过该技术可以观察相关指标数据的走势是否正常。例如，将运行的 Vuser 图和每秒点击次数图合并在一起，测试人员可以查看正在运行的 Vuser 数量与每秒点击次数的走势关系。

在 Analysis 中，分析图合并技术一次只能实现两张图的合并，如果要将多个图合并在一起，则需要进行多次两两合并操作。通过选择菜单"查看"|"合并图"或者在当前图区域右键选择"合并图"命令，可打开"合并图"设置界面，如图 5-23 所示。

图 5-23　"合并图"设置界面

这里有 3 个需要设置的属性。

① 选择与其合并的图：选择一个要与当前数据图合并的图。注意，只能选择与 X 轴度量单位相同的图，比如，两个图的 X 轴都是时间。

② 选择合并类型：有三种类型供选择，分别是叠加、平铺和关联。这三类合并方式是不同的，这里以运行 Vuser 图和每秒点击次数图合并为例具体介绍。

• 叠加：要合并的两个图共用 X 轴，合并图左侧的 Y 轴显示当前图的 Y 轴值，右边的 Y 轴显示合并进来的 Y 轴值，如图 5-24 所示。

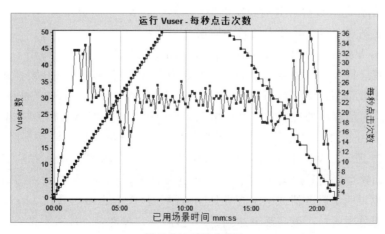

图 5-24　叠加合并图

• 平铺：该方式与叠加方式的区别在于合并进来的图显示在当前图的上方，如图 5-25 所示。

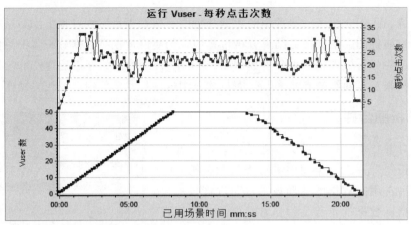

图 5-25 平铺合并图

• 关联：合并之后，当前数据图的 Y 轴变为合并图的 X 轴，被合并图的 Y 轴作为合并图的 Y 轴，如图 5-26 所示。

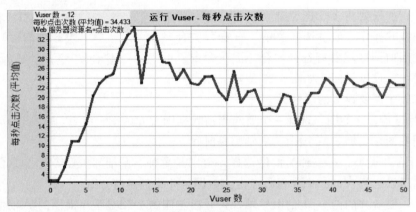

图 5-26 关联合并图

③ 合并图的标题：设置合并后视图的标题。

下面通过实例来介绍合并技术的具体应用。

a. 将"运行 Vuser"图和"每秒点击次数"图以关联方式合并，如图 5-26 所示。按照正常逻辑，随着运行 Vuser 数量的增加，每秒点击次数也应随之增加。从合并图可以看出，当运行的 Vuser 数量超过 12 时，每秒点击次数并没有随着 Vuser 数的增加而增加，这说明服务器或者网络可能存在处理瓶颈，然后可以去分析服务器或网络的相关指标。

b. 在数据图分析过程中，经常将"每秒点击次数"图与"平均事务响应时间"图进行合并，如图 5-27 所示。从图上可以看出，每秒点击次数（加粗线）指标在 1 分 50 秒之后不再继续上升，而这个时间只启动了 12 个 Vuser（在这里，Vuser 调度计划为每隔 10 秒启动 1 个 Vuser），也说明了服务器或网络存在处理瓶颈。从图上也可以看出，在 1 分 50 秒之后事务的响应时间急剧增加，最高甚至达到了 15 秒多，这显然是不能接受的。

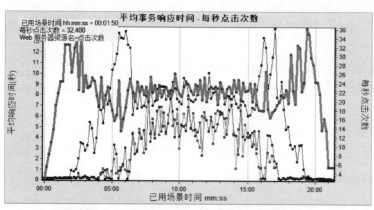

图 5-27　平均事务响应时间与每秒点击次数合并图

5.5.2　分析图关联

分析图关联技术是一种基于指标曲线走势的模糊匹配技术。在分析过程中，如果发现数据图中某指标曲线走势异常，可将该异常曲线段与其他图中的指标曲线进行关联，挖掘出与该曲线段走势类似或者完全相反的指标，那么被挖掘出来的这几个指标可能是造成目标指标曲线走势异常的原因。分析图关联技术只是一种模糊匹配技术，有一定误差，因此，在测试实践中，往往只有对其他分析技术解决不了的问题才考虑使用分析图关联技术。下面介绍该技术的具体操作。

① 在当前数据图中单击右键，在弹出的菜单中选择"自动关联"命令，打开分析图关联设置界面，如图 5-28 所示。

② 在分析图关联设置界面的"时间范围"选项卡中，可以选择某个度量（即指标）要

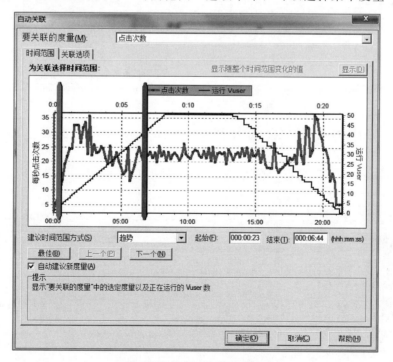

图 5-28　分析图关联设置界面

关联的曲线段，这里用时间范围来限定曲线段。在该界面，可以通过手动拖拉界限条的方式来选择时间范围，也可以使用 Analysis 建议的时间范围方式，即趋势、功能和最佳，这三种方式的含义如下：

- 趋势：选择关联度量值变化趋势相对稳定的一段为时间范围。
- 功能：在关联度量值变化相对稳定的时间内，选择一段与整个趋势大体相似的时间范围。
- 最佳：选择关联度量值发生明显变化趋势的一段时间范围。

③ 通过"关联选项"选项卡可以选择要关联的图以及设置数据间隔和输出选项，如图 5-29 所示。在这里，将每秒点击次数指标与 Windows 资源计数器图进行关联。

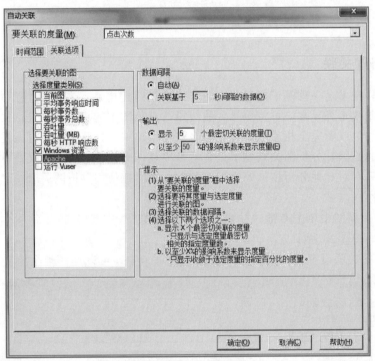

图 5-29 "关联选项"选项卡界面

④ 在这里，以每秒点击次数指标与 Windows 资源计数器图的关联为例，关联结果如图 5-30 所示。

在图 5-30 中，"关联"列有"直接相关"和"反相关"两种结果，其中"直接相关"是

颜	图	比例	度量	关联匹配	关联	计算
☑	每秒点击次数	标准化	点击次数	100	直接相关	暂趔
☑	Windows 资源	标准化	每秒页错误数(Memory):10.1.18.88	76	直接相关	10.1
☑	Windows 资源	标准化	处理器时间百分比(Processor _Total):10.1.18.88	67	直接相关	10.1
☑	Windows 资源	标准化	每秒文件数据操作数(System):10.1.18.88	66	直接相关	10.1
☑	Windows 资源	标准化	授权时间百分比(Processor _Total):10.1.18.88	53	直接相关	10.1
☑	Windows 资源	标准化	可用兆字节(LogicalDisk _Total):10.1.18.88	40	反相关	10.1
☐	Windows 资源	标准化	每秒拆分 IO 数(PhysicalDisk _Total):10.1.18.88	29	直接相关	10.1
☐	Windows 资源	标准化	池已分页字节(Memory):10.1.18.88	26	直接相关	10.1
☐	Windows 资源	标准化	处理器队列长度(System):10.1.18.88	23	直接相关	10.1

图 5-30 关联结果图

指该指标与目标指标曲线的走势匹配，"反相关"是指该指标与目标指标曲线的反向走势匹配。不管是直接相关还是反相关，只要曲线走势匹配度高，它们之间就可能存在一定的影响关系。

在结果图中，"关联匹配"列给出了两个指标曲线间的关联匹配度，默认情况下是按照匹配度从大到小的次序排列的。通常情况下，测试人员只需要分析关联匹配度大于 50 的几个指标，倘若结果图中最大匹配度也未超过 50，则分析图关联技术失效。关联匹配度越大，说明两个指标之间越可能存在一定的影响关系，测试人员应该对与目标指标关联匹配度比较大的几个指标进行分析，以判断某些资源是否存在瓶颈。

5.5.3　页面诊断

页面诊断技术又称页面细分技术，它利用页面诊断图来评估页面内容是否影响事务响应时间。使用页面诊断技术可以找出页面上有问题的元素（例如某些链接或组件响应时间过长），并分析出现问题的原因。在分析过程中，如果发现某个事务响应时间过长或者存在未通过的事务，可利用页面诊断技术来挖掘其中的问题。下面介绍页面诊断技术的原理及相关操作。

（1）分析组件下载时间

首先，在"会话浏览器"区域中新增并打开页面诊断图，同时选择要细分的页面，如图 5-31 所示。在本书的实例中，由于登录事务响应时间过长，所以选择与细分登录事务相关的页面。

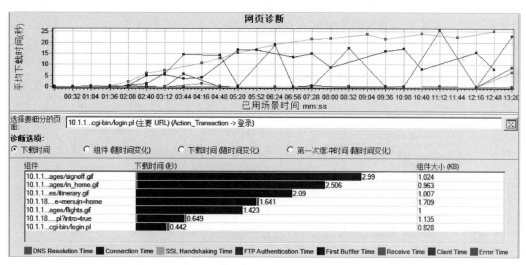

图 5-31　网页诊断图

选择好要细分的页面后，网页诊断图中会列出该页面包含的所有组件（元素）信息，包括组件名称、下载时间以及组件大小。其中，组件的下载时间又可以细分为 DNS 解析时间（DNS Resolution Time）、连接时间（Connection Time）、SSL 握手时间（SSL Handshaking Time）、FTP 验证时间（FTP Authentication Time）、第一次缓冲时间（First Buffer Time）、接收时间（Receive Time）、客户端时间（Client Time）和错误时间（Error Time），各个时间片具体说明如表 5-1 所示。

表 5-1　页面下载时间细分指标说明

名称	描述
DNS Resolution Time	使用 DNS 服务器将域名解析为 IP 地址所用的时间。通过该时间可以确定 DNS 服务器或 DNS 服务器的配置是否有问题。如果 DNS 服务器运行情况良好，该时间会比较短
Connection Time	客户端与 Web 服务器之间建立初始连接所用的时间。通过该时间就可以判断网络的使用情况，也可以判断 Web 服务器能否响应这个请求。如果正常，该时间会比较短
SSL Handshaking Time	建立 SSL 连接（包括客户端 hello、服务器 hello、客户端公钥传输、服务器证书传输和其他部分可选阶段）所用的时间。SSL 连接建立后，客户端和服务器之间的所有通信都被加密。SSL 握手度量仅适用于 HTTPS 通信
FTP Authentication Time	验证 FTP 客户端所用的时间。如果使用 FTP 协议通信，则服务器在开始处理客户端命令之前，必须验证该客户端。FTP 验证度量仅适用于 FTP 协议通信
First Buffer Time	从初始 HTTP 请求到成功收到 Web 服务器返回的第一次缓冲时为止所经历的时间。第一次缓冲时间是很好的 Web 服务器延迟和网络滞后指示器。 注意，由于缓冲区大小最大为 8kB，因此第一次缓冲时间可能也是完成元素下载所需的时间
Receive Time	从客户端接收到第一个字节开始，直到所有字节都成功接收为止所经历的时间。通过该时间可以判断网络的质量
Client Time	请求在客户端上的延迟时间，可能是由浏览器的思考时间或者客户端其他方面引起的延迟
Error Time	从发出 HTTP 请求到返回错误消息（仅限于 HTTP 错误）期间所经历过的时间

在图 5-31 中，signoff. gif、in_home 等组件大小在 1kB 左右，但是单个组件的下载时间都在 2 秒以上，这是用户无法接受的。通过进一步分析可以得出，组件在 First Buffer Time 环节所用的时间最多，这意味着下载时间过长可能是由 Web 服务器处理延迟造成的，也可能是由网络阻塞造成的。

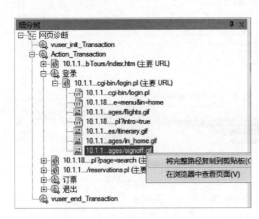

图 5-32　复制组件的 URL 地址

另外，在分析过程中，如果发现某个组件的下载时间过长，可以手动复制该组件的 URL 地址并在浏览器上打开它，以初步判断该组件的响应时间以及实现是否有问题。复制组件 URL 地址的操作为：在"细分图"区域中，首先定位要查看 URL 地址的组件，然后单击右键，在弹出的菜单中选择"将完整路径复制到剪切板"命令即可实现 URL 地址复制操作，如图 5-32 所示。

（2）页面细分方式

在网页诊断图中，可以采用四种方式对页面进行细分，即下载时间细分、组件细分（随时间变化）、下载时间细分（随时间变化）和第一次缓冲时间细分（随时间变化），下面具体介绍这四种细分方式。

① 下载时间细分：默认选项，显示页面中不同组件的下载时间，同时还按照下载过程把时间分解为若干个子时间段，用不同的颜色分别来显示 DNS 解析时间、建立连接时间、第一次缓冲时间等子时间。

② 组件细分（随时间变化）：显示页面组件随时间变化的细分图，如图 5-33 所示。通

过该图可以看出哪些组件在测试过程中下载时间不稳定。适用于需要在客户端下载控件较多的页面，通过比较和分析控件的响应时间，测试人员很容易就能发现哪些控件不稳定或比较耗时。

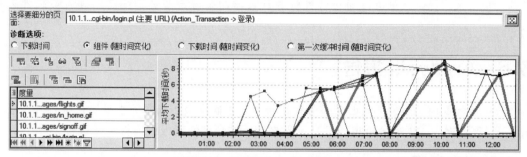

图 5-33　组件细分图（随时间变化）

③ 下载时间细分（随时间变化）：显示页面单个组件在测试过程中随时间变化的下载情况，如图 5-34 所示。该方式与下载时间细分是有区别的，下载时间细分视图显示的是页面组件在整个场景运行过程中所花费的下载时间的统计结果，而下载时间细分视图（随时间变化）显示的是页面组件在场景运行期间不同时间点的下载时间的统计结果，两者分别从宏观和微观角度来分析页面组件的下载时间。

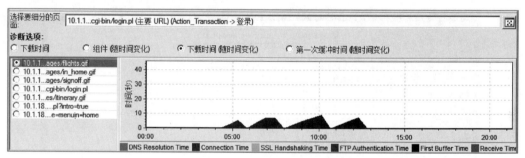

图 5-34　下载时间细分图（随时间变化）

④ 第一次缓冲时间细分（随时间变化）：显示从初始 HTTP 请求到成功收到 Web 服务器返回的第一次缓冲为止的这段时间里，每个页面组件在场景运行的不同时间点所花费的服务器处理时间和网络传输时间，如图 5-35 所示，其中，网络时间默认使用绿色表示，服务器时间默认使用棕色表示。通过该细分视图可以判断某组件第一次缓存时间过长是由网络引起的还是由服务器引起的。

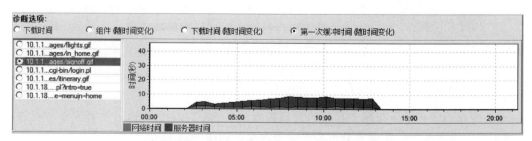

图 5-35　第一次缓冲时间细分图（随时间变化）

倘若在下载时间细分图中发现 First Buffer Time 环节耗时较多，可以进入第一次缓冲时间细分图（随时间变化）中进一步确定问题是由服务器还是网络引起的。在本实例中，从图 5-35 不难看出，signoff.gif 等组件的第一次缓存时间过长是由于服务器处理能力不足造成的，接下来，测试人员可以通过各种资源计数器图来确定服务器的哪些硬件或软件出现瓶颈。

5.6　Analysis 报告

Analysis 提供了多种形式的结果分析报告，除了摘要报告和服务水平协议报告外，还提供了 HTML 报告、事务分析报告、自定义报告，并允许使用报告模板定义报告。

5.6.1　HTML 报告

在 Analysis 中，通过选择菜单"报告"|"HTML 报告"命令可以创建 HTML 报告，如图 5-36 所示。HTML 报告内容与 Analysis 窗口中显示的报告内容相同，包括各种分析报告（如摘要报告、SLA 报告等）和已添加到界面上的数据分析图。在 Analysis 窗口中，通过添加或删除报告和数据分析图的操作可以确定 HTML 报告的保存内容。HTML 报告创建完毕后，可在浏览器中打开该报告。

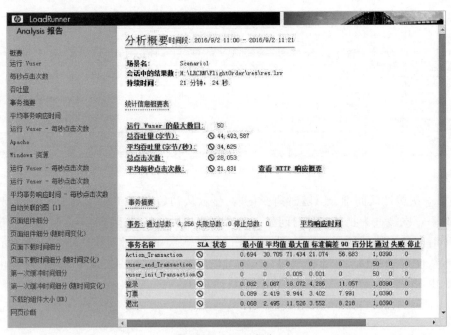

图 5-36　HTML 报告

5.6.2　事务分析报告

事务分析报告记录了与事务有关的测试数据。在 Analysis 中，通过选择菜单"报告"|"分析报告"命令可以打开事务分析报告设置界面，如图 5-37 所示。

事务分析报告的设置操作如下：

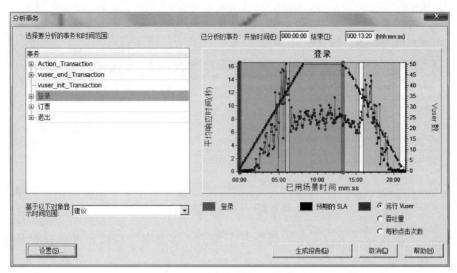

图 5-37　事务分析报告设置界面

① 选择要分析的事务后，在界面右侧出现该事务的平均响应时间图。

② 在事务平均响应时间图区域中，定义要分析事务的时间范围，并选择要合并的数据分析图，有三种选项：运行 Vuser 图、吞吐量图和每秒点击次数图。

③ 单击"设置"按钮，弹出"分析事务设置"界面，如图 5-38 所示。在该界面可以设置是否启动关联，并设置和分析图关联技术的相关配置项。

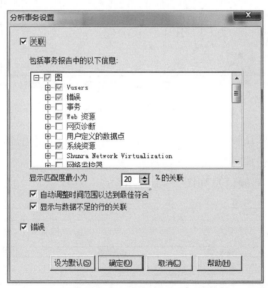

图 5-38　"分析事务设置"界面

④ 事务分析报告设置完毕后，单击"生成报告"按钮后，在 Analysis 窗口中生成事务分析报告。

下面具体介绍事务分析报告中的主要元素。

① 观察　"观察"部分信息显示所分析事务的图与其他图的正反关联，如图 5-39 所示。

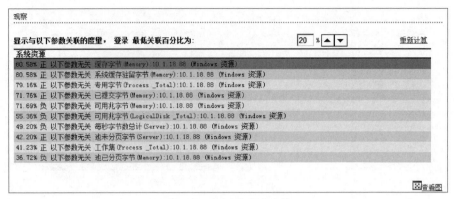

图 5-39 "观察"部分信息

选择某个关联指标，然后单击该部分右下角的"查看图"按钮，可以查看具体的关联图，如图 5-40 所示。

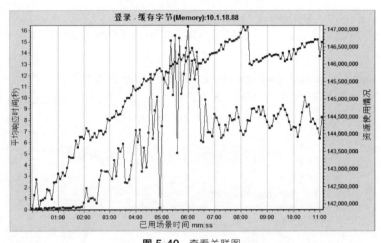

图 5-40 查看关联图

另外，关联匹配度默认比率是 20%，通过单击百分比旁边的箭头可以调整此比率，然后单击"重新计算"按钮即可生成新的匹配结果。

② 错误 "错误"部分信息如图 5-41 所示。

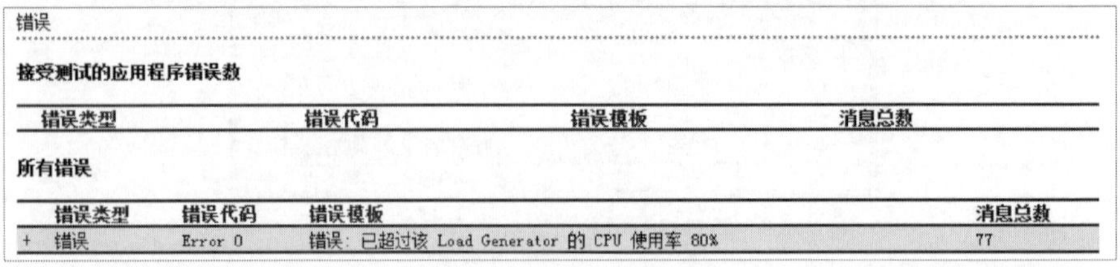

错误				
接受测试的应用程序错误数				
错误类型	**错误代码**	**错误模板**		**消息总数**
所有错误				
错误类型	**错误代码**	**错误模板**		**消息总数**
+ 错误	Error 0	错误: 已超过该 Load Generator 的 CPU 使用率 80%		77

图 5-41 "错误"部分信息

该部分分为以下两个子部分：

· 接受测试的应用程序错误数：显示事务运行过程中直接由 Vuser 活动引起的错误。

· 所有错误：显示所测试应用程序的错误数，以及影响系统但不影响所测试应用程序的、与 Vuser 活动无关的错误数。

③ 图　"图"部分将显示一张截图，内容为与所选显示选项（正在运行的 Vuser、吞吐量或每秒点击次数）合并在一起的选定事务及分析时间范围，如图 5-42 所示。注意，此图只是截图，不能像正常图一样操作。

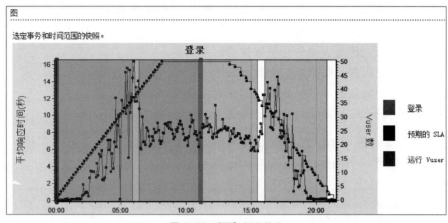

图 5-42 "图"部分信息

5.6.3　自定义报告

选择菜单"报告"|"新建报告"命令，弹出"新建报告"对话框，如图 5-43 所示。通过该对话框可以设置需要生成的报告。

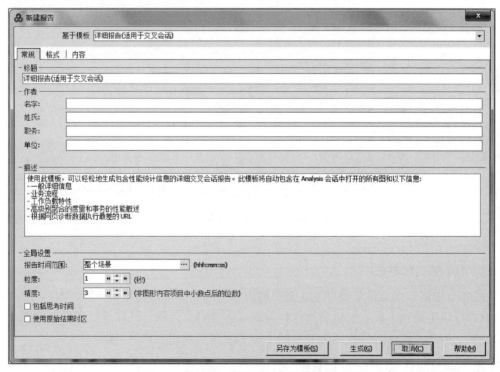

图 5-43 "新建报告"对话框

"新建报告"对话框中包括三个选项卡的设置：常规、格式和内容。

（1）"常规"选项卡

"常规"选项卡用于设置一些常用信息，主要包含以下信息：

- 标题：描述报告的名称。
- 作者：描述作者的相关信息，包括名字、姓氏、职务和单位。
- 描述：简要描述报告的内容。
- 报告时间范围：待生成报告分析数据的时间范围。
- 时间粒度：每隔多长时间取一个数据点。
- 精度：对于小数数据，定义小数点后保存多少位。

（2）"格式"选项卡

"格式"选项卡主要用于设置生成报告的格式，如图 5-44 所示。包括常规、页眉和页脚、正常字体、标题 1、标题 2 和表等 6 项设置。

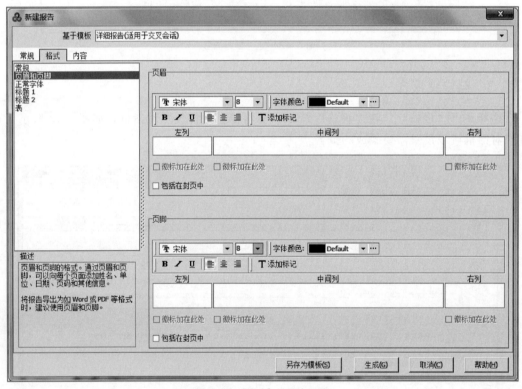

图 5-44 "格式"选项卡设置

（3）"内容"选项卡

"内容"选项卡主要用于设置生成报告的内容，如图 5-45 所示。

设置好以上选项卡后，可以将其保存为模板，供以后使用，这样可以省去每次都设置模板的时间。如果不保存为模板，则可直接单击"生成"按钮生成测试报告。

5.6.4 使用报告模板定义报告

在生成报告时，也可通过已经定义好的模板来直接生成测试报告，选择菜单"报告"|"报告模板"命令，弹出"报告模板"对话框，如图 5-46 所示。

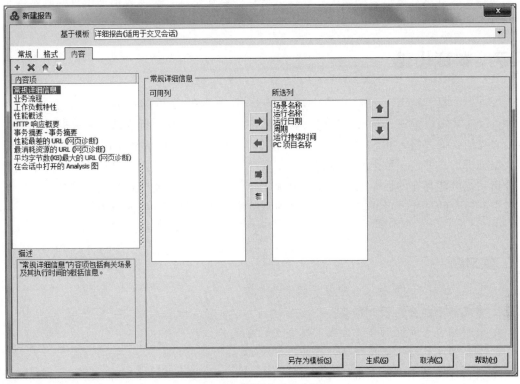

图 5-45　"内容"选项卡设置

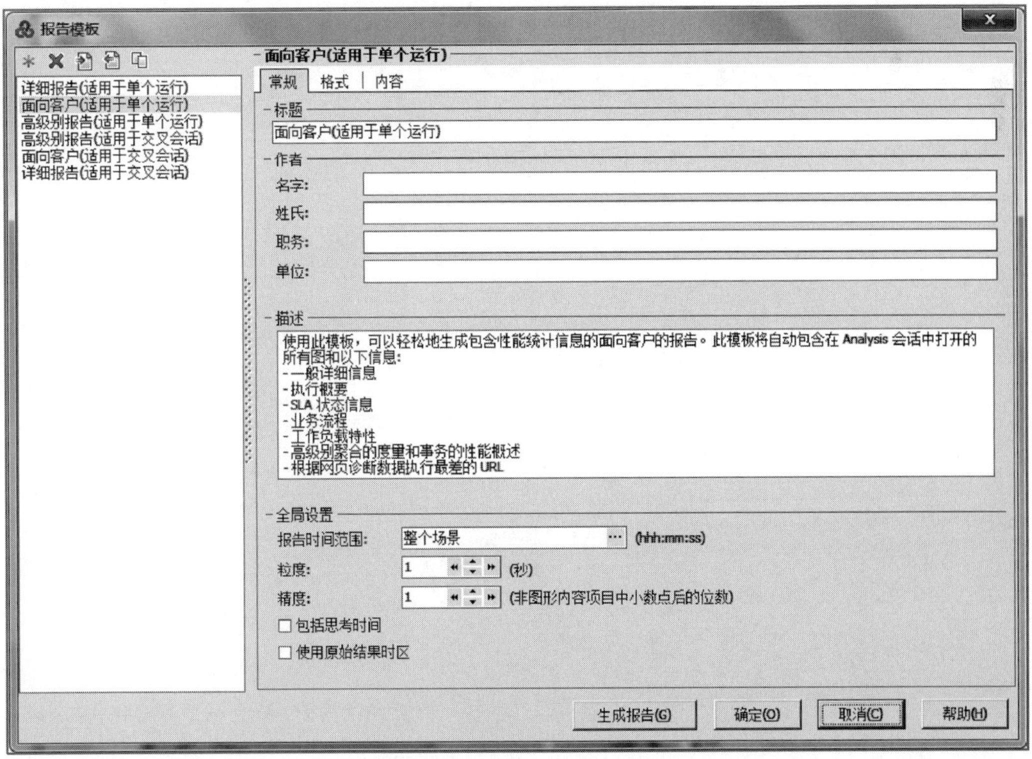

图 5-46　模板生成测试报告

如果在设置报告模板的过程中保存过模板，那么在该报告模板对话框中可以看到已定义的模板，既可以直接用于生成测试报告，也可以对已使用的报告模板进行重新修改和定义。

5.7　本章小结

Analysis 是 LoadRunner 工具中用于测试结果数据分析的组件，本章主要介绍了 Analysis 的常用设置项、常见数据图及其分析技术等内容。在分析测试结果数据时，测试人员可以先结合摘要报告和 SLA 报告了解测试执行和指标运行的大致情况；然后通过查看某些数据分析图，并使用数据图分析技术来获取性能指标的运行数据；最后依据性能指标数据来分析系统可能存在的性能瓶颈，并提出优化建议。另外，性能瓶颈的定位和分析其实是一个复杂而耗时的过程，可能需要不断反复地进行测试才能发现系统的瓶颈。

 练习题

1. 简述 Analysis 摘要报告中包含的主要内容。
2. 常见的数据分析图有哪些？
3. 数据图包含哪几种合并方式？其含义分别是什么？
4. 分析图关联技术的原理是什么？
5. 页面诊断技术的主要用途是什么？
6. First Buffer Time 和 Receive Time 的含义是什么？
7. 第一次缓冲时间细分图（随时间变化）的主要用途是什么？
8. Analysis 分析测试结果的流程是什么？

CHAPTER

第6章

HP LoadRunner性能测试实践

本章以 HP LoadRunner 自带的飞机订票系统为测试对象来讲述如何使用 LoadRunner 进行性能测试。当 LoadRunner 安装完成后，开始菜单的 HP LoadRunner/Samples 目录下将包含该系统的服务开启程序和系统首页链接，读者需要先运行系统的服务程序，然后通过首页链接进入系统首页，此后就可以利用 LoadRunner 实施性能测试了。

 本章要点

- 测试需求分析。
- 编写测试计划。
- 创建测试场景模型。
- 设计测试用例。

- 开发 LoadRunner 测试脚本。
- 管理 LoadRunner 测试场景。
- 分析 LoadRunner 测试结果。

6.1 测试需求分析

Web Tours 是 HP LoadRunner 自带的一款 B/S 架构的飞机订票系统，它主要包括用户登录、机票预订、订单显示等功能，Web Tours 主页面如图 6-1 所示。本章将以该飞机订票系统为测试对象，利用 LoadRunner 来实施性能测试。

6.1.1 性能指标分析

通常情况下，用户对性能测试需求的理解不如功能测试需求那样具体和准确。在实际项目中，我们经常会遇到用户没有明确提出性能要求，或者提出的性能指标含糊不清，提出的

图 6-1 Web Tours 系统主页面

需求也并非十分符合企业的实际情况。例如：系统用户总共 20 人，服务器为普通的 PC 机配置，客户却要求"系统能够支持 200 人同时在线，最大并发用户数在 50 以上"；对响应时间的要求只是泛泛地提出在 5s 以内，却没有提到哪个操作以及前提条件等。作为测试人员，我们需要帮助客户理清性能测试需求。

在飞机订票系统的性能测试中，依据用户需求可知，用户希望满足以下性能指标：

① 系统支持的在线用户数不低于 500 个。

② 用户登录、机票预订等模块相关操作的平均响应时间不超过 3 秒。

这样的需求描述太笼统，不够清晰，无法指导具体测试工作的实施，还需要对性能测试需求进一步分析，得出具体、清晰、可测性强的性能测试需求。

（1）并发用户数

对于系统支持的在线用户数，通常不能直接测试出来，而是先测试出并发用户数，然后通过并发用户数与在线用户数的关系，计算出在线用户数。一般来讲：

$$并发用户数＝(5\%～20\%)×在线用户数$$

具体比例需要根据系统的历史数据或者客户经验等因素来估算。假设经过实际分析，飞机订票系统中该比例拟定为 5%，也就是说系统支持的并发用户数不低于 500×5%＝25。确定了并发用户数后，接下来就需要选取要并发执行的业务操作。

（2）选取被测业务

被测系统中有多个功能模块，每个功能模块又有若干个业务，那么我们是否需要对每个业务进行并发性能测试呢？答案很明显是否定的，一方面是因为系统的业务数量巨大，我们不可能把每个业务都测试到，另一方面是因为有些业务很少使用，而且与服务器的交互数据量并不大。在实际测试中，我们通常选择典型的、有代表性的业务流程去进行并发性测试，例如：使用频率较高的业务操作、系统的核心业务操作、对数据库压力较大的操作、对某种资源消耗很大的操作等。由于飞机订票系统的核心业务是订票业务，并且该业务产生的数据交互量比较大，因此，这里选择订票业务进行并发性测试。

（3）响应时间

关于系统的响应时间，普通的业务操作最好低于 2 秒，一般不超过 3 秒。如果响应时间过长，用户对系统的评价会降低，从而影响系统的推广和使用。而对于某些涉及大数据处理的业务操作，如几百万条记录的查询操作、数据库的初始化操作等可以根据数据量及资源情况设定响应时间。在飞机订票系统中，各种功能操作的响应时间不得超过 3 秒。

（4）业务成功率

接下来规定业务的成功率。本书 1.1.2 节介绍了业务成功率的含义，该指标是指多用户对某一业务发起操作的成功率。在这里，业务的成功率要求在 98％以上，也就是说，对于某一业务，执行 1000 次，失败数不能超过 20 次。

（5）硬件资源指标要求

除了软件的要求外，还应该对硬件资源进行监控，如应用服务器的 CPU 利用率、内存使用率、带宽情况、Web 服务器资源使用情况等。如果用户未明确提出这些性能要求，可按照行业的通用标准进行测试，如 CPU 的使用率不超过 75％，内存使用率不超过 70％等，其他指标这里就不一一列出了。之所以选择这两个数值，是因为它们具有代表性：CPU 的使用率超过 75％可以说是繁忙，如果持续在 90％甚至更高，很可能导致机器响应慢、死机等问题；如果过低也不好，说明 CPU 比较空闲，可能存在资源浪费。内存的使用率过高也会存在类似问题。

另外，测试人员还要预测系统的性能是否能够满足系统未来几年的使用需求。假设随着订票业务的发展，5 年后，系统的用户数可能增加 20％，达到 600 人，那么，系统支持的并发用户数要上浮 20％，达到 30 人。

经过上述分析，最终采集到本次测试的性能指标参考值，如表 6-1 所示。

表 6-1　订票业务性能测试指标参考

测试项	响应时间	业务成功率	CPU 使用率	内存使用率
订票业务	≤3s	≥98％	≤75％	≤70％

6.1.2　确定业务流程

得到性能测试参考指标后，测试人员需要对要测试的业务流程进行确认。作为测试人员，首先要熟悉并确认测试业务的详细流程，即业务由哪些子功能构成，这些子功能按照什么样的顺序进行，功能实现所用到的数据有什么限制。尤其是对功能复杂的业务，测试人员更应重视业务流程的确认。在实际项目中，经常会遇到测试用例和测试脚本的实现步骤出错，而且是在测试后期发现，造成前期做了很多无用的工作，这通常是由于测试人员忽视了对测试业务的流程的详细分析造成的。

根据上面的性能测试要求，被测试的业务为订票业务，该业务流程并不复杂，我们可以用流程图（表）来表示业务的详细流程，如表 6-2 所示。

表 6-2　待测业务流程

待测业务名称	业务流程	备注
订票业务	用户登录→选择航班信息→支付账单→退出	已有登录用户信息 50 条

经过指标的提取和测试业务的确定两步，基本上已经确定了本次性能测试的测试需求，然后我们将性能测试指标交给测试组或项目组负责人，由他们进行评审确定。在规范的测试活动中，几乎每一个测试环节完毕后，都需要对这一环节的成果进行评审，包括后面的《测试计划》《测试用例》《测试报告》等文档完成后，都需要进行评审，这样可以尽早发现问题并及时纠正，防止影响到后续的测试活动。评审形式和评审人员构成都是比较灵活的，可以正式评审，也可以非正式评审，可在测试组内部评审，也可由开发人员或 QA 人员进行评审。

6.2 确定测试计划、场景模型

6.2.1 编制测试计划

在性能测试中，测试计划文档的模板有很多种，但是包含的内容大同小异，可根据项目需要进行调整。一般来说，性能测试计划文档主要包含项目背景、测试环境、人员和时间安排、场景设计要求、风险分析和测试要提交的文档等内容。下面具体介绍测试计划文档的主要内容。

（1）测试环境

在进行性能测试之前，测试人员先要搭建好测试平台，这就需要考虑服务器和测试机的硬件和软件配置。其中，Web 服务器软件和数据库管理系统安装在同一台服务器上，服务器安装的操作系统为 Windows 2003 系统，IP 地址为 10.1.18.88。

由于本次测试的负载量并不大，因此，Controller 和负载生成器使用同一台测试机，测试机与服务器在同一个局域网内。测试机安装的操作系统为 Windows 7 系统，IP 地址为 10.1.18.89。

服务器和测试机的详细配置如表 6-3 所示。

表 6-3 测试机与服务器软、硬件配置

设备	硬件配置	软件配置
数据库服务器 Web 服务器	PC 机（一台） CPU：Intel G3220 3.0GHz 双核 内存：4.0GB 硬盘：500GB	Windows Server 2003 MySQL Apache2.2
控制器 负载机	PC 机（一台） CPU：Intel i7-4610M 3.0GHz 双核 内存：4GB 硬盘：500GB	Windows 7 LoadRunner12.02 IE10.0 Microsoft Office

测试的网络拓扑结构如图 6-2 所示，其中，性能测试工具使用 HP LoadRunner12.02，测试脚本录制协议为"Web-HTTP/HTML"。

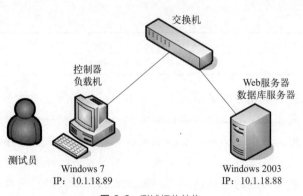

图 6-2 测试拓扑结构

（2）人力资源及时间安排

在本次测试中，由经验丰富的测试组长完成性能测试需求分析、测试计划编写和场景模型设计工作，由一位测试员去完成剩余的工作，故本次性能测试需要两位测试人员参与完成，整个性能测试需要在 10 天内完成。具体的人员和时间进度安排如表 6-4 所示。

表 6-4　人员和时间进度安排表

时间段	具体任务	执行人员	人员职责
第 1 天～第 3 天	需求分析 测试计划设计 场景模型设计	测试组长	负责分析测试需求,制定测试计划,创建测试场景模型,组织测试评审,协调管理测试工作与进度,汇报工作
第 4 天～第 6 天	脚本开发 场景设计 测试数据准备	测试员	负责开发测试脚本,设计测试场景
第 7 天～第 8 天	执行测试 测试结果分析	测试员	负责执行性能测试,分析测试结果,记录测试问题和结果,给出调优建议
第 9 天～第 10 天	测试报告	测试员	负责编写测试报告

（3）测试场景设计要求

① 虚拟用户数的选择：

为了测量和评估性能指标的活动情况，找出系统可能存在的问题，可采用多种不同的虚拟用户数去设计场景方案。在本案例中，如果要求所规定的性能指标均能达标，测试人员可以逐渐增加并发用户数，找出系统可支持的最大并发用户数。如果性能指标不达标，测试人员可以逐渐降低并发用户数，直至找到系统可支持的最大并发用户数。

② 测试执行的要求：

将订票业务脚本单独放在场景方案中执行。为更真实地模拟实际用户的操作，测试场景的调度计划为：场景启动时，每 15 秒增加一个虚拟用户，直至增加到规定的并发用户数；脚本需要持续运行至少 30 分钟；退出时，每 15 秒释放一个虚拟用户，直到所有用户释放完毕。

③ 监控的关键指标：

a. 事务成功率；

b. 每秒点击次数；

c. 吞吐量；

d. 平均事务响应时间；

e. 服务器上 Windows 资源的常见指标，如：% Processor Time（CPU 使用率）、Available Mbytes（可用的内存数）、% Disk Time（磁盘读写时间百分比）等；

f. Apache 资源的常见指标。

④ 测试进入/退出标准：

a. 进入标准：以下条件具备后，用户验收测试平台可以进行本次性能测试。

生产环境测试准备完毕（包括数据库备份）；

测试脚本、场景设计文件准备完毕；

业务数据及测试数据准备完毕；

可以正常访问飞机订票系统界面。

b. 退出标准：性能测试场景执行率达 100%，获得被测系统性能数据，可以进行数据分析。

c. 测试中断标准：如果飞机订票系统发生阻碍性能测试的功能问题，在一定时间段内无法修复，经项目经理确认后，性能测试将被中断。

d. 测试恢复标准：由功能问题引起的性能测试中断，将在测试方确认功能被修复后恢复测试。

（4）风险分析

在测试前期，测试负责人需要分析和评估测试可能存在的风险因素，并制定好应对措施，以免影响测试的进度和质量。本测试案例的风险分析情况如表 6-5 所示。

表 6-5 风险分析表

风险因素	可能结果	可能发生时间	风险级别	应对措施
环境能否按时准备就绪	环境搭建延时导致性能测试延时	录制脚本前	高	延迟性能测试开始时间
业务功能有 BUG	相关功能脚本不能录制	录制脚本期间	高	开发人员优先解决相关 Bug，缩短解决问题的时间
性能测试脚本有问题	执行测试时出现大量错误，该场景测试失败	测试执行阶段	中	测试员调整场景执行顺序，并及时修改脚本

（5）测试交付文档

除了最终的测试报告，测试过程中生成的文档和文件都需要保存下来，作为系统是否验收的依据。测试最终需要提交的文档如表 6-6 所示。

表 6-6 测试交付文档列表

测试阶段	阶段提交物
测试需求分析	测试需求大纲
测试计划设计	测试计划文档
测试用例设计	测试用例文档
测试脚本开发	测试脚本文件
测试场景设计	测试场景文件
测试结果分析	测试结果文件、软件缺陷报告单
测试报告编写	测试报告文档

除了以上几项内容，测试计划文档通常还包括测试的参考资料、测试术语、测试计划制定者、日期、修改记录、评审人员等信息。

6.2.2 创建测试场景模型

场景模型是用来约束和规范业务活动的场景环境，它是指导场景设计的依据。场景设计的主要目的是模拟出更接近用户真实使用情况的运行环境，场景模型的创建中不仅要考虑具体业务操作过程，还要思考多用户同时使用系统的情况。创建场景模型时应该考虑以下几方面：

① 确定 Vuser 的调度计划，包括 Vuser 的加载策略、场景持续运行的时间以及释放策略。调度计划可以通过以往系统的历史记录获得，如果以前没有这方面的相关记录，那么可以通过类似或同行业的情况做参考。

② 确定集合点的运行策略。需要特别注意，只有当测试脚本中存在集合点时，在场景设计中才可以设置集合点的策略。

③ 确定负载机的数量。每个负载机都有可运行的虚拟用户数上限，当虚拟用户数很大，超出了一台负载生成器的承受能力时，就需要考虑多增加几台负载生成器去均摊要并发的虚拟用户。

④ 确定是否使用 IP 欺骗技术。通过该技术可以在负载机上虚拟出多个 IP 地址，并将 IP 地址分配给不同的虚拟用户使用，可使测试更接近真实用户的使用。

⑤ 确定要添加的资源计数器。常见的计数器包括：操作系统、Web 服务器软件、数据库服务器软件等资源计数器。

在本次性能测试中，具体场景模型如表 6-7 所示。

表 6-7　场景模型表

业务名称	场景模型
订票业务	场景启动时,每 15 秒加载一个虚拟用户,虚拟用户加载完毕后,场景持续运行 30 分钟,结束时,每 15 秒释放一个虚拟用户。 使用 IP 欺骗技术,在负载机虚拟 10 个 IP 地址。 添加 Windows 资源计数器、Apache 资源计数器。 监控虚拟用户运行日志文件

6.3　设计测试用例

测试用例的设计是性能测试工作中最重要的环节之一，它是指导后续脚本开发、场景方案设计与执行以及测试需求分析的依据。性能测试用例模板也是多种多样，一般来说，一个性能测试用例通常包含测试用例编号、测试目的、前提、约束、并发用户数、操作步骤、预期结果、设计人员、执行人员、设计时间和执行时间。

性能测试通常是在功能测试之后开始实施的，因此，性能测试用例只需考虑正常的业务流程，而不需要检查异常流程，但仍需要注意业务中的约束条件。例如：用户注册模块中不允许同名用户重复注册；某些输入框不允许为空；某些在线投票系统不允许一个 IP 多次投票等约束。在测试用例的设计和执行过程中，需要特别注意测试点中的约束条件。

在本章的测试案例中，订票业务不存在约束条件。另外，为更接近用户的真实使用情况，创建 50 个不同的用户用于登录操作。本次性能测试的测试用例如表 6-8 所示。

表 6-8　订票业务测试用例

用例编号	FLIGHT-XN-ORDER(XN:性能。ORDER:订票)
测试目的	测试订票业务的并发能力以及并发情况下的系统响应时间。 测试订票业务的业务成功率、HPS(每秒点击次数)等指标是否正常。 测试并发压力情况下服务器的资源使用情况,如 CPU、内存、磁盘、网络、Apache 系统
前提条件	已创建 50 个用户可供登录系统
约束条件	无

续表

步骤	操作	集合点	事务名
1	用户打开飞机订票系统首页地址		
2	输入用户名和密码，单击 Login 按钮，进入登录后的页面		登录
3	单击 Flights 按钮，进入航班查找页面		
4	输入要查找的航班信息后，进入机票付款页面		
5	输入机票账单信息，单击 Continue 按钮，显示机票订单信息		订票
6	单击 Sign Off 按钮，返回到系统首页		退出
期望结果	系统能够支持 30 个用户的并发访问。 登录、订票、退出事务的响应时间不超过 3 秒。 业务成功率≥98％，随着并发用户数的增加，HPS 稳步上升。 CPU 使用率≤75％，内存使用率≤70％		
实际结果			
测试执行人		测试日期	

6.4 执行测试

6.4.1 准备测试数据

在开发测试脚本之前，测试人员还要为脚本的运行准备必要的测试数据，在本次测试中，要预先准备 50 个可登录飞机订票系统的用户数据。测试数据获取途径很多，一般可以从以下几个方面入手：

① 参考历史数据。例如对于搜索模块，需要数据库中至少已存在 10 万条记录。如果系统的数据库中已有 10 万条以上的历史记录，那么在准备数据时，可以直接调用这些现有的数据。

② 手动创建准备数据。这种方式一般适用于要准备的数据量不大的情况，假设登录模块需要两个可登录系统的用户名，那么测试人员可以手动创建两个用户。当要准备的数据量很大时，该方式就不适合了。

③ 通过 SQL 语句添加准备数据。这种方式要求要添加的数据没有复杂的依赖关系，如果数据库中的数据表之间关系复杂，就很难用简单的 SQL 语句去添加准备数据了。

④ 通过特殊软件添加准备数据。在测试中，可由开发人员编写一个专门添加数据的小软件，测试人员可以借助它来添加数据。当然，也可以使用 UFT、LoadRunner 等工具来创建数据。

在本案例中，使用 LoadRunner 来准备测试数据，具体步骤如下：

① 打开 VuGen，新建基于 Web-HTTP/HTML 协议的测试脚本 FlightReg。

② 将用户注册业务脚本录制到 VuGen 的 Action 中。用户注册业务的操作流程如下：

a. 打开飞机订票系统首页；

b. 单击 sign up now 按钮，进入用户信息注册界面；

c. 输入要注册的用户信息，通过单击 Continue 按钮提交注册信息；

d. 单击 Continue 按钮，使当前注册用户登录系统；

e. 单击 Sign Off 按钮，退出登录。

③ 参数化用户名。在本案例中，录制的用户名为 tester1，因此，只需要对 tester 后的数字进行参数化。由于注册的用户名不允许与已有用户名重复，因此，"选择下一行"配置项选择 Unique，"更新值的时间"配置项选择 Each iteration，如图 6-3 所示。在添加参数数值时，可借助 Excel 工具快速添加 50 个数字。另外，由于 tester1 已经在录制过程中注册过，因此，应该从参数列表的第二行开始执行。

图 6-3　注册业务的参数化配置界面

④ 脚本回放设置。打开"运行时设置"对话框，将"常规"下的"运行逻辑"选项卡中的"迭代次数"设置为 49，将"日志"选项卡中的"扩展日志"下的"参数替换"选项选中。

⑤ 回放脚本，判断用户创建是否成功。在回放过程中，测试人员应密切注意输出日志，查看每次迭代的参数是否正确，脚本运行是否正确。回放完成后，可在结果文件中查看测试回放的详细结果。

6.4.2　开发测试脚本

测试数据准备完毕后，测试人员就可以根据场景模型和测试用例来开发测试脚本。在本案例中，订票业务脚本的开发步骤如下：

① 打开 VuGen，新建基于 Web-HTTP/HTML 协议的测试脚本 FlightOrder。

② 设置录制选项。打开"录制选项"对话框，录制模式选择"基于 HTML 的脚本"下的"仅包含明确 URL 的脚本"；支持字符集选择 UTF-8。

③ 录制测试脚本。将订票业务脚本录制到 VuGen 的 Action 中，订票业务流程请参见订票业务测试用例。在脚本录制过程中，分别为 Login 按钮、提交机票账单信息的 Continue 按钮和 Sign Off 按钮定义事务"登录""订票"和"退出"。

④ 扫描并创建关联。脚本录制结束后，VuGen 会自动扫描脚本中可能存在关联的地方，并将结果显示在"设计工作室"对话框中，如图 6-4 所示。

图 6-4 订票业务脚本的"设计工作室"对话框

3.10.1 节提到过，扫描出的关联项不一定都需要关联，需要测试人员进一步分析和确认。结合"详细信息"视图中"原始快照步骤"和"在脚本中出现的次数"的内容以及系统

图 6-5 关联项的详细信息视图

运行逻辑，测试人员可大致推断出哪些关联项需要设置关联，如图 6-5 所示。在本案例中，用户每次登录系统都需要携带 userSession 数据，而该数据是服务器传送给客户端的、用于辨别客户端身份的、每次可能不一样的数据，因此，需要为 userSession 数据创建关联。除 userSession 数据外，其他扫描出的关联项并不需要设置关联。

⑤ 添加文本检查点。在本案例中，通过插入文件检查点来验证登录请求是否得到服务器的正确响应，即验证当前用户是否登录到飞机订票系统中。在飞机订票系统中，登录后的页面中含有 "Welcome，tester1，to the Web Tours reservation pages." 等字符串信息，因此，这里针对登录请求添加文本检查点函数，该函数的配置界面如图 6-6 所示。

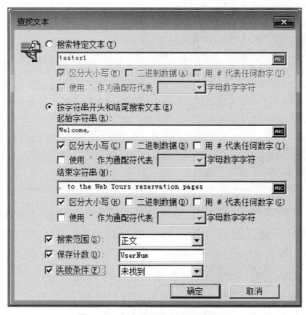

图 6-6　脚本检查点函数配置界面

⑥ 参数化用户名。在本案例中，可供登录的用户名为 tester1～tester50，密码皆为 111111，因此，只需要对用户名中 tester 后的数字进行参数化，可取参数数值为 1～50。在场景执行过程中，随机选择用户来登录系统会更贴近实际，因此，"选择下一行"配置项选择 Random，"更新值的时间"配置项选择 Each iteration，如图 6-7 所示。

⑦ 设置思考时间。思考时间主要用于模拟两个操作之间的等待时间，通过设置思考时间可使脚本更接近真实用户的使用情况。在本案例中，在登录、订票、退出等请求函数之前添加 2 秒的思考时间，即插入思考时间函数 lr_think_time（2）。需要注意，思考时间函数不能在某个事务的开始函数和结束函数之间插入，否则思考时间记入事务的响应时间之内。

⑧ 为脚本添加必要的注释，增加脚本的可维护性、可读性和重用性。在订票业务脚本中，应该对脚本的概要情况、事务、检查点设置、关联设置等代码添加注释，脚本注释规则与 C 语言注释规则相同。在 VuGen 中，快速注释的方法是：选中要注释的内容，单击右键，选中"注释或取消注释"即可。

⑨ 优化脚本代码。测试人员可根据测试需要调整代码的结构，去掉无用的代码。例如，在录制时，VuGen 生成了一些与系统无关的请求代码，这些代码可能影响脚本的运行，所以应该删除掉。

图 6-7 订票业务的参数化配置界面

⑩ 完成脚本运行时设置。打开"运行时设置"对话框，将"常规"下"运行逻辑"选项卡中的"迭代次数"设置为 2；将"日志"选项卡中"扩展日志"下的"参数替换"选中；将"思考时间"选项卡中的"按录制参数回放思考时间"选中。

⑪ 回放脚本来检查脚本代码是否符合预期的设计并能成功执行。在回放过程，测试人员应密切注意回放日志，查看每次迭代的参数取值是否正确，脚本运行是否正确。回放完成后，可在结果文件中查看测试回放的详细结果。

经过上述步骤，订票业务脚本已经基本开发完毕。在该脚本中，用到了事务技术、关联技术、参数化技术、检查点技术，还增加了思考时间和必要的注释信息。

6.4.3　设计场景方案

订票业务脚本开发完成后，将测试脚本加载到 Controller 中，进行测试场景的设计。场景设计主要对 Controller 进行设置，设置脚本执行时的环境。本章 6.2.2 节已经创建了测试场景模型，接下来主要依据该模型进行测试场景设计。

在本案例中，订票业务脚本单独放在一个场景中运行，该场景方案的设计思路以及具体操作如下：

① 设置并发的 Vuser 数。根据订票业务测试用例的要求，并发用户数为 30 个，因此，在 Controller 中设置并发用户数为 30，具体设置界面如图 6-8 所示。

② 设置 Vuser 的调度计划。依据订票业务脚本的测试场景模型，Vuser 的调度计划为：每 15 秒加载一个虚拟用户，虚拟用户加载完成后，场景持续运行 30 分钟，结束后，每 15 秒释放一个虚拟用户。在 Controller 的"设计"选项卡的"全局计划"视图中，可以设置 Vuser 的调度计划，设置结果如图 6-9 所示。

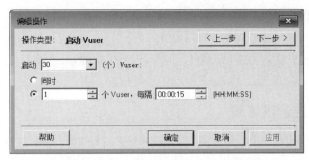

图 6-8　设置订票业务场景的并发用户数

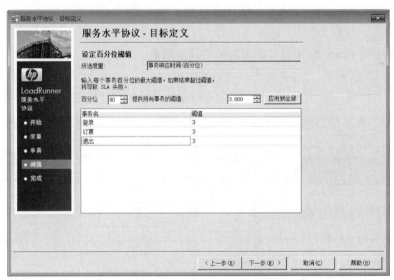

图 6-9　订票业务场景的 Vuser 调度计划

③ 设置服务水平协议目标值。在本案例中，依据测试用例的要求，登录、订票和退出事务的响应时间不能超过 3 秒，因此，在服务水平协议中，分别定义这 3 个事务的响应时间目标值为 3 秒，如图 6-10 所示。

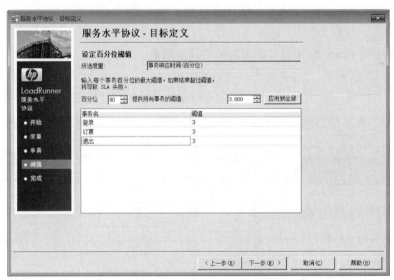

图 6-10　设置订票业务事务的服务水平协议值

④ 使用 IP 欺骗技术。在场景运行时，默认情况下，负载生成器上的所有 Vuser 都使用机器唯一的 IP 地址向服务器发送请求，这样就不能模拟用户使用不同计算机的真实情况。为更接近真实的使用情况，在本案例中，使用 IP 欺骗技术为负载生成器上的 Vuser 虚拟出 10 个不同的 IP 地址，分别为 10.1.18.101～10.1.18.110。

⑤ 添加资源计数器。在订票业务测试场景中，添加 Windows 资源计数器和 Apache 资源计数器。

另外，在本案例中，使用一台负载机足够支持 30 个并发用户执行，所以只需要添加一台负载机即可。

至此，通过以上步骤，我们完成了订票业务脚本的场景设计工作，可将场景保存为 Sce_FlightOrder。

6.4.4 执行和监控测试场景

在运行测试场景之前，通常需要测试人员设置运行结果的保存目录信息。在本案例中，结果目录设置信息如图 6-11 所示。

图 6-11 订票业务场景的结果目录设置

在场景运行过程中，测试人员需要监控场景运行情况，以发现测试脚本和场景方案中可能存在的问题并获取场景运行信息，这样更有利于对性能测试结果进行分析。以下几个方面的信息需要监控。

（1）场景组中 Vuser 的状态以及 Vuser 的日志信息

在"场景组"区域中，测试人员可以查看所有 Vuser 的运行状态以及每个 Vuser 的运行情况，如图 6-12 所示。其中，单个 Vuser 的运行日志是监控的重要内容，通过监控该日

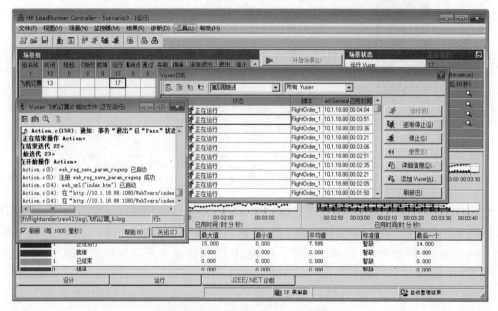

图 6-12 订票业务的 Vuser 运行情况

志信息，可以定位问题出现的位置并找出问题出现的原因。

（2）场景运行概况

在"场景状态"区域中监控测试场景的运行概况，最重要的是关注失败事务的数量以及错误信息，如图 6-13 所示。

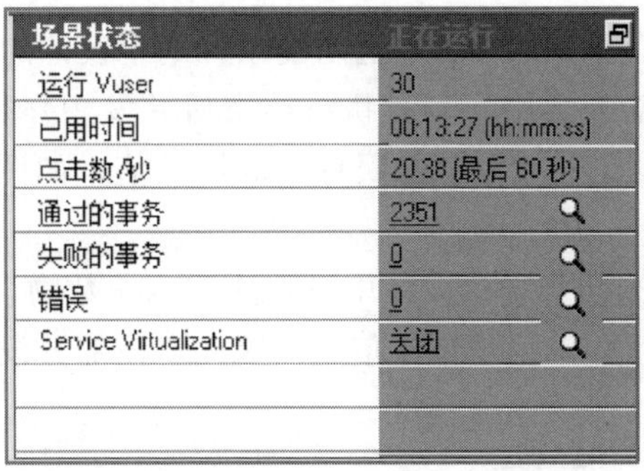

图 6-13　订票业务场景运行的概要信息

（3）场景运行的错误信息

如果在运行过程中场景状态出现错误信息，那么测试人员应该在 Controller 的输出窗口中查看错误信息的具体内容，以便帮助调试脚本和分析结果，如图 6-14 所示。

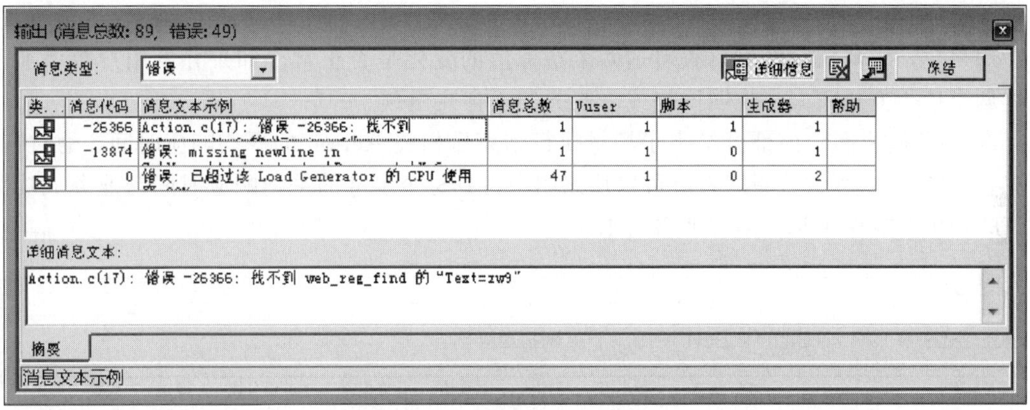

图 6-14　查看输出窗口中的错误信息

（4）数据分析图

数据分析图部分主要监控正运行的 Vuser 数量、事务的响应时间、每秒点击次数、每秒事务数、资源计数器（包括操作系统、数据库和服务器资源计数器）等视图的变化情况。

6.5　结果分析和测试结论

LoadRunner 性能测试结果分析是一个复杂的过程，需要从大量结果数据中分析出被测系统的性能。在分析过程中，测试人员通常需要关注结果摘要数据、服务协议水平报告、Vuser 运行图、平均事务响应时间图、每秒点击次数图、每秒吞吐量图、各种系统资源图、网页诊断图等，并结合 Analysis 组件中的筛选、合并、关联、页面诊断等技术进一步挖掘系统的性能数据。下面详细分析订票业务场景的运行结果。

（1）分析摘要报告

```
场景名：        F:\Scenario3.lrs
会话中的结果数：f:\FlightOrder\res41\res41.lrr
持续时间：      44 分钟，48 秒.
```

图 6-15 订票业务场景执行情况摘要

① **场景执行情况摘要**　该部分给出了本次测试场景的名称、结果存放路径及场景的持续时间，如图 6-15 所示，本次场景运行共耗时 44 分 48 秒，这与场景计划中设计的时间基本吻合。

② **统计信息摘要**　该部分给出了场景执行结束后并发用户数、总吞吐量、平均每秒吞吐量、总点击数、平均每秒点击次数、错误总数的统计值，如图 6-16 所示。从该图可以得出如下分析结果：

a. 最大并发用户数为 30，与场景设计中设定的 Vuser 数吻合。

b. 在场景运行过程中，并未出现错误信息，因此，该部分没有错误总数的统计值。

运行 Vuser 的最大数目：		30	
总吞吐量（字节）：	⊘	83,932,665	
平均吞吐量（字节/秒）：	⊘	31,400	
总点击次数：	⊘	52,920	
平均每秒点击次数：	⊘	19.798	**查看 HTTP 响应概要**

图 6-16 订票业务场景统计信息摘要图

c. 平均每秒吞吐量和平均每秒点击次数，在本次测试需求中并未明确要求。在服务器正常处理范围内，这两个指标值应该与并发用户数成正比。在实际测试中，测试人员可改变并发用户数，重新执行场景，查看这两个指标值的变化是否正常。如果并发用户数增加了，而这两个指标变化不大，说明网络或者服务器上存在瓶颈。

③ **事务摘要图**　该部分给出了场景执行结束后相关 Action 的平均响应时间、通过率等情况，如图 6-17 所示。测试人员可以从该图中得到每个事务的平均响应时间与业务成功率，测试用例中对这两个指标给出明确要求。

事务摘要

事务：通过总数：7,900 失败总数：0 停止总数：0　　　**平均响应时间**

事务名称	SLA 状态	最小值	平均值	最大值	标准偏差	90 百分比	通过	失败	停止
Action Transaction	⊘	0.634	26.325	57.763	14.983	41.372	1,960	0	0
vuser_end Transaction	⊘	0	0	0	0	0	30	0	0
vuser_init Transaction	⊘	0	0.001	0.01	0.002	0	30	0	0
登录	☒	0.066	8.042	16.137	5.276	14.117	1,960	0	0
订票	✔	0.081	0.377	6.108	1.043	0.222	1,960	0	0
退出	✔	0.059	0.445	11.168	1.592	0.186	1,960	0	0

服务水平协议图例：　✔ 通过　☒ 失败　⊘ 无数据

图 6-17 订票业务场景事务摘要图

在 6.4.3 节提出的场景方案中，针对登录、订票和退出事务的响应时间分别定义了服务水平协议目标值为 3 秒。从图 6-17 可以看出，订票和退出事务的响应时间的实际值符合目标值的要求，而登录事务的响应时间高于目标值，这不符合预期要求。对于响应时间指标，测试人员可结合"事务平均响应时间"图进一步分析该指标。

依据图 6-17 的结果数据，我们计算出"登录"事务、"订票"事务、"退出"事务和整个 Action 事务的业务成功率皆为 100%，均高于预期的 98%，因此，该项指标通过。

④ HTTP 响应摘要　该部分显示在场景执行过程中，可体现出每次 HTTP 请求发出的状态是否成功，如图 6-18 所示。本次测试过程中，LoadRunner 共模拟发出了 52920 次请求（与"统计信息摘要"中的总点击数一致），且所有发出的请求都得到了正确响应。

HTTP 响应	合计	每秒
HTTP 200	52.920	19.798

图 6-18　订票业务场景 HTTP 响应摘要

(2) 分析几个重要数据图的走势

①"运行 Vuser"图　"运行 Vuser"图显示了测试过程中 Vuser 的运行走势，测试人员应该确认它的走势是否与场景设计中 Vuser 的调度计划相符。默认状态下，该图 X 轴粒度较大，无法直观看出 Vuser 的加载和释放数据，因此，改变粒度为 15s（因为在调度计划中，每 15s 加载 1 个 Vuser，结束时每 15s 释放 1 个 Vuser，所以选择 15s 比较合适），粒度改变后的"运行 Vuser"图如图 6-19 所示。

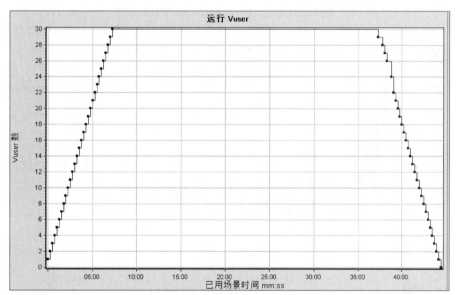

图 6-19　"运行 Vuser"图

从图 6-19 可以看出，Vuser 的启动加载方式、持续运行方式和结束释放方式均符合场景设计中的调度计划，该数据图走势正常。

②"每秒点击次数"图和"每秒吞吐量"图　这两个图的走势应该大体一致。至于这两个图的含义，在前面已经做了详细说明，读者可自行查阅。在正常情况下，随着 Vuser 数的增加，每秒点击次数和每秒吞吐量指标也会相应增加；当 Vuser 数值比较稳定时，这两个指标的变化情况也应该趋于稳定；当 Vuser 数值减少时，这两个指标值也会相应减少。利用合并技术，分别将这两个图合并到"运行 Vuser"图中，如图 6-20、图 6-21 所示。

从两个合并图看出，在场景运行的前 2 分 45 秒，每秒点击次数和吞吐量指标走势正常，此时启动了 12 个 Vuser，而在之后的运行中，这两个指标并未随着 Vuser 数的增加而增加，这说明系统可能存在瓶颈，可能是由于服务器的硬件或者软件处理能力不足造成的。

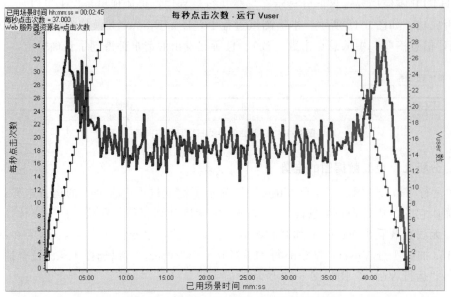

图 6-20　运行 Vuser 与每秒点击次数合并图

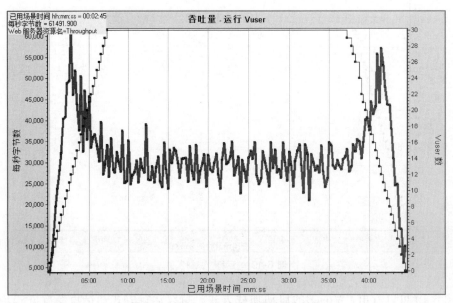

图 6-21　运行 Vuser 与每秒吞吐量合并图

③ "平均事务响应时间"图　 "平均事务响应时间"图中显示了订票业务中每个事务的响应时间，如图 6-22 所示。该图上的事务响应时间和"事务摘要"中的响应时间数值可能略有差别，这是由数据图的采样时间不同造成的，但一般差距不大，不影响判断。需要注意，在分析事务响应时间的时候，先要在分析器里筛选掉思考时间，这是因为去掉思考时间之后的事务响应时间才能更真实地反映服务器的处理能力。

从图 6-22 可以看出，订票和退出事务的响应时间基本在 3 秒以内，而登录事务的响应时间超过了预期的 3 秒，尤其是在 30 个 Vuser 启动之后的持续运行时间内，其响应时间大多在 9 秒以上，这不符合测试要求。

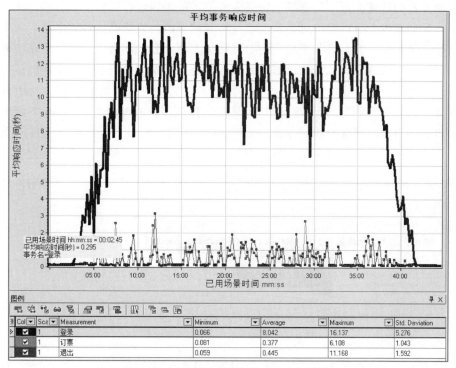

图 6-22　订票业务场景的平均事务响应时间图

　　正常情况下，随着每秒点击数的增加，事务的平均响应时间应该越来越大。这里将"平均事务响应时间"图和"每秒点击次数"图合并，如图 6-23 所示。从图中可以看出，每秒点击次数指标出现拐点（2 分 45 秒）之后，登录事务的响应时间急剧增加，由此，我们可

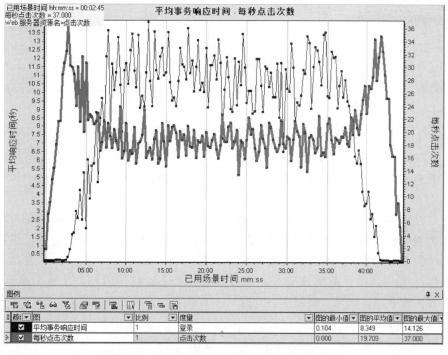

图 6-23　平均事务响应时间与每秒点击次数合并图

以推断是服务器的处理能力不足造成了登录事务的响应时间过长。

这里，我们基本上可以排除订票系统软件本身的原因，如代码运行效率差。如果每秒点击次数指标走势正常，且与事务平均响应时间指标走势一致，那么可能是订票系统软件本身的问题，可通过页面诊断技术来找出哪些组件的运行效率差，影响了事务操作的运行。

④ 页面诊断图　页面诊断图可以评估页面内容是否影响事务响应时间。使用页面诊断图，可以分析网站上有问题的元素（例如，某些链接或组件打开很慢）。在本案例中，首先打开登录事务的下载时间细分图，如图 6-24 所示。从图上可以看出大部分组件的下载时间都比较长，这说明了可能是服务器本身处理能力差造成的，而不是某个组件有问题。

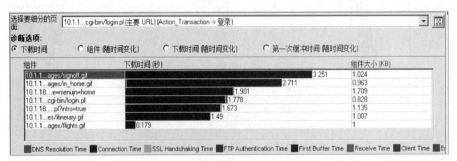

图 6-24　登录事务的下载时间细分图

然后打开登录事务的第一次缓冲时间细分图（随时间变化），如图 6-25 所示。从图上可以看出，事务响应时间过长主要是由服务器造成的。

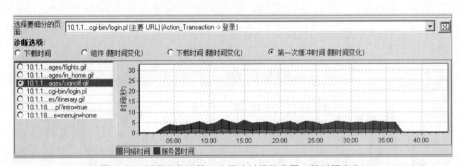

图 6-25　登录事务的第一次缓冲时间细分图（随时间变化）

⑤ Windows 资源图　Windows 资源图显示了在场景执行过程中被监控的计算机系统的资源使用情况，一般情况下监控计算机的 CPU、内存、网络、磁盘等各个方面的资源使用情况。接下来，我们分别对内存、CPU、磁盘使用情况进行简单分析。

a. 内存分析：

从图 6-26 中看出，可用内存指标的平均值为 906.298MB，最小值为 881MB，而被测服务器的总物理内存为 4GB，操作系统其他进程占用了 1.5GB 左右，也就是说可供被测系统使用的内存为 2560MB，那么内存的使用率为（2560－881）/2560＝65.6％，满足"内存使用率不得高于 70％"的性能测试要求，所以内存使用率达标。另外，在整个执行过程中，可用内存数比较平稳，未见大幅减少，因此，不存在着内存泄漏问题。

b. CPU 分析：

•处理器时间百分比（CPU 使用率）。如图 6-27 所示，CPU 使用率的平均值为 39.322％，绝大部分值皆在 60％ 以下，满足"CPU 利用率不高于 75％"的性能测试要求，

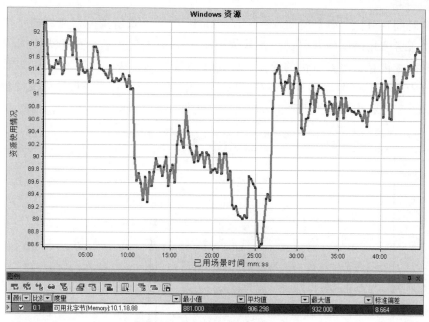

图 6-26　内存可用内存指标走势图

符合测试用例要求。

  • 处理器队列长度。如图 6-27 所示，处理器队列长度平均值是 6.332，绝大部分值在 4～10 之间，这说明处理器略有堵塞，这可能影响 CPU 的稳定性。

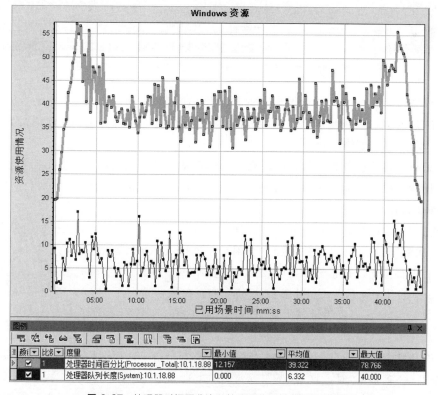

图 6-27　处理器时间百分比和处理器队列长度指标走势图

c. 磁盘分析：

• 磁盘时间百分比。磁盘时间百分比（％Disk Time）指所选磁盘驱动器忙于为读或写入请求提供服务所用时间的百分比。正常值小于 10，此值过大表示耗费太多时间来访问磁盘，可考虑增加内存、更换更快的硬盘、优化读写数据的算法。从图 6-28 可以看出，该指标值平均值为 0.3512，且大部分值都在 2 以下；在 27 分钟左右，该指标值波动较大，最大达到 13.68。总的来说，磁盘处理能力尚可，稳定性不足。

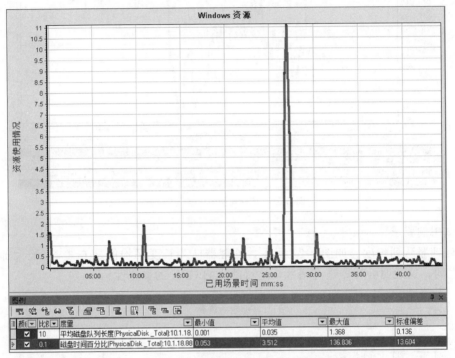

颜[▼]	比例[▼]	度量	▼	最小值	▼	平均值	▼	最大值	▼	标准偏差
☑	10	平均磁盘队列长度[PhysicalDisk _Total]:10.1.18.		0.001		0.035		1.368		0.136
☑	0.1	磁盘时间百分比[PhysicalDisk _Total]:10.1.18.88		0.053		3.512		136.836		13.604

图 6-28 磁盘时间百分比和平均磁盘队列长度指标走势图

• 平均磁盘队列长度。平均磁盘队列长度指标的走势与磁盘时间百分比指标的基本一样，说明磁盘的 I/O 速度足够快。该指标值在正常情况下应该小于 0.5，此值过大表示磁盘I/O 太慢，需要更换更快的硬盘。

这里只对与订票业务场景运行结果有关的几个常用的性能指标趋势做了简单说明。如果测试人员怀疑某种资源的使用情况出现了问题，可以通过分析该资源的其他指标进一步挖掘可能存在的问题。

⑥ 分析 Web 服务器资源　如图 6-29 所示，Apache 资源图中显示"每秒已发送字节数""每秒点击次数""忙工作进程数"和"空闲工作进程数"4 个指标。前两个指标的走势与每秒吞吐量和每秒点击次数指标的走势相似，这里不再多讲。"忙工作进程数"指标的最大值由 Apache 中的 ThreadsPerChild 参数决定，该值在默认情况下为 64，即当前 Apache 可分配的线程数量为 64。当负载量较大而 ThreadsPerChild 参数设置较小时，Apache 的性能会变得很差。

在本案例中，在 2 分 45 秒时，64 个线程已经分配完毕，那么后续用户请求只能等待有空闲线程时才能被处理，这使得服务器的处理能力变弱。因此，我们可以推断出 ThreadsPerChild 参数设置较小是造成每秒点击次数、每秒吞吐量异常的主要原因，也是登

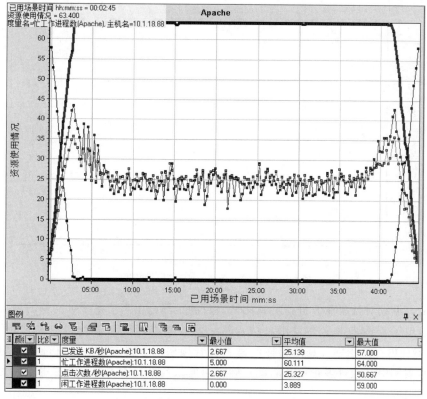

图 6-29　Apache 指标走势图

录事务响应时间过大的主要原因。我们可以对 Apache 的最大线程数进行修改，具体操作如下：

　　a. 打开 conf\httpd.conf 配置文件，找到代码 Include conf/extra/httpd-mpm.conf，将其之前的注释符号♯去掉。如果不启用 httpd-mpm.conf 配置文件，ThreadsPerChild 默认值为 64。

　　b. 打开 conf\extra\httpd-mpm.conf 配置文件，找到以下代码：

```
< IfModule mpm_winnt_module>
    ThreadsPerChild        150
    MaxRequestsPerChild    0
< /IfModule>
```

　　ThreadsPerChild 就是 Apache 为每个进程分配的最大线程数，当前值是 150，基本满足 30 用户并发的需要。

　　c. 重新启动 Apache 服务器，进程可分配的最大线程数即可生效。

　　修改 ThreadsPerChild 参数后，测试人员应该重新运行订票业务场景，得到新的测试结果文件。在新的测试结果文件中，"忙工作进程数"最大值为 149，未超过 ThreadsPerChild 设置的 150，这说明 Apache 系统已经不存在瓶颈。通过进一步分析，发现 CPU 的使用率过高，如图 6-30 所示，在 3 分 45 秒时已经超过了 75%，这不符合预期。总的来说，当前系统无法支持 30 个用户的并发访问。

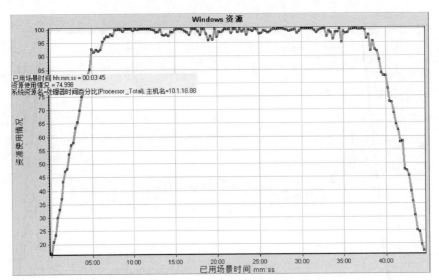

图 6-30　30 个并发 Vuser 的 CPU 使用率

接下来，继续对订票业务进行负载测试，目的是测试出当前系统可支持的最大并发用户数。具体思想是：逐步减少并发用户数，然后回放脚本，检查事务的响应时间、成功率、CPU 利用率和内存使用率等具体指标值是否符合预期。等到这些指标值符合预期时，停止测试。在本案例中，经过多轮负载测试，确定当前系统可支持的最大并发用户数为 17 个。

测试结论如下：

对于订票业务，服务器当前的配置无法处理 30 个 Vuser 并发的活动，CPU 的使用率超过了 75%。除 CPU 使用率外，其他测试指标均符合预期，可以考虑为服务器更换处理能力更强的 CPU。经过多次负载测试，当测试 17 个 Vuser 并发时，所有测试指标均符合预期，即当前服务器的配置可支持的最大并发用户数为 17 个。

6.6　本章小结

本章以 HP LoadRunner 自带的飞机订票系统为测试对象来介绍使用 LoadRunner 进行性能测试的过程。通过该案例的学习，读者可更好地了解性能测试在实际项目中的实施过程。

 练习题

1. 简述利用 LoadRunner 实施性能测试的一般流程。
2. 用 LoadRunner 测试场景模型需要考虑哪些因素？
3. 性能测试数据可以通过哪些手段准备？
4. 在本章案例的场景执行过程中，你都监控了哪些数据信息？对于异常数据，你如何分析其中的问题？
5. 在本章案例的测试结果数据分析过程中，你分析了哪些结果数据？使用了哪些分析技术？发现了哪些性能上的问题？

CHAPTER

第 7 章

JMeter基础

相比 HP LoadRunner，Apache JMeter 是一款轻量级的性能测试工具，很多互联网企业使用 Apache JMeter 来完成产品或者项目的性能测试工作。Apache JMeter 是目前使用率较高的性能测试工具之一。

 本章要点

- JMeter 简介。
- JMeter 运行原理。
- JMeter 与 LoadRunner 的比较。

- JMeter 工作环境的准备。
- JMeter 常用组件。

7.1 Apache JMeter 简介

Apache JMeter 是一款开源的、基于 Swing 框架的 Java 应用程序，可以模拟大量用户负载来完成性能测试工作。Apache JMeter 具有很好的扩展性，可以对 Web 应用进行测试，也支持 Java 请求、JMS、EJB、WebService、JDBC、FTP、LDAP、SMTP、Junit、MongoDB 等测试。相比 HP LoadRunner（简称 LR）而言，JMeter 的不足之处主要包括：界面不如 LR 美观；脚本编辑、场景监控、结果分析等功能不如 LR 强大；不支持 IP 欺骗等技术。但 JMeter 的优势在于：JMeter 易于配置和使用，消耗资源少；扩展性强，可以较轻便地通过接口调用各类程序。

Apache JMeter 的主要特点如下：

① 开源：JMeter 完全免费，允许开发者使用源代码进行二次开发。

② 具有友好的 GUI：JMeter 上手简单，不需要花时间熟悉。

③ 平台独立：JMeter 是纯 Java 桌面应用程序，支持跨平台运行。

④ 支持完全多线程框架：JMeter 允许通过多个线程并发执行。

⑤ 具有可视化的测试结果：测试结果可以用不同的报表显示，如图、表格、树和日志文件。

⑥ 安装方便：无须安装，可通过 JMeter.bat 文件直接运行 JMeter。

⑦ 高度扩展：JMeter 支持可视化插件，允许扩展测试。

⑧ 支持多测试策略：JMeter 支持多个测试策略，如负载测试、分布式测试和功能测试。

⑨ 仿真：JMeter 可以模拟多用户并发，创建一个高负载对 Web 应用程序进行测试。

⑩ 支持多协议：JMeter 不仅支持 Web 应用程序测试，还可以评估数据库服务器的性能。JMeter 基本支持所有协议（如：HTTP、JDBC、LDAP、SOAP、JMS、和 FTP 等）。

⑪ 录制与回放：录制用户在浏览器和 Web 应用程序的操作，再使用 JMeter 进行模拟。

⑫ 脚本测试：JMeter 可以集成 Bean Shell 与 Selenium 自动化测试。

目前 JMeter 已经在很多领域验证了其测试的有效性，同时也得到了业内认可，市场占有率逐年递增，技术生态也趋于成熟，是性能测试人员的测试利器。

7.2 JMeter 运行原理

JMeter 的运行原理是利用多线程技术来模拟大量接口数据对服务器进行数据的发送和接收，从而产生对服务器的访问负载。在 JMeter 性能测试过程中，首先，JMeter 通过多线程技术来模拟多用户并发，即一个线程对应一个并发用户；然后，编写模拟用户业务操作步骤的测试脚本，并使用多线程驱动测试脚本运行，进而对服务器产生负载。JMeter 的运行原理如图 7-1 所示。其中测试脚本中最主要的动作是对服务器应用接口的数据进行请求和接收。对于服务器应用接口数据的请求和接收，JMeter 使用取样器组件来完成这一环节。对于服务器数据响应记录，JMeter 使用监听器组件来完成。线程组、取样器、监听器是完成一项测试的基本三件套。

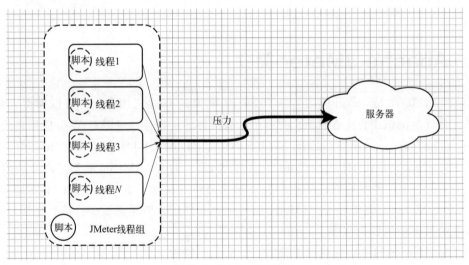

图 7-1 JMeter 运行原理

当然，线程创建过多也会占用大量系统资源，一般来讲一台 4 核心 16G 内存配置的机器，极限并发在 500 左右。此时负载机性能已经到极限，再强加并发会造成延迟，这时意义已经不大。压力测试，压力机本身不能是性能瓶颈，否则压力测试就没有意义，所以在实际中进行高并发测试时，单台机器是不够用的，需要考虑负载集群，用多台负载机分布来模拟并发。控制机用来管理远程负载机，控制远程负载机上脚本运行，收集远程负载机测试结果。所谓的远程负载机是向被测应用系统发起并发访问的机器。远程负载机首先要启动客户端（Agent：bin 目录下 JMeter-server. bat），才能被控制机接管。如果远程负载机的脚本需要参数或依赖 jar 包，则需要使用自动化工具从控制机发送到远程负载机。远程负载机的运行过程如图 7-2 所示。

图 7-2　远程负载机的运行过程

7.3　JMeter 与 LoadRunner 的比较

HP LoadRunner 与 JMeter 是目前两款主流的并发性能测试工具，下面介绍它们之间的异同点。

（1）JMeter 与 LoadRunner 的相同点

① 原理都是通过中间代理，监控并收集客户端发送的指令，将它们生成脚本，并发送到应用服务器，再监控服务器反馈结果的一个过程。

② 分布式中间代理：可以在多台不同的 PC 中设置代理，通过远程控制使多台机器来分担自身的压力，借此达到获取更大的并发用户数的目的。

③ 录制功能：JMeter 与 LoadRunner 都具备的有脚本录制功能。JMeter 利用本地 Proxy Server（代理服务器）来进行录制生成脚本，但是这个功能并不好用，录制完成后对象的个别参数需要手工添加。LoadRunner 自带代理，通过代理方式录制脚本，无须安装其他插接件。

（2）JMeter 与 LoadRunner 的区别

① JMeter 安装简单快捷，只需要将安装包解压，配置好对应的环境变量即可使用，当然还需要 JDK 环境的支持。LoadRunner 仅仅是安装包就 1GB 左右，在一般的 PC 上安装时间长，安装环境较严，安装过程中可能会出现各种各样的报错。目前网上有对旧版本报错的解决方法，但对新版本内容描述较少，不管是哪个版本出错，解决每个问题都会花费大量时间。

② JMeter 中没有 IP 欺骗，但是可以通过其他方式实现，在进行一些较复杂的操作时会比较困难。LoadRunner 中自带此功能，虽然在进行简单测试时 IP 欺骗应用较少，但在压力测试时，当某一个 IP 访问过于频繁或者访问量过大时，服务器会拒绝访问请求，这时就需要利用 IP 欺骗来达到压力测试的效果。某些服务器配置了负载均衡，使用同一个 IP 无法测出系统的真正性能，LoadRunner 可以通过 IP 欺骗调用不同的 IP，很大程度上模拟了实际使用过程中多个 IP 访问服务器和并发测试服务器均衡处理的过程，还有限制同一用户同一个 IP 的登录的过程，LoadRunner 可以在模拟运行的用户时使用不同的 IP。

③ JMeter 报表较少，分析性能不足以作为依据，如果要得到数据库服务器或者应用程序服务器的 CPU、memory 等参数，需要另外写脚本记录服务器性能。LoadRunner 的报表较为全面，在分析性能不足时可提供很多的依据。

④ 性能配置上，JMeter 在做性能配置时主要通过增加线程组的数量，或者设置循环的次数来达到增加并发用户的目的。而 LoadRunner 可以通过 Controller 场景设置达到配置不同的并发用户的目的，LoadRunner 支持线程模拟用户并发和进程模拟用户并发两种方式。

⑤ JMeter 可以做 Web 程序的接口测试，利用 JMeter 中的样本取样，可以进行灰盒测试。当然 LoadRunner 也是可以的，但操作比 JMeter 复杂，LoadRunner 主要用于做性能测试。

⑥ JMeter 为开源软件，提供的支持不够丰富，需要使用人员有较强的钻研学习能力。LoadRunner 是商业软件，有很全面的技术支持，同时在网络上有大量的资料供查询。

⑦ JMeter 的脚本修改中主要依赖对 JMeter 中各个部件的熟悉程度，以及相关的协议掌握情况，不依赖于编程。而 LoadRunner 中除了复杂的场景外，还需要掌握常用的 C 函数，修改脚本基本上需要进行编程。

7.4　JMeter 工作环境的准备

7.4.1　Java 的安装

JMeter 的运行需要完整的 JVM7 或者 JVM8，安装 JMeter 之前需要配置 Java 环境，本书选择用 Java 11 版本。JDK 安装过程简单，可直接运行程序，选择路径安装，安装完成后配置环境变量，主要操作如下：

① 在计算机环境变量的配置界面，新建系统变量"JAVA_HOME"，其变量值为 C：\ Program Files（x86）\ Java \ jdk（实际的安装路径），如图 7-3 所示。

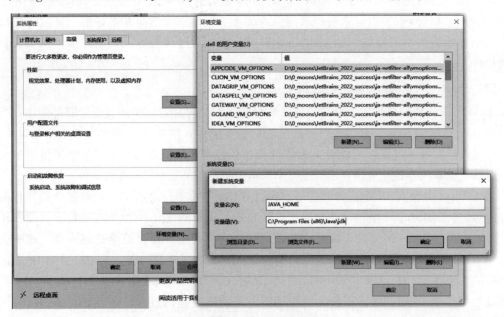

图 7-3　Java 环境变量配置

② 采用①中配置方法设置环境变量"PATH"和"CLASSPATH"。在系统变量中 PATH 已经存在，只需为变量值添加%JAVA_HOME%/bin 即可；在系统变量中新增，变量名为"CLASSPATH"，变量值为".;%JAVA_HOME%\lib\dt.jar;%JAVA_HOME%\lib\tool.jar;"。

配置完环境变量之后，可通过在 Windows 命令窗口下的命令控制符界面输入 java-version 命令来验证安装是否成功，成功安装后的命令行界面如图 7-4 所示。

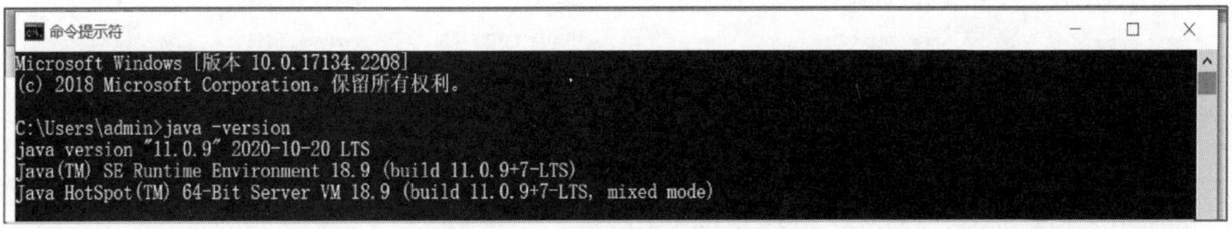

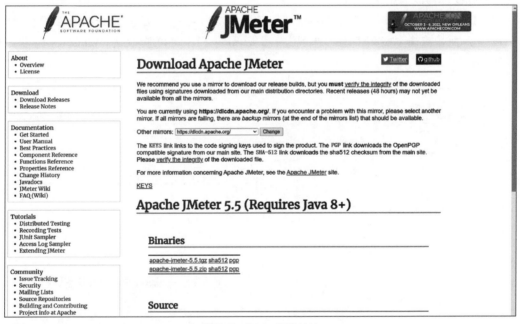

图 7-4 java-version 运行结果

7.4.2 安装 JMeter

JMeter 的下载地址为 http：//JMeter.apache.org/download_JMeter.cgi，如图 7-5 所示。

图 7-5 JMeter 下载地址

在 JMeter 下载示意图中，选择 5.5 版本即可。下载完成后将 JMeter 解压至任意文件夹。将 JMeter 的 zip 包解压后，双击图 7-6 所示路径的文件 JMeter.bat，JMeter 即可运行。

JMeter 安装好后，其主要的目录结构如下：

① bin：配置文件、启动文件、启动 jar 包、示例脚本、各种命令等。

② docs：JMeter API 离线帮助文档。

③ extras：辅助功能，可以与 Ant、Jenkins 集成。

④ lib：组件，基础包放在 lib 根目录下，扩展包放在 lib/ext 目录下。

∨ 📁 jmeter	🗋 HTTP请求.jmx	2022/11/8 11:17	JMX 文件	7 KB
📁 backups	🗋 jaas.conf	1980/2/1 0:00	CONF 文件	2 KB
∨ 📁 bin	🗋 jmeter	1980/2/1 0:00	文件	9 KB
> 📁 exampl	🗷 jmeter.bat	1980/2/1 0:00	Windows 批处理文件	9 KB
> 📁 report-	🗋 jmeter.log	2022/11/8 11:26	文本文档	18 KB
📁 templa	🗋 jmeter.properties	2022/9/18 1:56	PROPERTIES 文件	57 KB
> 📁 docs	🗋 jmeter.sh	1980/2/1 0:00	SH 文件	5 KB
📁 extras	🗷 jmeter-n.cmd	1980/2/1 0:00	Windows 命令脚本	2 KB
> 📁 lib	🗷 jmeter-n-r.cmd	1980/2/1 0:00	Windows 命令脚本	2 KB

图 7-6 JMeter 运行路径

⑤ licenses：证书文本文件。

⑥ printable_docs：JMeter 离线帮助文档。

7.4.3 汉化与风格

JMeter 默认为英文界面，可以将语言设置为中文，具体步骤为：打开 JMeter 下的 bin 目录的 JMeter. properties 文件，将 language 一行修改 language＝zh_CN 并去掉前面的♯，再次打开就已经修改为中文界面。

其默认风格为黑色调，为了方便阅读，本书以白色为主题。修改方法如下：打开 JMeter 主界面，点击"选项"｜"外观"｜"Windows"，即可修改为 Windows 主题，如图 7-7 所示。

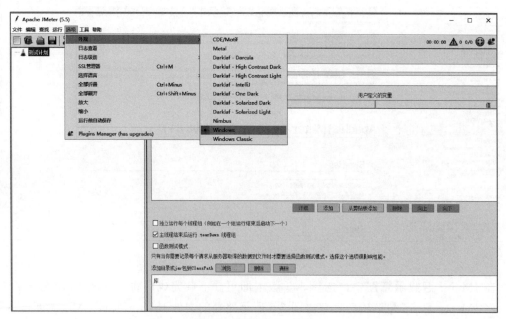

图 7-7 修改 JMeter 外观

7.4.4 工作环境介绍

JMeter 的主界面主要分为菜单栏、工具栏、树形标签栏和操作区，如图 7-8 所示。

① 菜单栏：全部的功能都包含在菜单栏中。

② 工具栏：工具栏中的按钮在菜单栏均可找到，工具栏就相当于菜单栏常用功能的快捷按钮。

③ 树形标签栏：树形标签栏通常用来显示测试用例（计划）相关的标签。

④ 操作区：配合树形标签栏显示。树形标签中选中哪个标签，内容栏中就显示相应的内容和操作。

图 7-8　JMeter 主界面

JMeter 全部的操作都在菜单栏中，下面介绍菜单栏的主要功能。

（1）文件

① 关闭：关闭当前打开的 JMX 文件，即测试脚本文件。

② 打开：打开一个 JMX 文件。

③ Templates 模板：对常用的功能进行指导。主要有录制、JDBC 测试、webserver 测试等，分为基本步骤和详细截图。如果点击用户链接，则会链接到 Apache JMeter 网站查看详细的步骤和截图指导。

④ 合并：将多个 JMX 文件合并为一个。

⑤ 保存测试计划：仅保存测试计划，工作台中添加的内容不会被保存。

⑥ 保存测试计划为：将测试计划另存。

⑦ 另存为：可以对工作台和测试计划或者测试用例另存为 JMX 文件。

⑧ save as Test fragment：保存为一个测试片段，只有线程组、测试计划可以，工作台不能保存为一个测试片段。

⑨ Revert：还原，将当前 JMX 文件还原到上次保存时的状态。

（2）编辑

① Save Node As Image（保存节点为图片）：将菜单的配置 GUI 保存为图片。

② Save Screen As Image（保存屏幕为图片）：将整个 JMeter 界面保存为图片。

③ Toggle（切换）：类似于 Java 中设置断点。

（3）查找

① Search：搜索所有配置中匹配的项，匹配成功显示为红色。

② Reset Search：重置搜索，清除搜索结果。

（4）运行

① 启动：启动运行测试计划。

② Start no pauses（不停顿开始）：无停顿启动运行测试计划。可以忽略定时器，再启动时运行更快。

③ 远程启动/停止：指定一个远程 agent 运行/停止测试计划。

④ 远程全部启动/停止：让所有远程 agent 运行/停止测试。

⑤ 停止：停止执行测试计划。

⑥ 关闭：关闭测试计划。

⑦ Remote Shutdown：关闭一个指定远程 agent。

⑧ Remote Shutdown All：关闭所有远程 agent。

⑨ 远程退出：指定一个远程 agent 退出执行。

⑩ 远程退出全部：所有远程 agent 退出执行。

⑪ 清除：清除选择菜单的执行结果。

⑫ 清除全部：清除所有菜单的执行结果。

（5）选项

① 函数助手对话框：在编写脚本的时候，使用函数助手可以协助生成指定的代码。

② 外观：JMeter 界面样式。

③ Log Viewer：日志查看器，选中后可以在右下方查看运行日志。

④ SSL 管理器：导入外置的 SSL 管理器，用于更好的管理证书，JMeter 代理服务器不支持记录 SSL（https）。

⑤ 选择语言：选择界面的语言，目前支持中文、英文、法语、德语等。中文版很多翻译不全，可以直接使用英文版。

⑥ Collapse All：折叠所有菜单。

⑦ Expand All：展开所有菜单。

（6）帮助

① What's this node?：当鼠标放在某个菜单的时候显示其含义。

② Enable debug：开启调试。

③ Disable debug：取消调试。

④ Create a heap dump：创建堆转储。创建当 JVM 崩溃时的堆转储。这个文件可以用堆分析工具（如 JHAT），以确定根本原因进行分析。

以上主要介绍了 JMeter 的安装与工作环境，后续章节主要介绍 JMeter 的常用组件。

7.4.5　JMeter 插件管理器

JMeter 下载后，需检查是否有插件管理器，若没有自带的插件管理器，需要下载

jmeter-plugins-manager-xx.jar 文件，并存放在 lib/ext 目录下。下载路径为 https：//
jmeter-plugins.org/downloads/all/。

然后，重启 JMeter，菜单栏选项中会出现"Plugins Manager"的按钮，如图 7-9 所示。

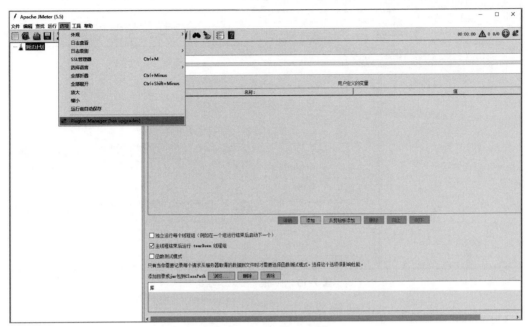

图 7-9 JMeter 插件管理器

7.5　JMeter 常用组件

JMeter 的组件主要包含：测试计划、线程组、取样器、逻辑控制器、配置元件、定时器、前置处理器、后置处理器、控制器、断言、监听器。其中，除了测试计划和线程组，共有 8 类被执行的组件。这 8 类可执行的组件在测试中可被组合使用以达到合适的测试效果。一般来讲在同一个作用域下的使用顺序如下：

① 配置元件（Config Elements）。

② 前置处理器（Per-processors）。

③ 定时器（Timers）。

④ 取样器（Samples）。

⑤ 后置处理器（Post-processors）。

⑥ 断言（Assertions）。

⑦ 监听器（Listeners）。

7.5.1　线程组

JMeter 的测试脚本至少包含一个测试计划，每个测试计划至少包含一个线程组。如图 7-10 所示，JMeter 包含了三种线程组：setUp 线程组、tearDown 线程组、普通线程组。

下面详细介绍 JMeter 的三种线程组。

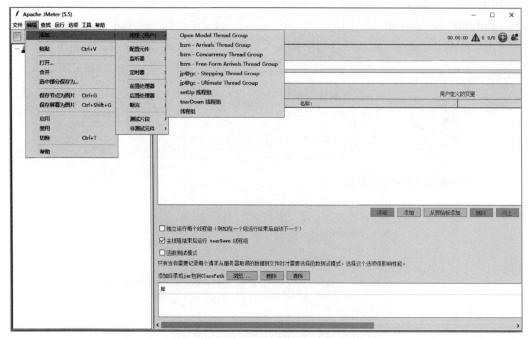

图 7-10 JMeter 三种线程组

（1）setUp 线程组

setUp 线程组用于在执行普通线程组之前执行一些必要的操作，它在普通线程组执行之前被触发。一般在以下两类场景下使用：

① 资源的准备，比如测试数据库操作功能时，用于执行打开数据库连接的操作。

② 测试用例的前置动作的准备，比如测试用户购物功能时，用于执行用户的注册、登录等操作。

（2）tearDown 线程组

tearDown 线程组用于在执行普通线程组之后执行一些必要的操作。它会在普通线程组执行之后被触发。一般在以下两类场景下使用：

① 测试完成后资源的释放工作，比如测试数据库操作功能时，用于执行关闭数据库连接的操作。

② 测试主要业务完成时，后置动作的执行。比如测试用户购物功能时，用于执行用户的退出等操作。

需要说明的是，默认情况下，如果测试按预期完成，tearDown 线程组将不会运行。如果你想要运行它，则需要从测试计划界面中选中复选框"Run tearDown Thread Groups after shutdown of main threads"。

（3）thread group（线程组）

thread group，即普通线程组，该线程组内包含性能测试业务的相关请求，是 JMeter 脚本设计的重要组件。

一个线程组可以看作一个虚拟用户组，线程组中的每个线程都可以理解为一个虚拟用户。多个用户同时去执行相同的批次任务。每个线程之间都是隔离的，互不影响的。一个线程的执行过程中，操作的变量不会影响其他线程的变量值。普通线程组的配置界面如图 7-11 所示。

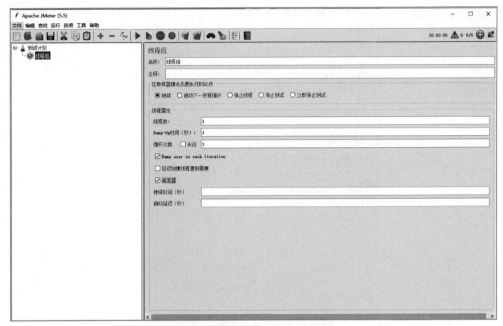

图 7-11 JMeter 线程组配置界面

在线程组界面中可以进行线程组的控制，包括以下设置：

① 取样器错误后要执行的动作　即：

a. 继续：忽略错误，继续执行。

b. 启动下一进程循环：忽略错误，线程当前循环终止，执行下一个循环。

c. 停止线程：当前线程停止执行，不影响其他线程正常执行。

d. 停止测试：整个测试会在所有当前正在执行的线程执行完毕后停止。

e. 立即停止测试：整个测试会立即停止执行，当前正在执行的取样器可能会被中断。

② 设置线程数　线程数也就是并发用户数，每个线程将完全独立地运行测试计划，互不干扰。多个线程用于模拟多用户对服务器的并发访问。

③ 设置 ramp-up period　ramp-up period 用于设置启动所有线程所需要的时间。如果选择了 10 个线程，并且 ramp-up period 是 100 秒，那么 JMeter 用 100 秒使 10 个线程启动并运行。每个线程将在前一个线程启动 10 秒后启动。当这个值设置得很小，线程数又设置得很大时，在刚开始执行时会对服务器产生很大的负荷。如图 7-12 所示，在线程组配置 5 个线程，5 秒启动时间，每个线程执行两次循环。那么每秒会启动一个线程，每次循环执行一个请求。

④ 设置循环次数　该项设置线程组在结束前每个线程循环的次数，如果次数设置为 1，那么 JMeter 在停止前只执行测试计划一次。

⑤ 延迟创建线程直到需要　默认情况下，测试开始的时候，所有线程就被创建完了。如果勾选了此选项，那么线程只会在需要用到的时候创建。在某些测试具有大量线程的情况下，如果未选择延迟线程创建选项，则 CPU 可能会达到 100% 并结束进程的执行和占用内存。

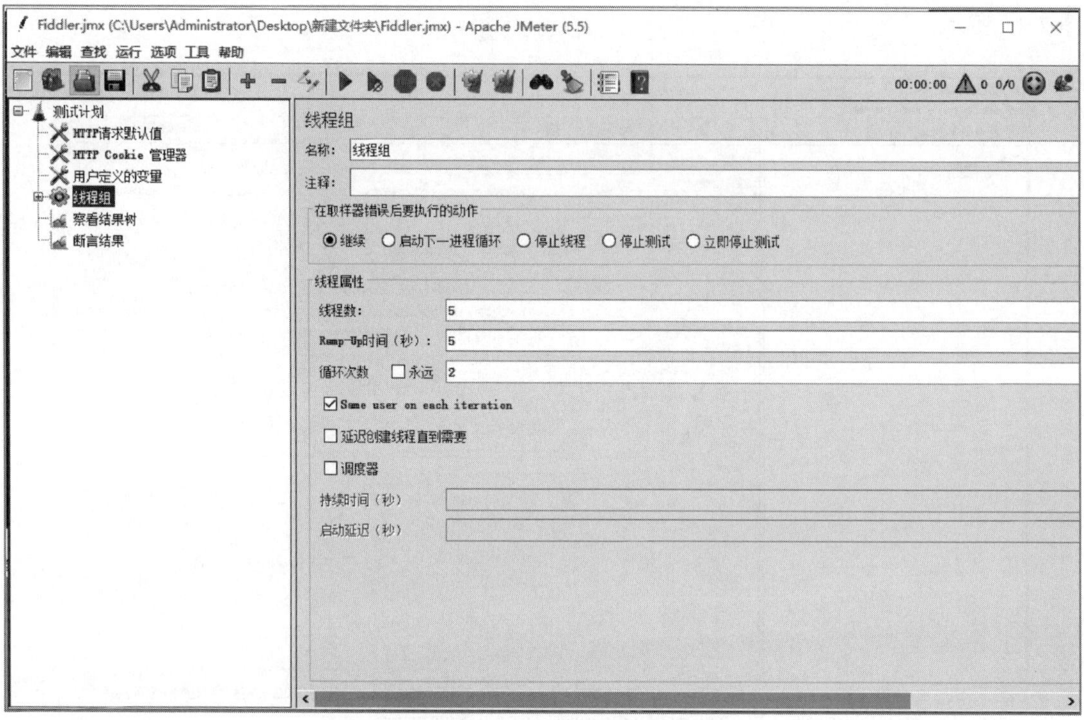

图 7-12 线程组配置示例

⑥ 设置调度器　调度器配置可以更灵活地控制线程组执行的时间，有以下选项：

a. 持续时间（秒）：控制测试执行的持续时间，以秒为单位。

b. 启动延迟（秒）：控制测试在多久后启动执行，以秒为单位。

7.5.2　取样器

取样器可模拟用户操作，向服务器发送请求以及接收服务器的响应数据。JMeter 提供的取样器种类如图 7-13 所示。在线程组标签上右键单击，选择"添加"｜"取样器"，能看到取样器的种类，在测试工作中用得最多的是"HTTP 请求"。

在这里，以添加 HTTP 请求为例，如图 7-14 所示，设定 HTTP 取样器的各项属性如下：

① 协议：所采用的协议一般为 http 或者 https。

② 服务器名称或者 IP 地址：域名或者 IP 地址。

③ 端口号：默认是 80。

④ 方法：GET、POST、DELETE 等方法，需要与后台程序保持一致。

⑤ 路径：请求资源的路径，如/custom/login.jsp。

⑥ 内容编码：一般为 UTF-8。

⑦ 重定向：自动重定向、跟随重定向（一般选用后者）。

⑧ 在参数选项卡上，可以添加提交参数。

取样器是测试中必须使用的组件，针对不同的协议，需要读者有所理解，因为本书篇幅有限，请有兴趣的读者自行查阅。

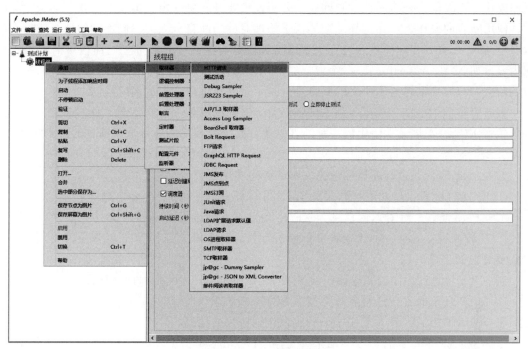

图 7-13 取样器种类示意图

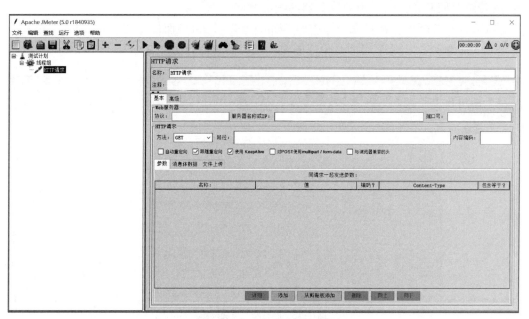

图 7-14 HTTP 请求属性设置

7.5.3 断言

JMeter 中断言（Assertion）的作用和 LoadRunner 中检查点的作用类似，用于检查测试中服务器返回的响应数据等是否符合预期，用以保证性能测试过程中交互的数据与预期一致。使用断言的主要目的是在 request 的返回层面增加一层判断机制，这是因为即使 request

返回成功，也仅仅代表连通性没有问题，并不代表业务结果一定正确。

使用断言的操作为：在选择的取样器下添加对应的断言（因为不同类型的断言所检查的内容不同）；配置好相应的检查内容（根据断言情况而定，有的断言控制面板不需要添加任何内容，如 XML Assertion）。一个取样器可以添加多个断言，可以根据测试需求来添加相应的断言，只有当取样器下所有的断言都通过了，才算该取样器的请求成功。

最新版本的 JMeter 中有 13 种不同的断言，在使用场景上有所不同，具体如下：

① 响应断言：最经常使用的一种断言方法，其余断言都能通过响应断言的设定实现。

② JSON 断言：通过判断 JSON 内容实现断言，用于纯 JSON 报文的响应。

③ 大小断言：通过判断返回信息文本的大小实现断言。

④ JSR223 断言：针对取样器中的 JSR223 取样器而使用的断言。

⑤ XPath 断言：针对返回信息为 XPath 的数据类型进行断言。

⑥ 比较断言：这是一种比较特殊的断言元件，针对断言进行字符串替换时使用，作用于需要替换的字符串。

⑦ HTML 断言：针对取样器中的 SOAP/XML-RPC Request 而使用的断言。

⑧ MD5HEX 断言：针对参数类型为 MD5Hex 加密的参数的断言。

⑨ SMIME 断言：针对采用了该种邮件传输协议的信息。

⑩ XML Schema 断言：返回结果为文档架构 xml-schema xml 模式的数据类型的消息。

⑪ XML 断言：判断返回结果是否与设定的 XML 数据保持一致。

⑫ 持续时间断言：用于判断服务器的响应时间。

⑬ BeanShell 断言：针对取样器中的 Bean Shell sampler 而使用的断言。

在所有的断言中：最常用的是响应断言。响应断言的设置界面，如图 7-15 所示。

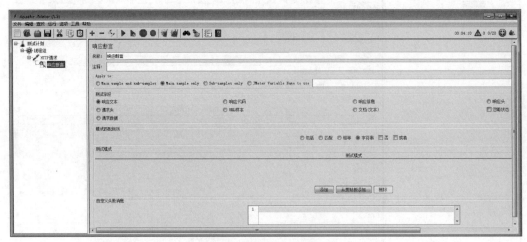

图 7-15 响应断言页面设置

响应断言设置页面的主要字段介绍如下：

（1）Apply to（指定断言作用范围）

① Main sample and sub-sample：作用于 main sample 和 sub-sample。

② Main sample only：只作用于 main sample。

③ Sub-samples only：只作用于 sub-sample。

④ JMeter Variable：作用于 JMeter 变量。

需要注意以下情况：

① 大多数情况下，可只勾选"main sample only"，因为一般情况下，发起一个请求，实际就只有一个请求。但是在某些情况下，发起一个请求时，会触发多个服务器请求，这时候就有 main sample 和 sub-sample 之分，类似 ajax 请求。另外，如果发起重定向请求，并且勾选"跟随重定向"，则把重定向后的请求视为 main sample。

② 如果 sub-sample 断言失败，但 main sample 断言成功，那么 main sample 也会被设置为失败状态。若断言作用于 JMeter 变量，且该变量关联 main sample，那么如果断言失败，则 main sample 也被设置为失败。如果使用 JMeter 变量选项，则假定它与 main sample 相关，并且任何故障将仅应用于 main sample。

③ 如果执行完每个取样器的所有断言，变量 JMeterThread. last_sample_ok 会被设置为 true 或 false。

（2）测试字段

主要测试的响应字段的含义如下：

① 响应文本：从服务器返回的响应文本，HTTP 协议排除 Header 部分。

② 文档（文本）：对文档内容进行匹配。

③ URL 样本：匹配 URL 链接。

④ 响应代码：匹配响应代码，例如，HTTP 协议返回代码 200 代表成功。

⑤ 响应消息：匹配响应信息，例如处理成功返回"OK"字样。

⑥ Response Headers：匹配响应中的头信息，包括 Set-Cookie 头（如果有的话）。

⑦ Ignore Status：一个请求有多个响应断言，其中第一个响应断言选中此项，当第一个响应断言失败时可以忽略此响应结果，继续进行下一个断言，如果下一个断言成功则还是可以判定事务成功的。

（3）模式匹配规则

① 包括：响应内容包括需要匹配的内容即代表响应成功，支持正则表达式。

② 匹配：响应内容要完全匹配需要匹配的内容即代表响应成功，大小写不敏感，支持正则表达式。

③ Equals：响应内容要完全等于需要匹配的内容才代表响应成功，大小写敏感，需要匹配的内容是字符串非正则表达式。

④ Substring：响应内容包括需要匹配的内容即代表响应成功，大小写敏感，需要匹配的内容是字符串非正则表达式。

⑤ 否：选择 Equals 与 Substring 时匹配的是字符串，大小写敏感，有时会响应失败，此时可以选择此项，会降低匹配级别，降到类似"包括""匹配"的级别，这样可以响应成功。

⑥ 或者：一个断言可以添加多个"要测试的模式"。使用"或者"选项后，只要其中有 1 个模式匹配，断言将会成功。不选择"或者"时将默认为"与"选项，必须所有模式都匹配，断言才会成功。

7.5.4　监听器

监听器用来监听及显示 JMeter 取样器测试结果，能够以树、表以及图形的形式显示测试结果，也可以以文件方式保存测试结果，例如：JMeter 测试结果文件可以保存为 XML、CSV 等格式的文件。

通过右键点击"线程组"｜"添加"｜"监听器"可以进入监听器选择菜单，如图 7-16 所示。常用的监听器有察看结果树、汇总报告、聚合报告、后端监听器、汇总图、断言结果、比较断言可视化器、生成概要结果。

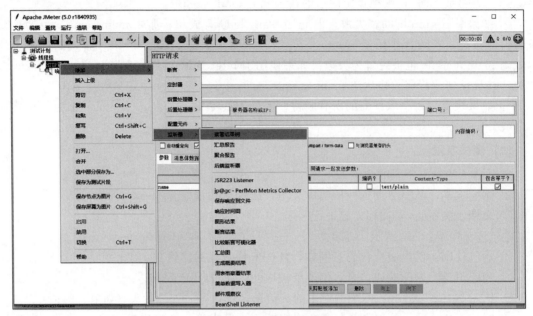

图 7-16 监听器种类示意图

下面详细介绍几种常见的监听器。

（1）察看结果树

察看结果树，显示取样器请求和响应细节以及请求结果，包括消息头、请求的数据、响应的数据。对于察看结果树，放置位置不同，显示结果也不同。在线程组下添加察看结果树，查看线程组下所有请求的结果；放在具体某个请求下，只能查看此请求的结果；若放在某个控制器节点下，则查看此控制器下节点执行的结果。

察看结果树监听器推荐用作调试，在实际运行压测时，应该禁用，因为在大量请求情况下，启用该监听器时打印的日志比较多，会造成大 IO 消耗，影响负载机性能。该监听器的主要作用是，查看请求结果，请求成功的测试通常为绿色，失败为红色。

需要注意的是，在没有设置请求断言的情况下，显示绿色并不一定是成功，只代表响应码是 200 或 300 系列，显示红色说明响应码是 400 或 500 系列。所以要想确定请求返回的结果是否正确，必须要加上断言，只有断言成功才会显示绿色。同时通过断言结果可以查看对应取样器的测试结果的请求、响应数据。

（2）汇总报告

在汇总报告中，JMeter 会为测试中的每个不同命名的请求创建一个表行。这与聚合报告类似，只是它使用更少的内存。它提供了最简要的测试结果信息，同时可以配置将相应的信息保存至指定的文件中（支持 xml、csv 格式的文件）。在汇总报告视图中，单击配置按钮，可以配置结果保存的各种选项，如图 7-17 所示。

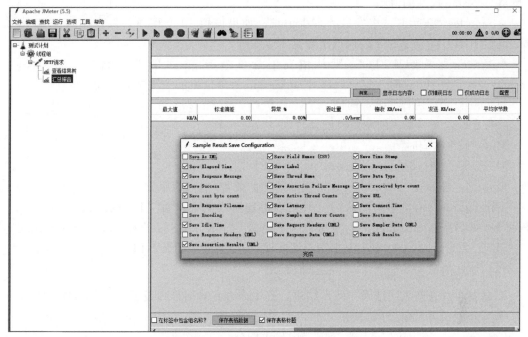

图 7-17　汇总报告指定保存信息格式示意图

汇总报告的每列含义如下：

① Label：取样器别名，如果勾选"在标签汇总包含组名称"，则会添加线程组的名称作为前缀。

② ♯样本（Samples）：取样器运行次数。

③ 平均值（Average）：请求（事务）的平均响应时间。

④ 最小值（Min）：请求的最小响应时间。

⑤ 最大值（Max）：请求的最大响应时间。

⑥ 标准偏差（Std. Dev）：响应时间的标准方差。

⑦ 异常（Error）％：事务错误率。

⑧ 吞吐量（Throughput）：TPS。

⑨ Received KB/sec：每秒收到的千字节。

⑩ Sent KB/sec：每秒发送的千字节。

⑪ 平均字节数（Avg. Bytes）：响应平均流量。

（3）聚合报告

聚合报告记录性能测试的总请求数、错误率、用户响应时间（中间值、90％、最小、最大）、吞吐量等，用以帮助分析被测试系统的性能。在聚合报告中，响应时间不能超过客户要求的响应时间，否则为不合格，例如不能超过响应时间 2 秒，大于 2 秒就是不合格的。

聚合报告是最详细的报告，也是最为常用的报告，是在压测过程中最常用的监听器。该监听器会统计每个请求的响应信息并提供请求数、平均值、最大值、最小值、中位数、90％、95％、错误率、吞吐量（以请求数/s 为单位）和以 Kb/s 为单位的吞吐量等信息。

聚合报告中的每列的含义如下：

Label：每个 JMeter 的 element（例如 HTTP Request）都有一个 Name 属性，这里显

示的就是 Name 属性的值。

♯Samples：表示测试中发出了多少请求。如果模拟 10 个用户，每个用户迭代 10 次，那么就显示 HTTP Request 的执行次数是 100。

Average：平均响应时间，默认情况下是单个 Request 的平均响应时间，当使用 Transaction Controller 时，也可以以 Transaction 为单位显示平均响应时间。

Median：50％用户的响应时间。

90％Line：90％用户的响应时间。

Min：最小响应时间。

Max：最大响应时间。

Error％：本次运行测试中出现错误的请求的数量/请求的总数。

Throughput：吞吐量，默认情况下表示每秒完成的请求数（Request per Second），当使用 Transaction Controller 时，也可以表示类似 LoadRunner 的 Transaction per Second 数。

（接收/发送）KB/sec：每秒从服务器端接收到的数据量，相当于 LR 中的 Throughput/Sec。

（4）汇总图

汇总图通过表格显示结果与图形结果，其中内容是对图形的设置。主要参数说明如下：

① Column settings 列设置：

Columns to display：选择要在图表中显示的列。

Rectangles color：单击右侧颜色矩形，弹出对话框，选择自定义颜色。

Foreground color：允许更改值文本颜色。

Value font：允许定义文本的字体设置。

Draw outlines bar：在条形图上绘制或不绘制边界线。

Show number grouping：是否显示 Y 轴标签中的数字分组。

Value labels vertical：更改值标签的方向（默认为水平）。

Column label selection：按结果标签过滤。

② Title：在图表的头部定义的图表标题。

③ Graph size：根据当前 JMeter 窗口大小的宽度和高度计算图形大小。使用"宽度"和"高度"字段确定自定义大小，单位是像素。

④ X Axis settings：定义 X 轴标签的最大长度（以像素为单位）。

⑤ Y Axis settings：为 Y 轴确定自定义最大值。

⑥ Legend：定义图表图例的放置和字体设置。

（5）断言结果

对取样器进行断言后，通过断言结果组件能够查看断言结果；此组件消耗了大量资源（内存和 CPU），正式性能测试时不建议使用，通常是调试阶段使用的。

（6）生成概要结果

该测试组件可以放置在测试计划中的任何位置，生成到目前为止对日志文件和标准输出的测试运行摘要。它显示了运行总计和差异总计。在适当的时间边界每 n 秒（默认为 30 秒）生成一次输出，因此将同步在同一时间运行的多个测试。

7.5.5　前置处理器

在脚本开发过程中，前置处理器可以在发送请求前做一些环境或参数的准备工作。如果将前置处理器附加到取样器元件，则它将在取样器元件运行之前执行。前置处理器最常用于在取样器请求运行前修改其设置，或更新未从响应文本中提取的变量，主要是用来处理请求前的一些准备工作，比如参数设置、环境变量设置等，其打开方法如图 7-18 所示。

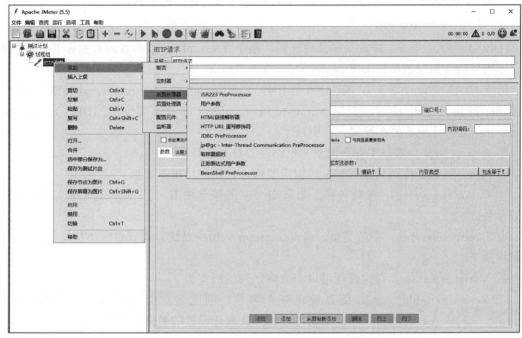

图 7-18 前置处理器打开方法

下面介绍几种常用的前置处理器。

（1）HTML Link Parser

即 HTML 链接解析器，用于在取样器返回的 html 页面中按照规则解析链接和表单，再根据此处理器所在的取样器中的规则进行匹配修改，然后再执行取样器。

（2）HTTP URL Re-writing Modifier

即 HTTP URL 重写修改器，此处理器与 HTTP Link Parser 类似，但专用于使用 url 重写来存储 sessionId 而非 cookie 的 http request。在线程组级别添加此修改器会应用于所有 sample（样本），若为单个 sample 添加则只适用该 sample。该组件的常用参数配置如下：

① Session Argument Name：会话参数名称，用于搜索 sessionId，其他 sample 也可通过此参数来调用其获取的 sessionId。

② Path Extension：路径扩展，如 url 添加了分号作为分割，则勾选此项。

③ Do not use equals in path extension：用于 url 不用等号来分割 key 和 value 的类型。

④ Do not use questionmark in path extension：用于不带？的类型。

⑤ Cache Session Id？：勾选此项则会存储在其挂载的 sample 上获取到的 sessionId 供后边的其他 sample 使用。

⑥ URL Encode：用以确定是否使用 url 编码。

（3）User Parameters

User Parameters，即用户参数。添加几组参数给线程组的各个线程使用，如果线程数多于用户参数组数，则多出来的线程从第一组用户参数开始依次调用参数组。该组件的常用参数配置如下：

① Name：前置处理器的名称。

② Update Once Per Iteration：标识是否每轮迭代更新一次元素。

（4）JDBC PreProcessor

JDBC PreProcessor，即数据库预处理器，用于在 sample 开始前查询数据库并获取一些值。该组件的常用参数配置如下：

① Variable Name of Pool declared in JDBC Connection Configuration：连接池名称。需与 JDBC 链接配置中的 Variable Name 相同（此预处理器需要一个 JDBC Connection Configuration，此配置器在配置元件中）。

② Query Type：数据库查询类型。根据需要自行选择。

③ Query：数据库语句输入框。根据需要输入，注意结尾不要加 ";"。

④ Parameter values：参数名称。如果 Query 的语句中有 "?" 则此处填值，可以使用调用参数方式。

⑤ Parameter types：参数类型。与 Parameter values 对应，设置参数类型，与 sql 字段类型相同。

⑥ Variable names：设定此项可以获取固定列的所有值。

⑦ Result variable name：随意设定一个名称，则此名称会被作为一个参数并对应 Query 出来的内容；可以使用参数调用的方法来获取此设置的名称对应的值。

⑧ Query timeout（s）：超时时间。

⑨ Handle ResultSet：有四个选项，表示结果保存的方式。

（5）RegEx User Parameters

RegEx User Parameters，即正则表达式，使用正则表达式可以从另一个 HTTP 请求中提取到 HTTP 参数指定动态值。该组件的常用参数配置如下：

① name：前置处理器名称。

② Regular Expression Reference Name：调用正则表达式提取器中的引用名称。

③ Parameter names regexp group number：用于提取参数名称的正则表达式组编号。

④ Parameter values regex group number：用于提取参数值的正则表达式组编号。

（6）Sample Timeout

Sample Timeout，即超时器，用于设定 sample 的超时时间，如果完成时间过长，此预处理器会调度计时器任务以中断样本。该组件的常用参数配置如下：

① name：超时器名称。

② Sample timeout：超时时间。

7.5.6 配置元件

JMeter 配置元件可以用来初始化默认值和变量，读取文件数据，设置公共请求参数，赋予变量值等，以便后续采样器使用。配置元件（Config Element）提供对静态数据配置的支持，可以为取样器设置默认值和变量。JMeter5. x 中共有 19 个配置元件，下面介绍常用的配置元件。

（1）CSV Data Set Config

CSV Data Set Config 被用来从文件中读取数据，并将它们拆分后存储到变量中，可以处理多个变量。CSV Data Set Config 是实现 JMeter 参数化技术的必备组件。

（2）FTP Request Defaults

FTP Request Defaults 被用于设置 FTP 请求的默认值。

（3）HTTP Cache Manager

HTTP Cache Manager 被用来为其作用域内的 HTTP 请求提供缓存功能，如果"Use Cache-Control/Expires header When …"选中，那么会根据时间来选择；如果请求是"GET"，而时间指向未来，那么采样器就会立即返回，而无须从远程服务器请求 URL，这样是为了模拟浏览器的操作，注意 Cache-Control 头必须是"public"的，并且只有"max-age"终结选项会被处理；如果请求文档自从其被缓存以来没有发生任何改变，那么响应包就会为空。

（4）HTTP Cookie 管理器

HTTP Cookie 管理器主要有如下两个功能：

① 模拟 web 浏览器存储和发送 Cookie。如果测试人员有一个 HTTP 请求和响应里包含 Cookie，Cookie 管理器会自动存储 Cookie，那么接下来针对特定 web 站点的所有请求中使用该 Cookie，可在结果树中查看。接收到的 Cookie 可以被保存为变量，须定义属性"CookieManager. save. cookie＝true"。在存储之前，Cookie 名称会加上前缀"COOKIE_"。要恢复早前处理方式，则定义属性"CookieManager. name. prefix＝"（其值为一个或多个空格）。如果启动了该功能，那么名称为 TEST 的 Cookie 可以通过 $\{COOKIE\_TEST\}$ 加以引用。

② 手动为 Cookie 管理器添加一个 Cookie（为所有 JMeter 线程所共享）。

（5）HTTP 请求默认

HTTP 请求默认，即设置 HTTP 请求使用的默认值。

（6）HTTP 信息头管理器

HTTP 信息头管理器里可添加或者重载 HTTP 请求头，JMeter 目前支持多个信息头管理器，多个信息头将被合并起来构成采样器列表。如果一个待合并条目匹配一个已经存在的信息头名，那么它就会替代目前的条目，除非条目值是空，在这种情况下已经存在的条目会被移除，这容许用户设置一系列默认信息头，并对特定采样器加以调整。

（7）登录配置元件

登录配置元件为采样器添加或重载用户名和密码。

（8）用户定义的变量

该组件可以定义初始化一系列变量。由于该组件是在初始化阶段进行处理的，因此，有些变量不能引用。

（9）Random Variable

Random Variable 被用来产生随机数字字符串，并将其存放到变量之中。该设置的主要参数如下：

① Variable Name：变量名，用于保存随机字符串。

② output format：使用 java. text. DecimalFormat 格式字符串。例如"000"会产生至少 3 个数字的随机数，或者"USER_000"产生的输出格式为 USER_nnn；如果不指明，就是用 long. toString（）来产生数字。

③ Minimum Value：产生随机数的最小值（整数）。

④ Maximum Value：产生随机数的最大值（整数）。

⑤ Seed for Random function：随机数产生器的种子，默认为当前时间（以毫秒为单位）。

⑥ Per Thread（User）：如果为 False，则随机数产生器在线程组的线程共享；如果为 True，则每个线程都有自己的随机数产生器。

（10）计数器

JMeter 容许用户创建一个计数器，可在线程组中任何地方被引用。

（11）简单配置元件

简单配置元件可以在采样器中添加或者重载任意值。

7.5.7　后置处理器

后置处理器是在发出"取样器请求"之后执行一些操作。有时候取样器请求的响应数据在后续请求中需要用到，要对这些响应数据进行处理，后置处理器就是来完成这项工作的。例如，系统登录成功以后我们需要获取 SessionId，在后面的业务操作中服务器会验证这个 SessionId，获取服务器返回的 SessionId 数据就可以用后置处理器中的正则表达式提取器来完成。下面简单介绍常用的后置处理器。

① CSS/JQuery 提取器：从返回的 HTML 数据中根据 CSS/JQuery 的定位器提取数据。

② JSON 提取器：从返回的 json 格式数据中提取数据。

③ 正则表达式提取器：从返回文本中根据正则表达式提取所需数据。它是较为常用的一种提取器。

④ XPath 提取器：如果请求返回的消息为 xml 或 html 格式的，可以用 XPath 提取器来提取需要的数据。

⑤ BeanShell 后置处理程序：使用 bean 脚本语言自定义处理动作。

7.5.8　控制器

在 JMeter 中逻辑控制器可以控制采样器的执行顺序。控制器下的所有的采样器都会当作一个整体，执行时也会按照控制器的属性值进行执行。控制器的作用主要包括两点：一是控制测试计划或者线程组中节点的逻辑执行顺序；二是对测试计划或者线程组中的脚本进行分组，方便 JMeter 统计执行结果以及脚本运行时的控制等。

控制器主要有 11 种，下面做简单介绍。

① 简单控制器（Simple Controller）：对采样器进行分组，增加脚本的可读性。有多个简单控制器时，采样器按顺序执行。

② 循环控制器（Loop Controller）：指定其子节点运行的次数，可以使用具体的数值，也可以使用变量。

③ 仅一次控制器：在循环执行中对该控制器下的请求执行一次，在接下来的循环执行中将会跳过该控制器下的所有请求。比如：在进行登录的测试中，可以考虑将登录请求放在仅一次控制器中，这样登录请求只执行一次。在并发查询时，可能会使用到仅一次控制器，我们只需要登录请求执行一次即可。JMeter 中的仅一次控制器相当于 LoadRunner 中的 init 的初始化 action。

④ 随机控制器：该控制器下的子节点在执行中，是随机读取某一个执行的，并不是全部执行。

⑤ 随机顺序控制器：该控制器下的子节点全部执行，但顺序是随机的。

⑥ 交替控制器：如果将采样器或逻辑控制器添加到交替控制器，则 JMeter 将在每个其下的控制器之间交替进行每次循环迭代。

⑦ Runtime 控制器：Runtime（seconds）设置为 N，则其下所有节点的运行时间为 N 秒。其下所有节点，运行完一次，耗费时间小于 N 秒，此时，从头执行一遍，直到执行时间等于 N，跳出控制器。

⑧ 如果（If）控制器：If 控制器条件满足，执行控制器下的 Sampler；如果不满足或不填写条件，则不执行 Sampler。

⑨ While 控制器：执行该控制器下所有节点，直到它的条件被判断为 false，才会跳出控制器，执行后续 sampler。

⑩ 遍历循环控制器 ForEach 控制器：一般和用户自定义变量一起使用，其在用户自定义变量中读取一系列相关的变量。该控制器下的采样器或控制器都会被执行一次或多次，每次读取不同的变量值（多个变量执行多次）。

⑪ 事务控制器：会生产一个额外的采样器，用来统计该控制器子结点的所有时间。一般用来完成一个完整的页面请求、一组请求或一组测试场景（多线程时是顺序执行的），类似 LoadRunner 中的事务。

7.5.9　定时器

用户实际操作时，并非连续点击，而是存在很多停顿的情况，例如：用户需要时间阅读文字内容、填表，或者查找正确的链接等。为了模拟用户实际情况，在性能测试中我们需要考虑思考时间。若不认真考虑思考时间，很可能会导致测试结果的失真，例如，实测的并发用户数偏少。在性能测试中，访问请求之间的停顿时间被称为思考时间，那么如何模拟这种停顿呢？我们可以借助 JMeter 的定时器实现。JMeter 中的定时器一般被我们用来设置延迟与同步。定时器的执行优先级高于 Sampler（取样器），在同一作用域下（例如控制器下）有多个定时器存在时，每一个定时器都会执行，如果想让某一定时器仅对某一 Sampler 有效，则可以把定时器加在此 Sampler 节点下。

需要注意的是，定时器是在每个 Sampler 之前执行的，而不是之后（无论定时器位置在 Sampler 之前还是之后）；当执行一个 Sampler 之前时，所有当前作用域内的定时器都会被执行；如果希望定时器仅应用于其中一个 Sampler，则把定时器作为子节点加入；如果希望在 Sampler 执行完之后再等待，则可以使用 Test Action。

下面简要介绍几种常用的定时器。

① 固定定时器（Constant Timer）：让每个线程在请求之前按相同的指定时间停顿，那么可以使用这个定时器。

② 高斯随机定时器（Gaussian Random Timer）：如需要每个线程在请求前按随机时间停顿，那么使用这个定时器。

③ 均匀随机定时器（Uniform Random Timer）：和高斯随机定时器的作用差异不大，区别在于该定时器的延时时间在指定范围内且每个时间的取值概率相同，每个时间间隔都有相同的概率发生，总的延迟时间就是随机值和偏移值之和。

④ 固定吞吐量定时器（Constant Throughput Timer）：可以让 JMeter 以指定数字的吞吐量（即指定 TPS，只是这里要求指定每分钟的执行数，而不是每秒）执行。

⑤ 同步定时器（Synchronizing Timer）：此定时器和 LoadRunner 当中的集合点（rendezvous point）作用相似。其作用是：阻塞线程，直到指定数量的线程到达后，再一起释放，可以瞬间产生很大的压力。

7.6 本章小结

本章主要讲述了 JMeter 的安装、配置、运行原理以及常用的组件。通过本章的学习，读者可更好地了解 JMeter 的一些基本概念以及应用场景，能从宏观上把握 JMeter 工具的特性，以便在工具选型和使用中能够做出更好的选择。

✐ 练习题

1. 简述 JMeter 的运行原理。
2. 安装 JMeter 并汉化，观察其工作环境。
3. 新建 JMeter 的测试计划，并添加主要控件。
4. 对比 LoadRunner，JMeter 主要有哪些优点？
5. 试猜想在一个测试中 JMeter 组件的使用顺序以及组合方式。

CHAPTER

第8章

JMeter 脚本开发

本章主要讲述 JMeter 脚本的开发技术，通过简单模拟一个课程预定系统的 Restful API 接口交互业务逻辑过程，帮助读者学习脚本开发技术。该程序包含 POST、GET、DELETE 请求，包含如下 4 个接口：登录、查询课程、预订课程、登出。通过课程预定系统的性能测试，读者能够对第 7 章所介绍的各个组件有更直观的认识，能够使用 JMeter 常用组件完成脚本的编写。

本章要点

- 使用 Badboy 进行录制。
- 使用 Fiddler 进行录制。
- 被测接口介绍。
- 脚本的制作。
- JMeter 参数化。

- JMeter 检查点。
- JMeter 事务。
- JMeter 集合点。
- JMeter 统计运行结果。

8.1 使用 Badboy 进行录制

Badboy 是一款免费的 Web 自动化测试工具。简单来说，Badboy 就是一个浏览器模拟工具，具有强大的屏幕录制和回放功能，支持对录制出来的脚本进行调试，提供图形结果分析功能，可弥补 JMeter 的不足之处。因此，在编写 Web 系统的性能测试脚本时，使用 Badboy 和 JMeter 结合是一种很好的选择。

8.1.1 Badboy 简介

Badboy 录制的脚本可直接导出生成 JMeter 支持的 .jmx 格式的脚本，后者实际上是一个 XML 格式的文件。Badboy 的录制方式有两种，一种是 Request 方式，一种是 Navigation

图 8-1 工具栏"N"切换录制方式

方式。通过工具栏的"N"按钮可进行两种录制方式的切换，如图 8-1 所示。其中，Request 方式是模拟浏览器发送表单信息到服务器，每一个资源都将作为请求发送。Navigation 方式是记录用户鼠标的操作动作，回放时模拟界面点击，类似于 UI 自动化测试工具 Selenium。

基于 JMeter 脚本的要求，我们应选择 Request 方式来进行录制，这些请求将以 .jmx 的格式保存下来，从而可以导入 JMeter 进行复用。接下来介绍 Badboy 的脚本录制过程。

8.1.2 Badboy 录制方法

Badboy 的下载和安装过程比较简单，本书不再赘述。下面主要讲述 Badboy 的脚本录制以及 jmx 文件导出的操作步骤。

（1）打开 Badboy 工具进行脚本录制

当打开 Badboy 工具时，就已默认进入录制状态，初始界面如图 8-2 所示。初始界面默认开启 Request 录制模式，可以看到最上方状态栏提示 Recording。当然也可以通过点击录制按钮，来进行状态的切换。

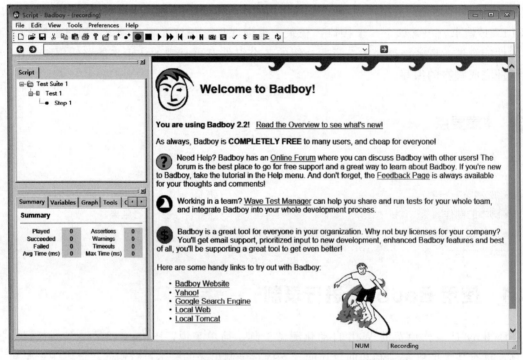

图 8-2 Badboy 主界面

（2）在 Badboy 地址栏输入并链接 URL 地址

在 Badboy 地址栏直接输入请求页面的 URL 地址，键盘回车或者点击 ➡ 开始进行录制。Badboy 会记录页面的每一步操作（相当于创建了一个取样器），并在右侧视图中显示被测网址的内容。在这里，以访问百度为例，输入百度网页地址后回车，便出现了如图 8-3 所示的页面。

图 8-3 录制百度页面

（3）停止脚本录制

一个测试流程录制结束后，点击● 按钮停止录制。

（4）保存录制的脚本文件

录制完成后，通过菜单"File"｜"Export to JMeter…"命令将文件导出为 JMeter 可识别的 jmx 脚本，如图 8-4 所示。

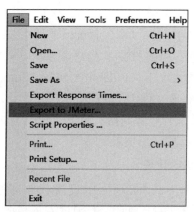

图 8-4 将文件导出为 JMeter 脚本

（5）在 JMeter 中打开保存的 jmx 脚本文件

在 JMeter 中可以打开 Badboy 录制的 jmx 脚本。具体操作步骤是：运行 JMeter，点击"文件"｜"打开"，选择刚刚保存的 jmx 脚本，点击"open"按钮后便可在 JMeter 中打开刚刚录制的脚本。如图 8-5 所示。

通过以上步骤，完成了使用 Badboy 录制 JMeter 脚本的工作。使用 Badboy 工具录制的

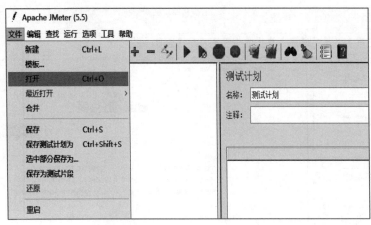

图 8-5 用 JMeter 打开 Badboy 脚本

脚本相对于使用 JMeter 自身工具录制的脚本，更加精简，更加干净。但是 Badboy 工具录制脚本的时候，经常出现无法录制脚本的情况，这点影响到 JMeter 脚本的开发，甚至会导致 JMeter 脚本无法使用。

8.2 使用 Fiddler 进行录制

在实际工作中，我们可以选择 Badboy 或 Fiddler 来录制 JMeter 脚本。相比于 Badboy，Fiddler 录制的脚本更加齐全，很少出现脚本缺失的情况，因此，在性能测试实践中，建议优先选择使用 Fiddler 来开发 JMeter 脚本。本节主要介绍如何使用 Fiddler 录制及导出 JMeter 脚本。

8.2.1 Fiddler 配置

Fiddler 是一个 http 协议调试代理工具，它可以记录计算机的所有 http 通信数据。通过 Fiddler 可以抓取、统计、筛选、调试 HTTP 的请求和响应情况，是进行性能测试、接口测试的一个重要辅助工具。默认情况下，Fiddler 无法导出 jmx 格式的文件，因此，需要在 Fiddler 中导入支持 jmx 的动态库文件 JMeterExport.dll。导入 JMeterExport.dll 的具体操作为：下载 JMeterExport.dll 文件，将其拷贝至 Fiddler \ ImportExport 目录下，重新打开 Fiddler 即可。下面介绍 Fiddler 的常用设置。

(1) 在 Fiddler 中设置本机的代理

打开 Fiddler，可在"工具"|"选项"中设置代理。所设置的代理服务器地址为 Localhost 或 Fiddler 所在计算机的 IP 地址。若测试人员是在本机上进行数据抓取，则无须手动设置代理，Fiddler 开启的同时会自动给浏览器设置代理。Fiddler 的端口号默认为 8888，可在"工具"|"选项"|"连接"中查看，如图 8-6 所示。

另外，默认情况下，Fiddler 不截取 https 请求，如果想要抓取 https 的请求数据，需在"工具"|"选项"|"HTTPS"中勾选"解密 HTTPS 流量"，同时勾选"忽略服务器证书错误"可以截取使用不可信证书的 https 站点数据，如图 8-7 所示。

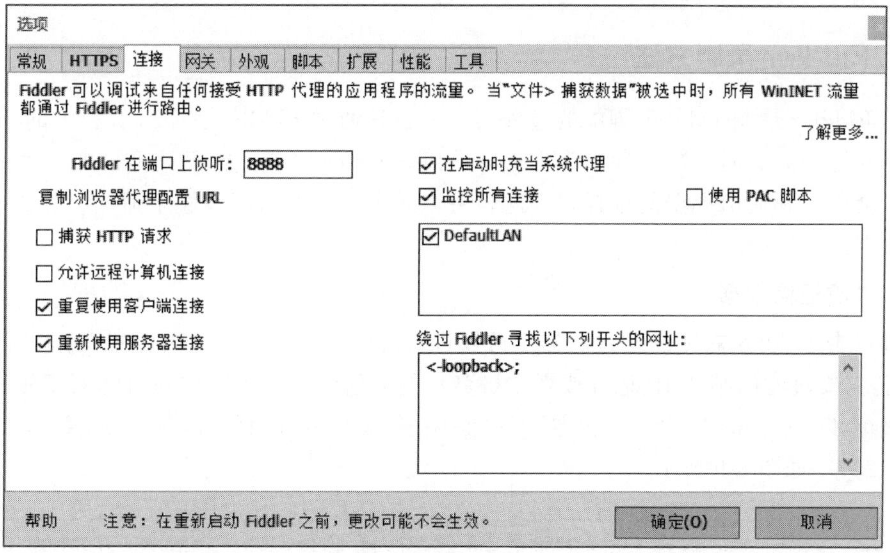

图 8-6　查看 Fiddler 端口

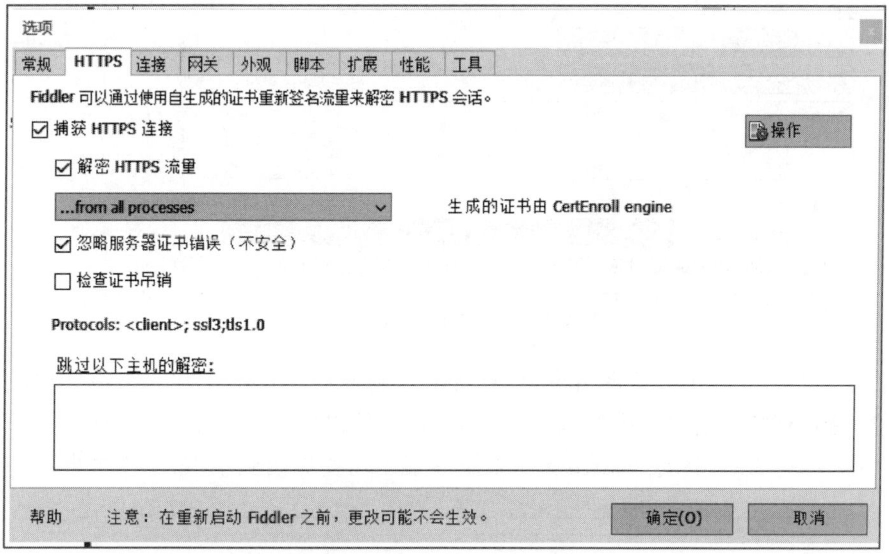

图 8-7　Fiddler 的 HTTPS 设置

（2）在 Fiddler 中设置移动端的代理

若要抓取移动端的数据，需要先在运行 Fiddler 的计算机上开启热点 WiFi，并使用移动端设备连接该热点，即让电脑和移动设备在同一网络下，并在移动端设置代理地址。具体步骤为：打开移动设备连接的热点 WiFi，点击"修改网络"|"高级"|"代理"（手动），输入运行 Fiddler 的计算机的 IP 和 Fiddler 端口号，保存并连接 WiFi，如图 8-8 所示。

除了在移动设备上设置代理以外，Fiddler 必须设置允许远程设备连接，才能成功抓取移动设备上的数据，具体操作步

图 8-8　移动端代理设置

骤为：打开"工具"｜"选项"｜"连接"，勾选"允许远程计算机连接"。

8.2.2　Fiddler 录制方法

利用 Fiddler 录制 JMeter 脚本的过程实质上就是通过 Fiddler 抓取计算机上的 HTTP 通信数据，并把相关的通信数据导出为 JMeter 可以识别的脚本。由于计算机上产生的通信数据较多，会干扰到通信数据的选择，因此，可以通过一定的过滤设置来筛选出测试人员需要的通信数据。

（1）过滤通信数据

通过点击 Fiddler 右侧的"过滤器"可以进行过滤器的配置，主要配置操作如下：

① 若需要过滤出某些 IP 地址或者主机名称的通信数据，则需要在过滤器配置界面中选择"仅显示以下主机"，并在下方输入框中输入要筛选的 IP 地址或主机名称，如10.1.91.207，如图 8-9 所示。

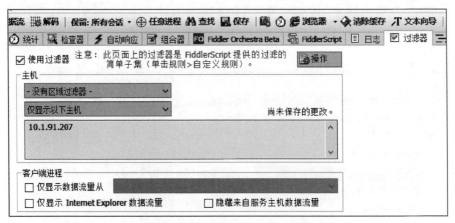

图 8-9　使用过滤器筛选主机信息

② 若需要过滤 css/js/gif 图片等类型请求，则需在 Requests Headers 中勾选"如果URL 包含，则隐藏"，输入框中填入".css.js.gif"等以过滤这些请求，如图 8-10 所示。需要说明的是，css、js、gif 等非 http 请求数据一般不需要导出到 JMeter 脚本中。

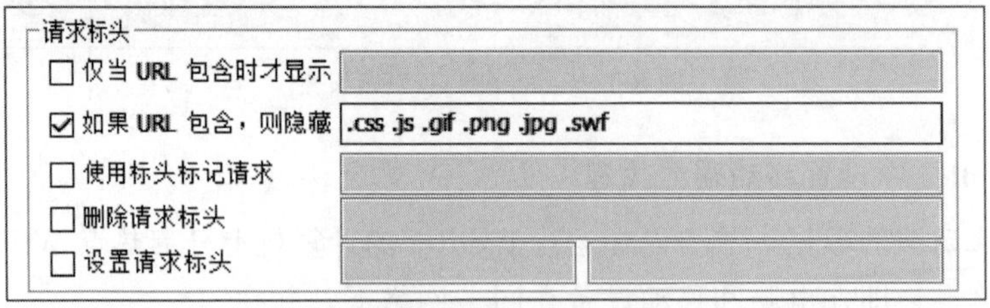

图 8-10　过滤 css/js/gif 等请求

③ 过滤条件设置完成之后，使用过滤器配置界面中的"操作"｜"立即运行过滤设置"命令可以运行 Fiddler 过滤，使设置过的过滤配置生效。

过滤配置操作完成之后，可以测试过滤设置是否生效。在这里，以 LoadRunner 自带的Flight 系统作为被测软件为例，对其首页（http：//［计算机 ip］：1080/WebTours/index.htm）进行访问，录制其登录操作。可以看到 Fiddler 经过过滤之后，只会抓取 IP 为

"10.191.207"的通信数据，且没有 .css. js. gif 等请求，如图 8-11 所示。

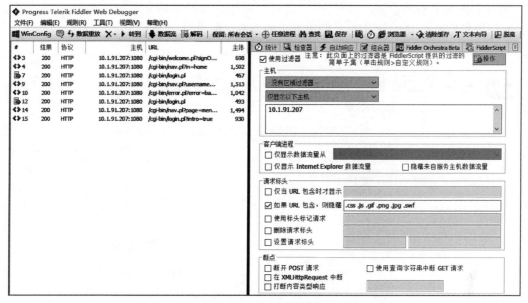

图 8-11 过滤后的脚本

（2）导出 JMeter 脚本

选中要导出的会话，通过菜单"文件"｜"导出会话"｜"所选会话"命令，可以弹出导出文件格式选择窗口，并在其中选择"JMeter Script"，点击 Next 按钮即可将当前所选的通信数据保存为 jmx 的格式。如图 8-12 所示。

图 8-12 导出为 JMeter 脚本

（3）在 JMeter 中打开 Fiddler 脚本

运行 JMeter，点击菜单"文件"｜"打开"命令，选择刚刚导出的 JMeter 脚本，点击"Open"按钮便可在 JMeter 中打开刚刚导出的脚本，如图 8-13 所示。

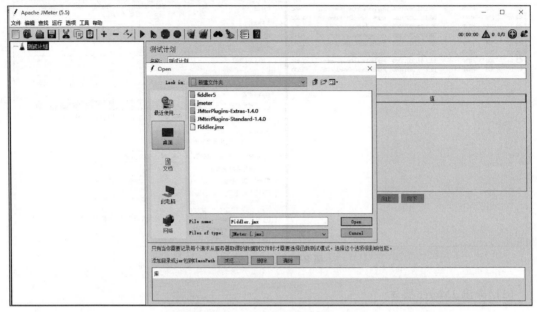

图 8-13　在 JMeter 中打开 Fiddler 脚本

到此为止，使用 Fiddler 录制简单脚本的操作就完成了，使用 JMeter 打开后，便可对脚本进行编辑和修改等操作，使脚本可以满足性能测试需求。

8.3　JMeter 被测接口介绍

本节配套了一个课程预订系统作为被测软件，该系统使用 python 语言开发，包含了四个接口：登录、查询课程、预订课程、退出（登出）。被测系统的接口格式为 .json 格式。以上四个接口的调用顺序逻辑如下：

① 用户登录，获取登录 token。

② 用户提交"查看课程列表"或者"预订课程"请求，请求的信息头中必须包含有 token 信息。

③ 用户登出，同样请求的信息头中必须包含有 token 信息。

四个接口的调用顺序逻辑时序图如图 8-14 所示。

下面介绍四个接口的详细测试说明，包括访问路径、访问方法、头信息、请求体、响应体等信息。

（1）登录接口

访问路径：/api/v1/user/login。

访问方法：POST。

头信息：{Content-Type：application/json}。

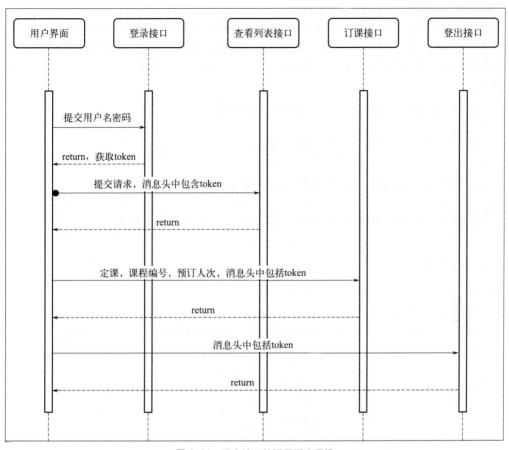

图 8-14 四个接口的调用顺序逻辑

请求消息体：

```
 "authRequest":{
 "userName":"{{username}}",
 "password":"{{login_pwd}}"
}
```

响应消息体，分为成功和失败两种情况。其中，响应成功的响应消息体为：

```
{
"code":"200",
"message":"login success","access_token":"[access_token]"
}
```

响应失败的响应消息体为：

```
{
"code":"401","message":"login fail"
}
```

（2）查看课程列表

访问路径：/api/v1/course/list。

访问方法：GET。

头信息：{Content-Type：application/json，access_token：[access_token]}。

响应消息体，分为成功和失败两种情况。其中，响应成功的响应体为课程列表，以 .json 格式显示，课程分为 jichuke（基础课）、zhuanyeke（专业课）和 xuanxiuke（选修课）三种类型。

若请求头信息中的 token 为空，则响应消息体为：

```
{"code":"401","message":"Please login first."
}
```

若请求头信息中的 token 为错误值，则响应消息体为：

```
{"code":"401","message":"Unknown user info,please re-login."
}
```

(3) 预订课程

访问路径：/api/v1/course/confirm。

访问方法：POST。

头信息：{Content-Type：application/json，access_token：[access_token]}。

选课的请求消息体为：

```
{"select_list":[
    {"course_nunber":"01","number":1},
    {"course_nunber":"03","number":2},
    {"course_nunber":"04","number":1},
    {"course_nunber":"05","number":3}
        ]
}
```

响应消息体，分为成功和失败两种情况。其中，响应成功的响应消息体为：

```
{"code":"200","message":"select success.","total":7# 课程总数}
```

响应失败的响应消息体为：

```
{"code":"401","message":"Please login first."}
```

(4) 登出

访问路径：/api/v1/user/logout。

访问方法：DELETE。

头信息：{Content-Type：application/json，access_token：[access_token]}。

响应消息体，分为成功和失败两种情况。其中，响应成功的响应消息体为：

```
{"code":"200","message":"logout success"}
```

响应失败的响应消息体为：{"code":"401","message":"Unknown user info,logout fail."}。

本节对课程预定系统的四个接口进行了详细的介绍，本章后续各节将针对该系统的四个接口业务进行 JMeter 的脚本开发。

8.4　用户登录脚本

8.4.1　设置取样器

登录是所有操作的入口操作，通过登录可以从服务器中获取 token，即一段随机码。登录后续的操作只有附带上这个 token 才能够正常进行。用户登录脚本的主要开发过程如下：

① 新建 JMeter 压测脚本；

② 添加 "Thread Group（线程组）"；

③ 添加 "HTTP 请求" Sampler（取样器），定义该请求名称为 login；

④ 根据被测服务器的配置，配置服务器名称或 IP 地址以及端口号；

⑤ 根据课程预定系统的接口要求，配置登录操作的请求方法为 POST，路径为 "/api/v1/user/login"；

⑥ Login 请求中的 "消息体数据" 中添加请求参数：

```
{"authRequest":{"userName":"user01","password":"pwd"}};
```

⑦ 在 login 请求下添加 HTTP 信息头管理器，管理该请求的头信息；

⑧ 添加 "察看结果树" 用于查看请求/响应详情。

login 请求的设置如图 8-15 所示。

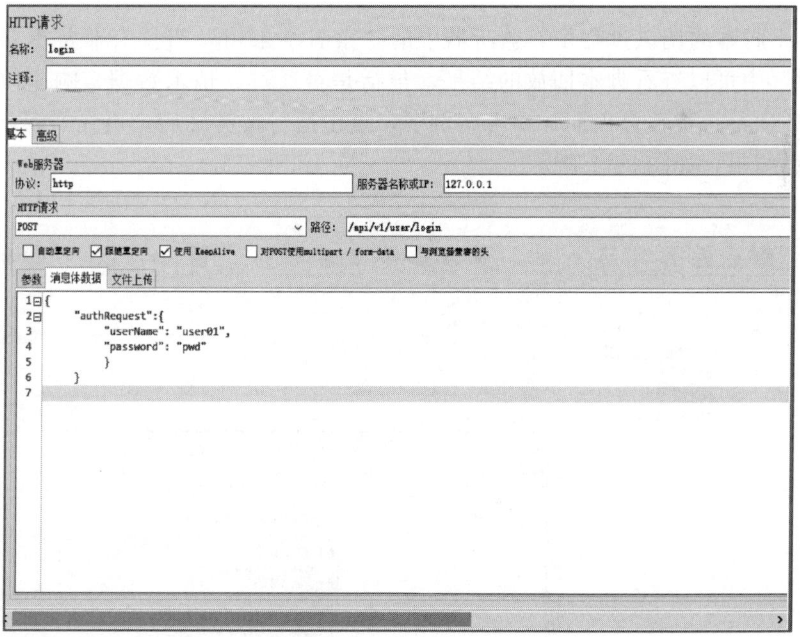

图 8-15　login 请求的设置

8.4.2　设置 HTTP 信息头管理器

HTTP 信息头管理器在 JMeter 的使用过程中起着非常重要的作用，在通过 JMeter 向服务器发送 HTTP 请求（Get 或者 Post）的时候，服务器后台往往需要一些验证信息，而且这些验证信息存放在请求的信息头中。因此，JMeter 可以在添加 HTTP 请求之前，添加一个 HTTP 信息头管理器，以键值对的形式来存放服务后台需要验证的信息。总的来说，使用 HTTP 信息头管理器可以模拟请求的头信息。

如果 HTTP 信息头管理器放到线程组下，那么该线程组下的所有 HTTP 请求都会共享这个 HTTP 信息头；如果 HTTP 信息头管理器放到某个 HTTP 请求下，则只有该请求拥有这个 HTTP 信息头。通过右击某个线程组或 HTTP 请求，在弹出的菜单中选择"添加"｜"配置元件"｜"HTTP 信息头管理器"即可添加 HTTP 信息头管理器。

在本案例中，在 login 请求下添加 HTTP 信息头管理器。根据 8.3 节接口的要求，在 HTTP 信息头管理器中配置键值对参数（Content-Type：application/json），如图 8-16 所示。

图 8-16 HTTP 信息头管理器

在 JMeter 脚本的调试过程中，监听器中的"察看结果树"组件有非常重要的作用。在"察看结果树"中可以查看脚本回放的结果，包括是否通过、请求数据、响应数据等，用以判断被测业务运行是否符合预期。在本案例中，点击运行按钮之后，可在"察看结果树"组件中查看运行结果，如图 8-17 所示。

图 8-17 login 请求的运行结果

8.4.3　设置断言

在 JMeter 脚本开发过程中，需要使用断言来检查实际运行结果是否符合预期数据，进而判断所开发的脚本是否正确。在用户登录脚本中，添加响应断言，用于检查登录后是否有响应文本"login success"，进而判断登录是否成功，如图 8-18 所示。

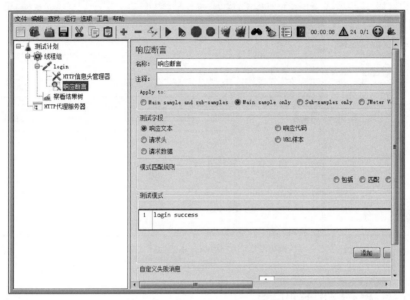

图 8-18　添加 login 请求的响应断言

针对断言的运行情况，可以在"察看结果树"中查看其断言是否通过，若未通过，会显示运行的实际数据。除了在"察看结果树"中查看断言结果，也可以通过监听器里的"断言结果"组件来查看断言结果，如图 8-19 所示。

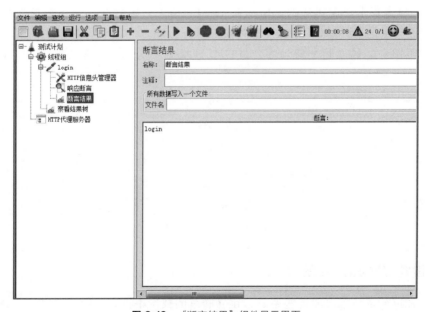

图 8-19　"断言结果"组件显示界面

至此，用户登录脚本编写完成。运行登录脚本之后，在"察看结果树"的"响应数据"视图里可以看到具体的响应信息，如图 8-20 所示。在图中，可以看到响应数据中的 access_token 是一条复杂的字符串，该字符串即为 token，后续的操作需要携带该 token 才能成功进行。

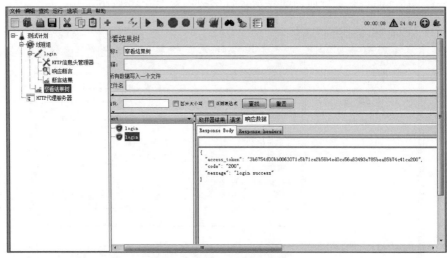

图 8-20　用户登录脚本的运行结果

8.5　查看课程列表脚本

8.5.1　设置取样器

登录成功之后，可以在课程预订系统里进行查看课程列表操作。查看课程列表脚本复用 8.4 节的用户登录脚本，在其基础上增加新 HTTP 请求。根据 8.3 节中的接口信息，配置查看课程列表请求的取样器，即 HTTP 请求名称为 getlist，服务器协议为 http，服务器 IP 和端口号按照服务器的实际配置填写，HTTP 请求方法为 Get，路径为 "/api/v1/course/list"，如图 8-21 所示。

图 8-21　取样器 getlist 配置

8.5.2　设置 JMeter 关联

关联是在取样器请求之间传递参数、建立联系的技术手段。一般需要将一个请求的响应参数，作为另一个请求的参数。比如登录后的操作，第一步实现登录请求，然后将请求返回的 token 提取出来保存到一个变量中，后续请求作为参数使用。关联的原理如图 8-22 所示。

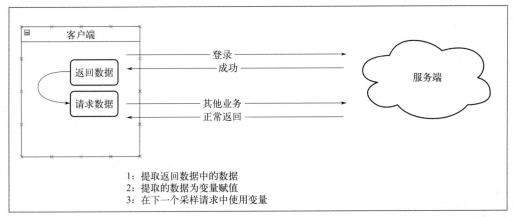

图 8-22　关联原理

JMeter 使用后置处理器来达到关联的效果，具体操作为：选择某个取样器右击，选择"后置处理器"，然后选择需要的提取器，如图 8-23 所示。这些提取器可以从 HTTP 请求返回的数据中提取动态变化数据。

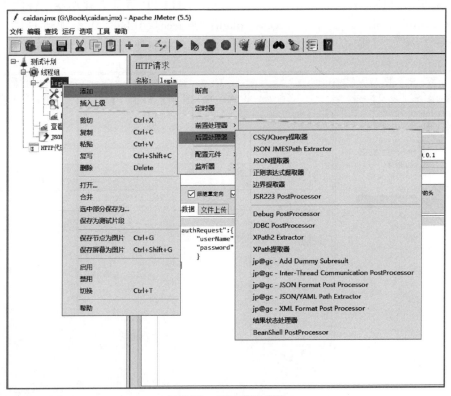

图 8-23　多种后置处理器

在本案例中，客户端和服务端交互的数据为 JSON 数据，因此，本脚本使用 JSON 提取器来提取 login 请求的响应数据中的 token。具体操作为：右键点击 login 请求，在弹出的菜单中选择"添加"｜"后置处理器"｜"JSON 提取器"，即可打开 JSON 提取器的配置界面，该提取器的主要配置参数如图 8-24 所示。

① Names of created variables：提取的变量的名称，本案例中设置为 access_token。该变量名会用于下面的采样器中，可以根据变量的含义取名。

② JSON Path expressions：JSON 路径表达式，本案例中设置为 $.access_token，其中 $. 代表 JSON 的根节点。

③ Match No.（0 for Random）：取 0。

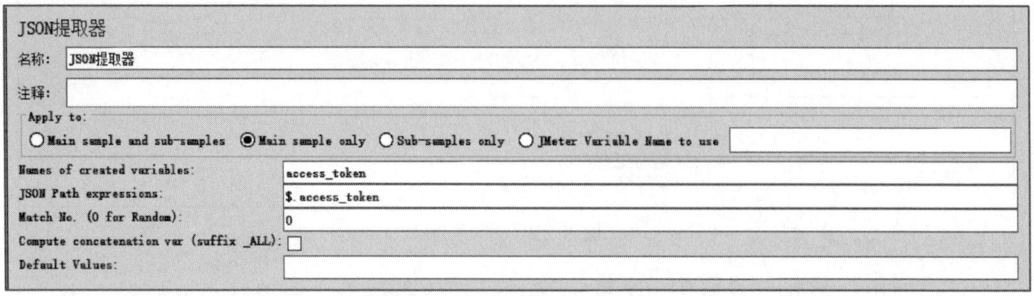

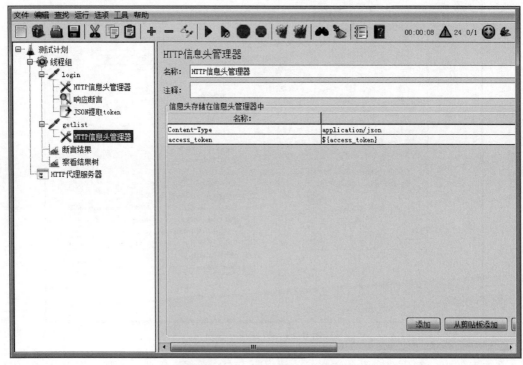

图 8-24 JSON 提取器设置

根据 8.3 节查看课程列表接口的要求，从 login 请求返回的 token 需要添加到 HTTP 信息头管理器中。具体操作为：在 getlist 请求下添加 HTTP 信息头管理器，将两组键值对（Content-Type：application/json；access_token：${access_token} ）添加到 HTTP 信息头管理器中，如图 8-25 所示。在 JMeter 中定义的参数化变量使用 ${变量名} 格式表示。

图 8-25 为 getlist 配置 HTTP 信息头

至此，关联设置完成。

8.5.3   中文乱码问题处理方法

查看课程列表脚本编写完成之后，运行该脚本，在察看结果树的响应数据中发现中文无法显示，显示的是 unicode 编码，如图 8-26 所示。

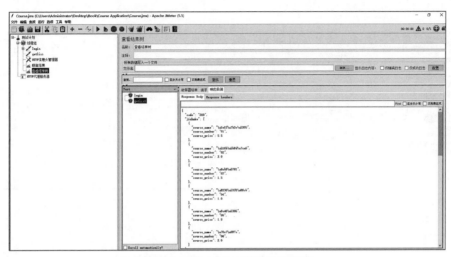

图 8-26   getlist 的运行结果（含乱码）

针对该中文乱码的问题，需要把 JMeter 的编码方式更改为 UTF-8 方式。具体操作为：打开 JMeter/bin/JMeter. properties 文件，将 #sampleresult. default. encoding＝ISO-8859-1 前的 # 去掉，并更改成 sampleresult. default. encoding＝utf-8，保存之后，关闭 JMeter，再重新打开 JMeter，这时运行就不会再显示乱码了，如图 8-27 所示。

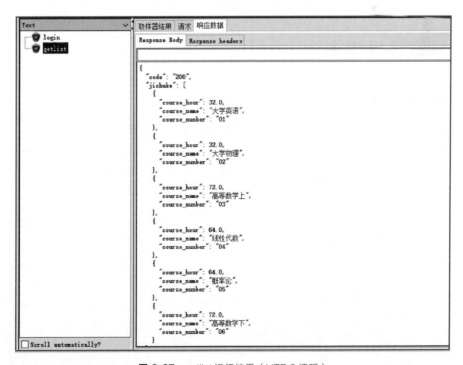

图 8-27   getlist 运行结果（UTF-8 编码）

8.5.4　设置断言

在查看课程列表脚本中，需要添加响应断言来检查 getlist 请求返回的响应数据是否正确。由于 getlist 请求返回的响应数据中包含响应代码 200，因此，这里响应断言的测试字段选择"响应代码"，测试模式匹配 200，如图 8-28 所示。

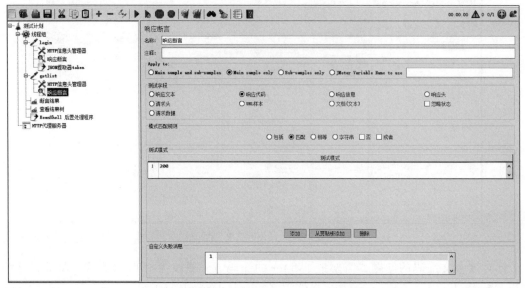

图 8-28　添加响应断言（响应代码）

至此，查看课程列表脚本开发完毕，通过运行可以在"察看结果树"中查看脚本的运行情况。

8.6　预订课程脚本

8.6.1　设置取样器

登录和查看课程列表操作完成之后，可以在课程预订系统里进行预订课程操作。预订课程操作脚本复用 8.4 节和 8.5 节的用户登录脚本和查看课程列表脚本，在其基础上增加新 HTTP 请求。根据 8.3 节中的接口信息，配置预订课程请求的取样器，即 HTTP 请求名称为 confirm，服务器协议为 http，服务器 IP 和端口号按照服务器的实际配置填写，HTTP 请求方法为 POST，路径为"/api/v1/course/confirm"。另外，预订课程请求的消息体中包含选课信息，使用 json 格式表示，具体如下：

```
{"select_list":[
                {"course_nunber":"01","number":1},
                {"course_nunber":"03","number":2},
                {"course_nunber":"04","number":1},
                {"course_nunber":"05","number":3}
            ]
    }
```

配置完成的预订课程请求取样器如图 8-29 所示。

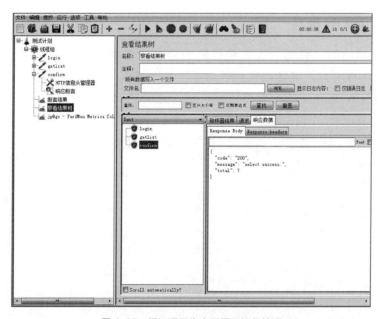

图 8-29　预订课程请求取样器设置

8.6.2　其他设置与回放

预订课程请求取样器配置完成之后，按照接口的要求配置 HTTP 信息头管理器、token 关联和响应断言，这些操作与查看课程列表脚本中的操作相同，这里不再赘述。

预订课程脚本编写完成之后，运行脚本并在"察看结果树"中查看脚本的运行情况，如图 8-30 所示。

图 8-30　预订课程脚本配置及运行情况

8.7　登出脚本

8.7.1　设置取样器

课程预订完成之后，可以在课程预订系统里进行登出操作。登出脚本复用前面三节编写的登录、查看课程列表和预订课程脚本，在其基础上增加新 HTTP 请求。根据 8.3 节中的接口信息，配置登出请求的取样器，即 HTTP 请求名称为 logout，服务器协议为 http，服务器 IP 和端口号按照服务器的实际配置填写，HTTP 请求方法为 DELETE，路径为"api/v1/user/logout"，如图 8-31 所示。

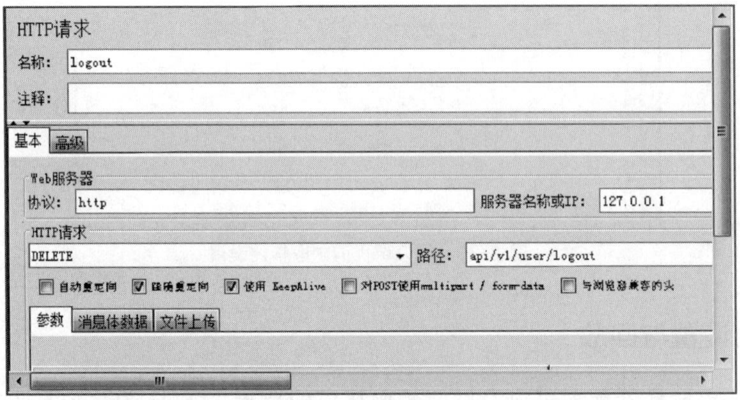

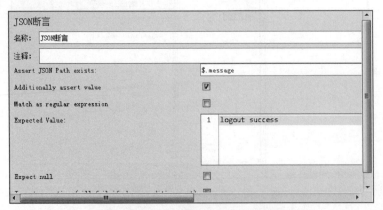

图 8-31　取样器 logout 设置

登出请求取样器配置完成之后，添加 HTTP 信息头管理器和响应断言，其配置与查看课程列表的相同。

8.7.2　插入 JSON 断言

登录动作完成之后，根据 8.3 节接口的响应数据要求，可以添加 JSON 断言来判断 JSON 文本中是否含有登出成功的信息，即是否包含"logout success"。JSON 断言配置信息为：Assert JSON Path exists 为 $.message，选中 Additionally assert value，Expected Value 为 logout success，如图 8-32 所示。

图 8-32　登出动作的 JSON 断言配置

8. 7. 3　运行全部脚本

完成登录、查看课程列表、预订课程、登出动作脚本之后，一个完整的课程预订业务脚本就完成了，运行脚本，通过"察看结果树"来查看脚本的运行情况，如图 8-33 所示。本章后续操作就是在该业务脚本的基础上进行的。

图 8-33　课程预订业务脚本运行结果

8. 8　用户参数化

与 LoadRunner 中的参数化技术相似，JMeter 的参数化技术也是将脚本中的某些数值常量使用参数变量来代替，参数变量的取值可以来源于外部的文件，如登录的用户账号，可以使用参数化技术来实现多个不同账号的登录，使得测试场景更加真实、可靠。在 JMeter 中，使用配置元件中的 CSV Data Set Config 组件来实现参数化技术。

8. 8. 1　CSV Data Set Config 简介

CSV Data Set Config 可以从指定的文件（一般是文本文件）中提取文本内容，根据分隔符拆解这一行内容并把内容与变量名对应上，然后这些变量就可以供取样器引用了。通过右键测试计划或线程组选择"添加" | "配置元件" | "CSV Data Set Config"命令可以打开 CSV Data Set Config 设置页面，如图 8-34 所示。

该配置元件的主要参数如下：

① Name：脚本中显示的该配置元件的描述性名称。

② Filename（文件名）：待读取文件的名称。可以写入绝对路径，也可以写入相对路径（相对于 bin 目录），如果直接写文件名，则该文件要放在 bin 目录中。对于分布式测试，主机和远程机中相应目录下应该有相同的 CSV 文件。

③ File Encoding（文件编码）：文件读取时的编码格式，不填则使用操作系统的编码格式。

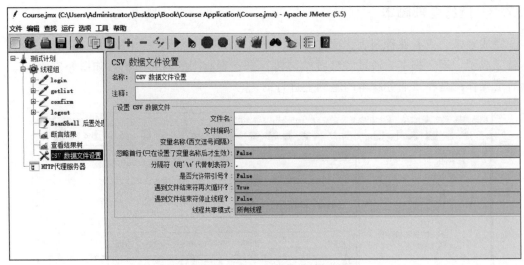

图 8-34 CSV Data Set Config 设置

④ Variable Names（变量名称）：多个变量名之间必须用分隔符分隔。如果该项为空，则文件首行会被读取并解析为列名列表。

⑤ Ignore first line（是否忽略首行?）：如果 csv 文件中没有表头，则选择 false；否则，选择 true。

⑥ Delimiter（分隔符）：将一行数据分隔成多个变量，默认为逗号，也可以使用"\ t"。如果一行数据分隔后的值比 Variable Names 中定义的变量少，这些变量将保留以前的值（如果有值的话）。

⑦ Allow quoted data（是否允许变量使用双引号?）：允许的话，变量将可以括在双引号内，并且这些变量名可以包含分隔符。

⑧ Recycle on EOF（遇到文件结束符是否再次循环?）：到达文件结尾后，判断是否从文件开始循环重新读取（默认 True）。当到达文件尾时，且 Recycle 选项设置为 True，就会从文件第一行重新开始读取。如果设置为 false，而 Stop thread on EOF 是 False，那么当到达文件尾部时所有变量都将被置为 < EOF >，可以通过设置 JMeter 属性csvdataset. eofstring 来改变该值。如果 Recycle 选项为 false，而 Stop thread on EOF 是True，那么到达文件尾部之后，将导致线程被终止。

⑨ Stop thread on EOF（遇到文件结束符是否停止线程?）：当 Recycle on EOF 为 False时，停止线程，其值为 true；当 Recycle on EOF 为 True 时，此项无意义，默认为 false。

⑩ Sharing mode（线程共享模式）：含有 All threads、Current thread group、Current thread 三种共享模式。下面介绍三种共享模式的含义。

All threads：所有线程共享参数文件。如果脚本有多个线程组，在这种模式下，各线程组的所有线程也要依次唯一顺序取值。例如，脚本有 2 个线程组，各有 2 个线程，文件内有5 行数据，脚本运行时，将如图 8-35 所示一样循环往复取值。

Current thread group：只对当前线程组中的线程共享。各个线程组之间隔离，线程组内的线程顺序唯一取值。例如，脚本有 2 个线程组，各有 2 个线程，文件内有 5 行数据，脚本运行时，将如图 8-36 所示各自线程组各自顺序取值。

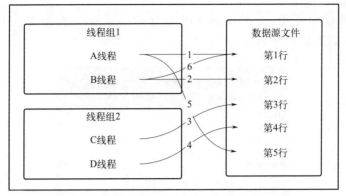

图 8-35　All threads 模式

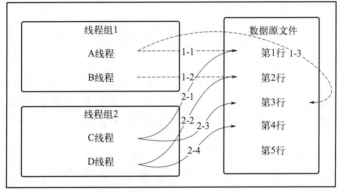

图 8-36　Current thread group 模式

Current thread：参数文件仅当前线程获取。这种模式下，每个线程独立，顺序唯一取值。例如，脚本有 2 个线程，迭代运行 2 次，文件内有 5 行数据，脚本运行时，各个线程各自顺序取值，如图 8-37 所示。

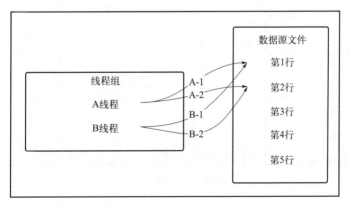

图 8-37　Current thread 模式

8.8.2　CSV Data Set Config 的使用

本小节以课程预订系统的用户名参数化为例，讲述使用 CSV Data Set Config 组件实现参数化技术的过程。

首先，在计算机中新建 csv 格式的文件 user_demo.csv，在该文件中添加 10 个用户 user01～user10，如图 8-38 所示。

图 8-38 user_demo.csv 文件内容

然后，在 CSV Data Set Config 组件配置界面中配置相关参数，即：文件名使用 user_demo.csv 文件所在的路径，文件编码使用 UTF-8，变量名称使用自定义名称 user，忽略首行选择 false，线程共享模式选择所有线程，其他配置使用默认值，如图 8-39 所示。

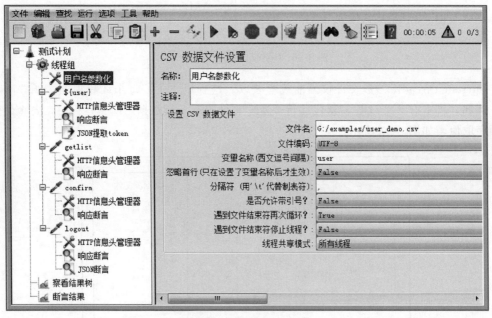

图 8-39 用户名参数化设置

接着，使用 ${user} 替换 login 请求中的用户名 user01，如图 8-40 所示。需要说明的是，在课程预订系统中，已经提前创建了用户 user01～user10。

最后，切换到线程组界面，设置线程数为 5，运行脚本，在"察看结果树"中能够看到登录的用户名已经被 csv 文件中的值替换，如图 8-41 所示。另外，在脚本调试的过程中，可以将取样器名称设置为参数变量名，如 ${user}，此举主要为了方便运行结果的查看。

图 8-40　使用＄｛user｝替换用户名

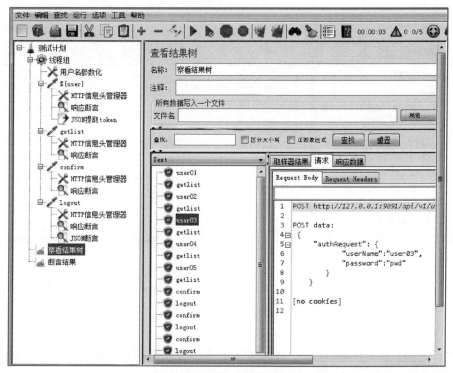

图 8-41　用户参数化后的运行结果

8.9　JMeter 事务

在 JMeter 运行过程中，会统计每个请求的运行时间，即每个请求是一个事务。但是，在某些应用场景下，测试人员需要统计多个请求作为一个整体的响应时间，这就需要把这些请求或操作放在一个事务下。

事务可以通过逻辑控制器下的事务控制器组件来实现。事务控制器不仅提供了元素分组的功能，还可以度量其包含的所有测试元素执行的响应时间。在脚本运行时，只有当事务控制器所有的取样器都成功时，事务控制器才成功。

使用事务控制器的典型场合如下：

① 当要度量生成某个页面的整体性能时，不仅考虑页面请求本身，还需要考虑完成页面渲染所需要的 image、CSS、js 等资源，因为请求这些数据也会消耗系统、网络等资源。故需要将页面请求与资源请求看成一个整体，放在一个事务控制器下。

② 在做 API 或接口性能测试时，接口之间存在逻辑依赖关系，后一个接口会引用前面接口返回的结果，故需要将这些接口看成一个整体，放在一个事务控制器下，度量性能才能接近真实场景。

③ 在前面的请求服务器返回了 token，后面的请求需要使用 token 时，这些请求有逻辑上的依赖关系，需要看成一个整体，放在一个事务控制器下，如课程预订系统。

通过右键线程组，在弹出来的菜单中选择添加|逻辑控制器|事务控制器即可进入事务控制器配置界面，如图 8-42 所示。在这里，将课程预订业务的四个动作请求添加到"预订课程"事务下。

图 8-42 事务控制器配置界面

事务控制器配置界面主要包含两个配置：Generate parent sample 和 Include duration of timer and pre-post processors in generated sample。

（1）Generate parent sample

若勾选此项，在聚合报告等监听器中只显示事务控制器本身的数据，不会显示其下的每一个取样器请求的数据；否则会显示事务控制器和其下的所有取样器的数据。

事务控制器有两种模式的操作：一是事务控制器额外生成的取样器添加在其下所有的取样器后面；二是事务控制器额外生成的取样器作为其下所有的取样器的父取样器，称为父模式。如果不勾选该项则默认是以模式 1 操作，勾选则是以模式 2 操作。若以父模式操作，断言等可以被添加到事务控制器下。为了限制断言的范围，可以考虑将多个取样器和断言同时放在同一个简单控制器下。

（2）Include duration of timer and pre-post processors in generated sample

事务控制器生成一个额外的取样器，用于测量执行嵌套测试元素所花费的总时间。默认不包含内嵌其中的定时器与前/后置处理耗费的时间。若勾选此项，则包含事务控制器下所有元素的处理时间。

8.10　JMeter 集合点

在 LoadRunner 中，集合点技术可以使多个虚拟用户到达某个请求之后，先集合等待，待到集合的虚拟用户达到一定数量时再往下运行。JMeter 中使用定时器下的 Synchronizing Timer（同步定时器）组件来实现 LoadRunner 中的集合点功能，模拟多用户并发测试，即多个线程在同一时刻发送某个请求。

在 JMeter 中，将 Synchronizing Timer 组件添加到要集合的请求之前或者该请求的子节点下都可以实现该请求执行前的等待集合。通过右键线程组或某个请求，在弹出来的菜单中选择添加|定时器|Synchronizing Timer 即可进入同步定时器配置界面，如图 8-43 所示。

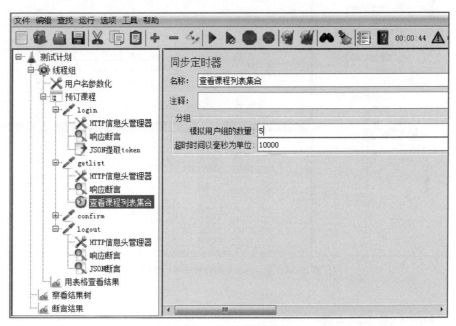

图 8-43　同步定时器配置界面

同步定时器配置界面主要有两个配置项：模拟用户组数量和超时时间以毫秒为单位。

（1）Number of Simulated Users to Group by（模拟用户组数量）

模拟用户组数量配置项是指多少虚拟用户到达该集合点后才执行相应的请求。该配置项的数值不能大于并发的线程数，否则脚本会一直停止等待。

（2）Timeout in milliseconds（超时时间以毫秒为单位）

超时时间以毫秒为单位配置项是指等待多少毫秒后，不管线程数有没有到达设置的并发数量都开始运行测试。

在本案例中，将同步定时器添加到 getlist 请求的子节点下，即在执行 getlist 请求之前先集合等待。由于总并发线程数为5，在这里模拟用户组数量也设置为5，即当并发的5个线程都到达该定时器之后才继续执行请求。超时时间以毫秒为单位设置为10000，即若某个线程等待时间超过10秒，则释放当前等待的所有虚拟用户。如果超时时间以毫秒为单位设置为0，且线程数量无法到达"模拟用户组数量"设置的值，那么测试将无限等待，直到手动终止。

配置完同步定时器之后，可以添加监听器下的"用表格查看结果"组件。运行课程预订业务脚本，在"用表格查看结果"中可以查看到5个并发用户的login请求之后才执行getlist请求，同步定时器已经起到集合点的作用了，如图8-44所示。

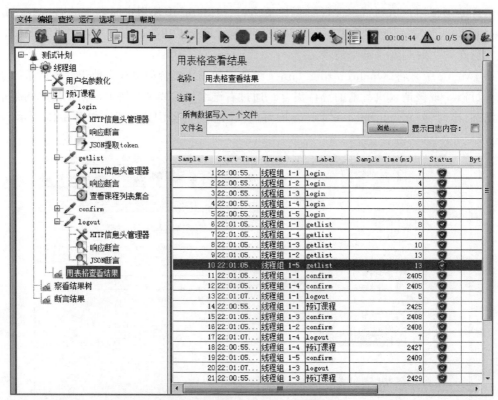

图 8-44 添加同步定时器后的运行结果

8.11 统计运行结果

JMeter脚本开发完成之后，就可以开始执行并发性能测试了。为了便于后续测试结果数据的分析，需要添加一些监听器组件来获取测试数据。常用的监听器组件有汇总报告、聚合报告等，还可以通过JMeter插件管理器引入Perfmon等插件来监控测试运行的关键指标。

在本案例中，课程预订业务脚本运行的聚合报告，如图8-45所示。聚合报告和汇总报告的主要字段已经在7.5.4节中做了详细描述，这里不再赘述。

汇总报告与聚合报告类似，但是相比聚合报告，汇总报告使用更少的内存资源。课程预订业务脚本运行的汇总报告，如图8-46所示。

聚合报告

名称: 聚合报告

注释:

所有数据写入一个文件

文件名: [浏览] 显示日志内容: ☐ 仅错误日志 ☐ 仅成功日志 [配置]

Label	# 样本	平均值	中位数	90% 百分位	95% 百分位	99% 百分位	最小值	最大值	异常 %	吞吐量	接收 KB/sec	发送 KB/sec
login	25	17	17	25	28	32	6	32	0.00%	2.4/sec	0.70	0.68
getlist	25	7	7	11	13	14	3	14	0.00%	2.6/sec	6.30	0.62
confirm	25	2407	2407	2409	2409	2411	2403	2411	0.00%	2.0/sec	0.46	1.80
logout	25	6	6	9	12	15	4	15	0.00%	2.6/sec	0.54	0.68
预订课程	25	2438	2440	2446	2449	2451	2422	2451	0.00%	1.9/sec	6.16	3.03
总体	125	975	17	2439	2444	2449	3	2451	0.00%	9.6/sec	12.31	6.05

图 8-45 课程预订业务脚本运行的聚合报告

汇总报告

名称: 汇总报告

注释:

所有数据写入一个文件

文件名: [浏览] 显示日志内容: ☐ 仅错误日志 ☐ 仅成功日志 [配置]

Label	# 样本	平均值	最小值	最大值	标准偏差	异常 %	吞吐量	接收 KB/sec	发送 KB/sec	平均字节数
login	25	17	6	32	6.96	0.00%	2.4/sec	0.70	0.68	303.0
getlist	25	7	3	14	3.16	0.00%	2.6/sec	6.30	0.62	2528.0
confirm	25	2407	2403	2411	1.80	0.00%	2.0/sec	0.46	1.60	232.0
logout	25	6	4	15	2.67	0.00%	2.6/sec	0.54	0.68	216.0
预订课程	25	2438	2422	2451	7.07	0.00%	1.9/sec	6.16	3.03	3279.0
总体	125	975	3	2451	1181.85	0.00%	9.6/sec	12.31	6.05	1311.6

图 8-46 课程预订业务脚本运行的汇总报告

8.12 本章小结

本章完成了一个课程预订系统的测试脚本,其脚本结构组织如图 8-47 所示。至此,本书已经完成了一个简单脚本的编写工作。

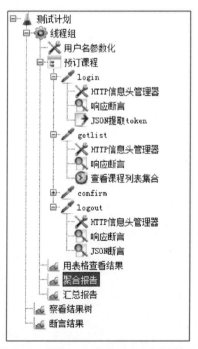

图 8-47 课程预订系统的测试脚本结构组织

练习题

1. 分别使用 Badboy 和 Fiddler 工具，对一个网站进行脚本录制。
2. 运行本系统接口程序。
3. 完成脚本的编写，包括关联。
4. 对上述脚本进行参数化。
5. 进行事务、集合点的设置。
6. 运行脚本，查看聚合报告和汇总报告。

CHAPTER

第9章

JMeter轻量化性能测试实践

本章以一款客户关系管理系统（简称 CRM 系统）为例，讲述 JMeter 测试脚本开发、测试场景设计与执行的操作过程。CRM 系统是一款开源的 Web 系统，它是基于"PHP＋MySql＋Apache"架构开发的，包含线索管理、客户管理、商机管理、任务管理、日程管理和系统管理等功能。

 本章要点

- JMeter 测试脚本开发。
- 场景设计。
- 场景运行。

9.1 开发测试脚本

本节以 CRM 系统的商机创建业务为例，讲述商机创建业务脚本的开发过程。商机创建业务的性能测试用例如表 9-1 所示。

表 9-1　商机创建业务的性能测试用例

用例编号	CRM-XN-CreateBus(XN：性能)
测试目的	(1)测试 CRM 系统中商机创建业务的并发能力及并发情况下的系统响应时间 (2)测试商机创建业务的业务成功率、TPS(每秒事务数)等指标是否正常 (3)测试并发压力情况下服务器的资源使用情况，如 CPU、内存、磁盘、网络、Apache 系统
前提条件	已创建 200 个用户可供登录系统
约束条件	(1)登录用户至少已拥有 1 位客户 (2)在创建商机时,商机名称和预计价格不能为空,且商机名称不能与已存在的商机名称重复

续表

步骤	操作	集合点	事务名
创建商机	1. 用户打开 CRM 系统首页地址		打开首页
	2. 输入用户名和密码，点击"登录"，进入登录后的页面		商机_登录
	3. 点击导航条处的"商机"按钮，进入商机管理页面		打开商机
	4. 点击"添加商机"按钮，进入商机创建页面		新建商机
	5. 填写新建商机的信息，点击"保存"按钮		提交商机
	6. 点击"退出"按钮，返回到系统首页		商机_退出
期望结果	(1)并发用户数为 30 (2)用例中所有事务的响应时间不超过 3 秒 (3)业务成功率≥98%，随着并发用户数的增加，TPS 稳步上升 (4)CPU 使用率≤75%，内存使用率≤70%		
实际结果			
测试执行人		测试日期	

9.1.1 商机创建业务脚本录制

使用 JMeter 开发脚本时，可以先借助 Badboy 或者 Fiddler 来录制 JMeter 脚本，然后再在 JMeter 中对脚本进行完善。本案例中，使用 Fiddler 来录制商机创建业务脚本。

（1）Fiddler 过滤设置

使用 Fiddler 录制 JMeter 脚本时，首先设置过滤条件，将与被测系统无关的 URL 链接和非 HTTP 请求过滤掉。下面介绍过滤的具体操作。

① 运行 Fiddler，通过右侧的"过滤器"来配置过滤设置。具体操作为：选择"使用过滤器"，在"主机"下第二个下拉框中选择"仅显示以下主机"，输入要过滤的主机 IP 地址，如 192.168.0.105，如图 9-1 所示。

图 9-1 过滤器 IP 设置

② 过滤掉 css/js/gif 图片等类型请求。在"请求标头"中勾选"如果 URL 包含，则隐藏"，输入框中填入 .css.js.gif 以过滤这些请求，如图 9-2 所示。

③ 最后，在过滤器视图上，通过点击"操作"|"立即运行过滤设置"命令来使设置的过滤配置生效。

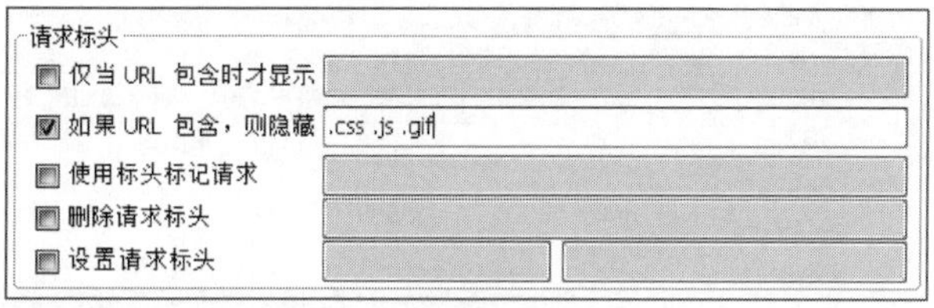

图 9-2　非 HTTP 请求过滤

（2）使用 Fiddler 抓取数据包

在开启 Fiddler 的计算机上，将商机创建业务在浏览器中操作一遍，以使 Fiddler 能够抓取该业务的协议数据包。商机创建业务的操作步骤如下：

① 打开 CRM 系统首页或者对首页进行刷新，刷新的目的是获取打开首页操作的协议数据包；

② 在 CRM 系统首页上，输入用户名和密码，进入 CRM 系统主界面；

③ 单击"商机"，进入商机管理界面；

④ 单击"添加商机"，进入添加商机界面，添加客户、商机名、预计价格信息，单击保存，如图 9-3 所示。

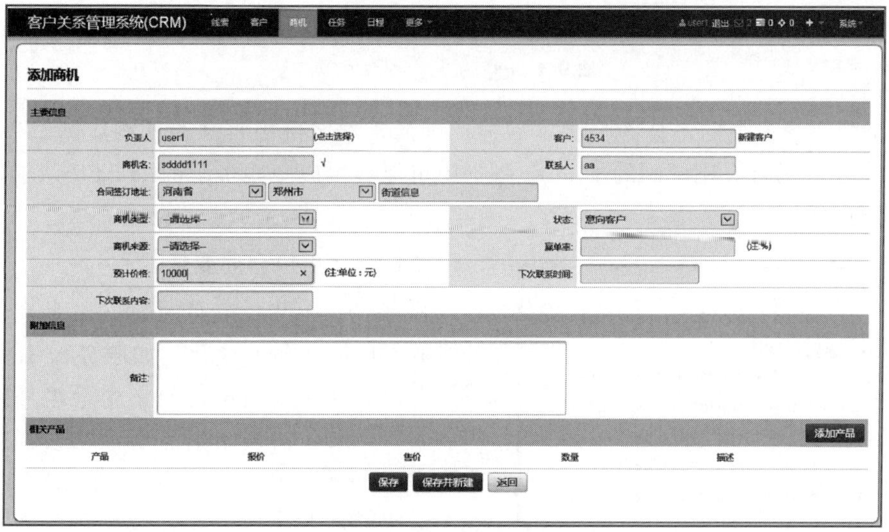

图 9-3　添加商机内容

商机创建业务操作完成之后，返回到 Fiddler 界面，可以查看到商机创建业务相关的数据包。在 Fiddler 界面，选择菜单"文件"｜"导出会话"｜"所选会话"命令，在弹出的对话框中选择 JMeter Script，即将当前所选的数据包导出为 JMeter 脚本，如图 9-4 所示。

9.1.2　商机创建业务脚本初始化配置

将 Fiddler 导出的商机创建业务脚本加载到 JMeter 中，对商机创建业务初始脚本进行配置，使其可以正确运行，下面介绍脚本初始化配置操作。

（1）删除脚本中多余的请求和断言

默认情况下，利用 Fiddler 导出的 JMeter 脚本会为每个客户请求添加一个"验证响应断

图 9-4　Fiddler 导出 JMeter 脚本

言"，这个断言是多余的，会影响脚本回放。因此，本案例中将"验证响应断言"删除掉，如图 9-5 所示。另外，刚录制的 JMeter 脚本中可能会生成一些多余的 HTTP 请求，这些请求也可以删除掉。

图 9-5　删除验证响应断言

（2）定义用户全局变量

若脚本中有很多相同的数据，而且这些数据可能随着环境变化而变化，如服务器 IP、端口号等数据，可以使用用户自定义变量组件来管理这些数据。当服务器网络信息有变动时，需要手动更改 JMeter 脚本中每个 HTTP 请求的 IP 和端口号，这使得脚本维护工作比较繁琐。因此，本案例中引入用户自定义变量来管理服务器 IP 和端口号。具体操作为：右击"测试计划"|"添加"|"配置元件"|"用户定义的变量"，打开用户定义变量配置界面；在该界面中添加变量名 ip 和 port，其值为当前服务器的 IP 地址和端口号，如图 9-6 所示。

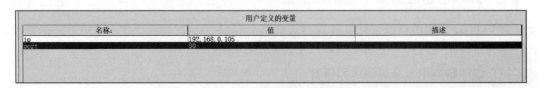

图 9-6　用户定义的变量设置

将线程组下取样器请求中的 IP 和端口号进行替换，具体为：协议输入 http；服务器名称或 IP 输入 $\{ip\}$；端口号输入 $\{port\}$。所有请求均需按照上述输入要求替换，如图 9-7 所示。

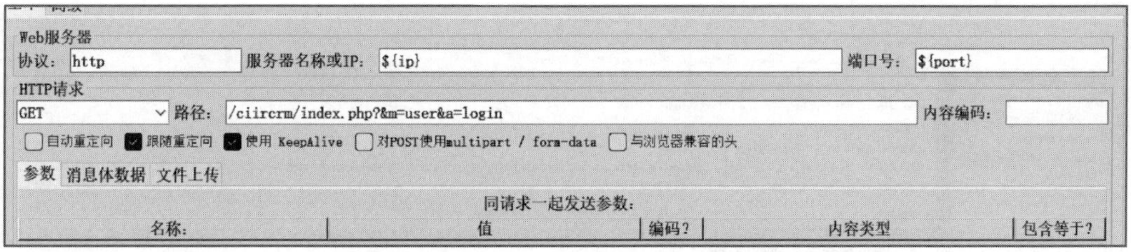

图 9-7　设置请求的协议、IP 和端口号

（3）添加 HTTP 信息头管理器

HTTP 信息头管理器在 JMeter 的使用过程中起着很重要的作用。测试人员在通过 JMeter 向服务器发送 http 请求（get 或者 post）的时候，服务器后端往往需要一些验证信息，这些验证信息一般就是放在请求头（header）中。对于此类请求，测试人员可以在请求之前添加一个 HTTP 信息头管理器，将请求头中的数据通过键值对的形式放到 HTTP 信息头管理器中，这样，可以模拟携带头信息的 HTTP 请求了。下面介绍添加 HTTP 信息头管理器的具体操作。

① 要获取 HTTP 请求的真实头信息，可以在浏览器的开发者模式里查看相关请求的头信息。在本案例中，进入 CRM 系统登录界面，点击 F12 进入开发者模式的网络界面，然后进行 CRM 登录操作，显示登录操作相关的请求数据，如图 9-8 所示。

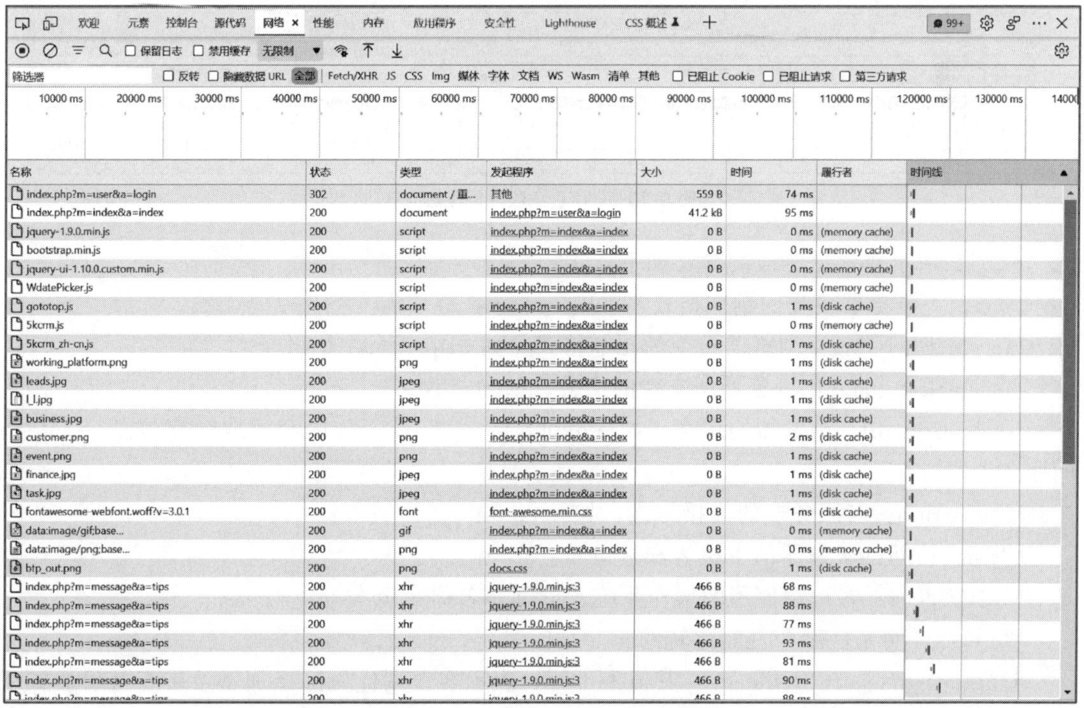

图 9-8　CRM 登录操作相关的请求数据

② 在开发者模式的网络界面，选择登录请求，在标头处找出请求标头，复制本案例所需要的标头键值对信息，如图 9-9 所示。

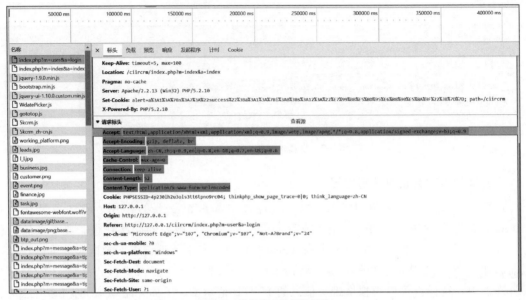

图 9-9　登录请求的标头信息

③ 进入 JMeter 界面，右击"线程组"｜"配置元件"｜"HTTP 信息头管理器"，进入 HTTP 信息头管理器配置界面。将刚复制的标头内容粘贴到 HTTP 信息头管理器中，将内容长度（Content-Length）删除。如图 9-10 所示。

名称:	值
Accept	text/html, application/xhtml+xml, application/xml;q=0.9, image/webp,...
Accept-Encoding	gzip, deflate, br
Accept-Language	zh-CN, zh;q=0.9, en;q=0.8, en-GB;q=0.7, en-US;q=0.6
Cache-Control	max-age=0
Connection	keep-alive
Content-Type	application/x-www-form-urlencoded
Upgrade-Insecure-Requests	1
User-Agent	Mozilla/5.0 (Windows NT 10.0; Win64; x64) AppleWebKit/537.36 (KHT...

图 9-10　HTTP 头信息管理器内容

HTTP 请求头常见字段的含义如下：

Accept：浏览器接受的响应格式，如 test/html。

Accept-Encoding：浏览器接受的压缩格式，如 gzip。

Accept-Language：浏览器所支持的语言，如 zh-CN。

Cache-Control：浏览器的缓存，如 max-age＝3，表示三秒内会读取缓存信息，不会访问服务器。

Connection：与服务器的连接方式，如 keep-alive。

Host：访问的服务器的主机名和端口号。

User-Agent：客户端使用的操作系统、浏览器名称和版本等。

Refer：说明是从哪个页面跳转的。

Upgrade-Insecure-Requests：其值为 1 时，表示客户端优先选择加密及带有身份验证的响应，并且它可以成功处理 Upgrade-Insecure-Request CSP（en-US）指令。

9.1.3　商机创建业务脚本完善

为了更加真实地模拟用户的操作过程，测试人员需要使用事务、集合点、检查点、关联、参数化等技术对脚本进行完善。在本案例中，使用事务技术将重要操作请求放在一个逻辑单元中；使用检查点技术来检查登录操作和商机创建操作是否成功；使用参数化技术来模拟不同用户的并发操作；使用关联技术来保证商机的创建人和负责人与登录用户保持一致；使用思考时间来模拟用户的等待时间。接下来，介绍上述内容的操作过程。

9.1.3.1　添加事务

要统计某些操作的响应时间，可以使用事务控制器来实现，即将某操作相关的请求添加到一个事务控制器下，然后在脚本执行时统计该事务控制器的响应时间。JMeter 中事务控制器主要用于测试执行嵌套测试元素所花费的总时间，只有事务控制器内嵌套的所有请求都运行成功，整个事务才算运行成功。

在本案例中，将商机创建业务的每一步操作都定义成事务。事务添加的步骤为：右击线程组，选择"添加"｜"逻辑控制器"｜"事务控制器"命令，插入事务；然后更改事务名字，并将事务相关的 HTTP 请求都添加到相应的事务下；重复上述操作，直到所有的事务都配置成功，如图 9-11 所示。在这里，添加了打开首页、登录、添加商机、编写商机内容、提交商机、退出等 6 个事务。另外，为了防止在事务下插入错误的 HTTP 请求，可以借助浏览器开发者模式的网络视图来确认某操作所涉及的 HTTP 请求。

9.1.3.2　添加断言

JMeter 中的断言技术相当于 LoadRunner 中的检查点技术，通过该技术可以检查某个请求返回的信息是否正确，是否符合预期。在本案例中，至少需要添加两个响应断言：一个是判断用户登录是否成功，即在登录请求后添加响应断言：判断登录请求返回的字符串中有没有"admin 的工作台"（假设当前登录用户为 admin）；另一个是判断商机创建是否成功，即在商机提交请求后添加响应断言，判断商机提交请求返回的字符串中有没有"添加商机成功"。

在这里，以添加登录请求的响应断言为例，讲述断言的添加过程。

（1）找到要插入断言的请求

在浏览器开发者模式的网络视图或者 JMeter 的"察看结果树"视图中可以查看各个 HTTP 请求返回的数据。需要注意的是，如果在浏览器开发者模式的网络视图中看到的数据与 JMeter 的"察看结果树"视图中看到的数据有不一致的地方，以 JMeter 的"察看结果树"视图中看到的为准。在本案例中，在浏览器开发者模式的网络视图中发现商机创建成功的提示信息"添加商机成功"是在"/ciircrm/index.php？m＝business&a＝index"请求中，而在 JMeter 的"察看结果树"视图中看到的提示信息是在"/ciircrm/index.php？m＝business&a＝add"中，因此，以 JMeter 的"察看结果树"视图为准。

在浏览器开发者模式的网络视图中，在"/ciircrm/index.php？m＝index&a＝index"请求的响应数据中查找到"admin 的工作台"字符串，如图 9-12 所示。

另外，在 JMeter 的"察看结果树"视图中，也可以在"/ciircrm/index.php？m＝index&a＝index"请求的响应数据中查找到"admin 的工作台"字符串，如图 9-13 所示。

图 9-11 添加事务

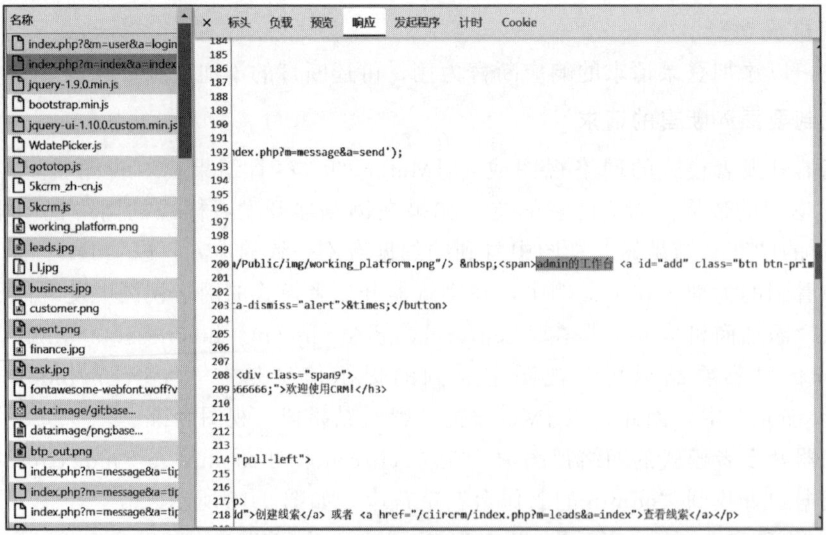

图 9-12 在开发者模式中查找字符串

图 9-13　在察看结果树中查找字符串

（2）添加响应断言

在 "/ciircrm/index.php？m＝index&a＝index" 请求后插入响应断言，具体操作为：右击此请求，选择添加|断言|响应断言，弹出响应断言配置界面；在该界面上，测试字段选择"响应文本"，测试模式输入"admin 的工作台"，如图 9-14 所示。使用同样的方法，在"/ciircrm/index.php？ m＝business&a＝add"请求后添加响应断言"添加商机成功"。

9.1.3.3　添加关联

在提交商机时，根据业务要求，创建人和负责人要与登录用户保持一致，选择的客户要属于当前用户名下的客户。在本案例中，使用关联技术来使其保持统一，即创建人 ID、负责人 ID、客户 ID 都要使用关联技术来处理。在 JMeter 中，关联技术通常采用正则表达式来匹配要关联的数据。

在这里，以创建人 ID 的关联为例，介绍关联技术的具体操作。

（1）查找关联数据所在的请求

通过在"察看结果树"中分析各个请求返回的数据，可以确定添加商机事务中的"index.php？m＝business&a＝add"请求返回的数据有创建人 ID 和负责人 ID。因此，在该请求后添加关联来获取创建人 ID 和负责人 ID。

（2）创建关联的正则表达式

在 JMeter 脚本开发中，正则表达式容易编写出错，因此，可以使用正则表达式辅助工具来帮助测试人员生成正确的正则表达式。在这里，使用辅助工具 https：//regex101.com。

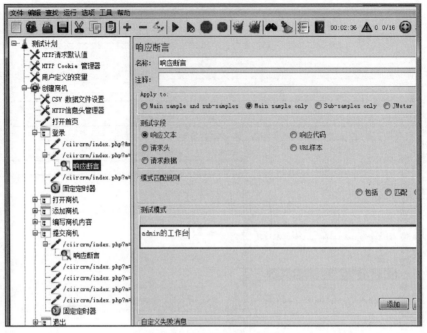

图 9-14 添加登录请求的断言

在 https：//regex101.com 页面中，将 "index.php? m＝business&a＝add" 请求的响应数据复制到其页面的 test String 区域中。在 Regular Expression 中编写正则表达式内容 ""creator_id" value＝"（［0-9a-zA-Z］＊）""，若编写正确，则在 test String 区域中高亮显示匹配上的字符串，如图 9-15 所示。

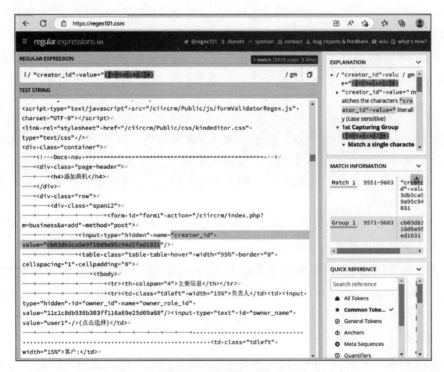

图 9-15 正则表达式验证

（3）在 JMeter 中添加正则表达式提取器

在添加商机事务的"index. php? m＝business&a＝add"请求后添加正则表达式提取器，具体操作为：右击该请求，选择添加｜后置处理器｜正则表达式提取器；在正则表达式提取器界面中，引用名称输入自定义的 creator_id，正则表达式输入" creator_id" value＝"（［0-9a-zA-Z］*）"，模板输入＄1＄，匹配数字输入 1，如图 9-16 所示。

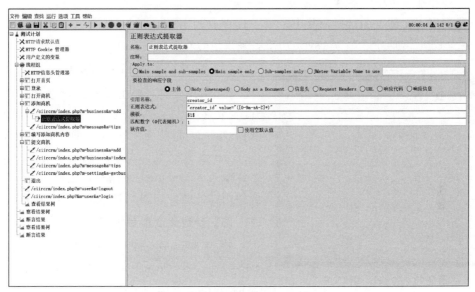

图 9-16　正则表达式提取器内容

（4）使用关联数据取代后续 creator_id 内容

在提交商机的"/ciircrm/index. php? m＝business&a＝add"请求中，使用关联变量＄{creator_id} 取代 creator_id 后的数值，如图 9-17 所示。使用同样的方法，设置负责人 ID（owner_role_id）的关联数据和客户 ID（customer_id）的关联数据。其中，customer_id 可以在"index. php? m＝customer&a＝listDialog"请求的响应数据中查找到。

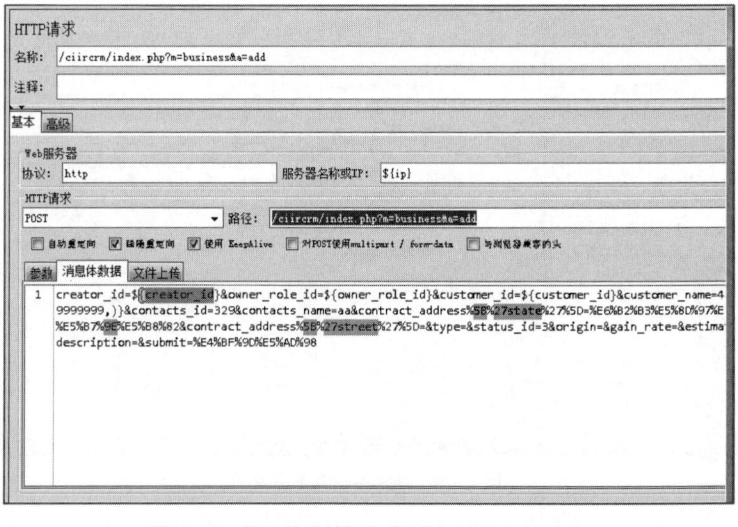

图 9-17　使用关联数据取代后续 creator_id 内容

9.1.3.4 参数化用户名和商机名

在性能测试实践中，不同的并发用户使用不同的参数数值可以使测试脚本更加真实、有效。在本案例中，对用户名和商机名称进行参数化设置，其中用户名使用已经创建的用户user1～user50；商机名称使用两个大随机数来替代，以避免与已有商机名称重复。

（1）创建外部用户名文件

创建记事本文件 user.csv，其中，第一行存放列名 user_id，从第二行起存放 user1～user50，如图 9-18 所示。user.csv 是用户名参数化的外部数据文件。

图 9-18 用户名参数化文件

（2）配置 CSV Data Set Config

在 JMeter 中，右击线程组，选择"添加"｜"配置元件"｜"CSV Data Set Config"，打开 CSV 数据文件设置界面；在该界面中，文件名输入 user.csv 及其路径，文件编码输入 gb2312，变量名称输入 username，忽略首行选择 True，其他内容使用默认值，如图 9-19 所示。

（3）参数化变量替换用户名

使用 ${username} 替换 "/ciircrm/index.php?&m=user&a=login" 请求中的用户名（name=${username} &password=111111&submit=％E7％99％BB％E5％BD％95）以及登录请求断言中的用户名，即 ${username} 的工作台。

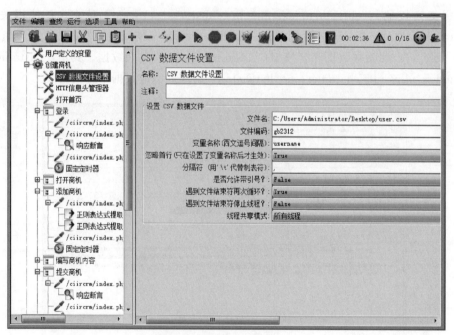

图 9-19 创建用户名数据文件

（4）使用大随机数设置商机名称

在本案例中，使用大随机数来表示商机名称，以避免商机名称与已有记录重复。具体操作为：在菜单栏中点击工具中的函数助手对话框，选择随机数（Random）并设置其范围，生成函数，如图 9-20 所示，对商机名称进行替换，为降低商机名称重复的可能性，可设置多个随机数。

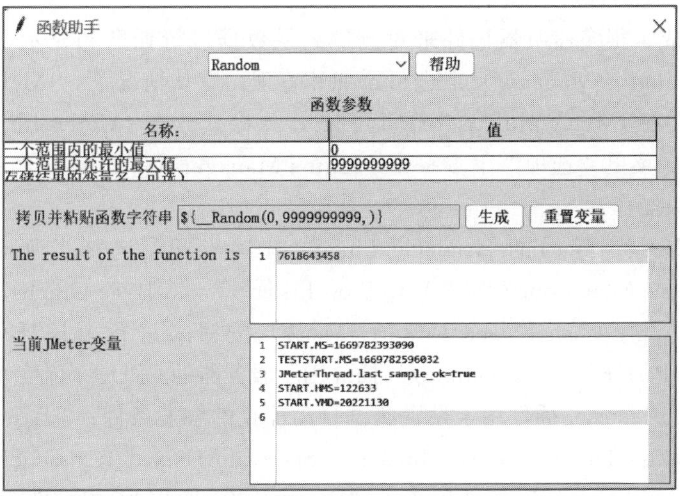

图 9-20　随机数设置

9.1.3.5　设置思考时间

在一个真实的性能测试场景中，需要加入思考时间，来模拟用户的等待行为。JMeter 通过固定定时器来完成对思考时间的设置，如图 9-21 所示。需要注意的是，固定定时器应该插入到每个事务下，这样每个固定定时器的作用范围就是当前事务下的 HTTP 请求。

图 9-21　思考时间设置

9.1.4　添加监听器

在 JMeter 测试脚本运行过程中，可以通过监听器"察看结果树"来查看每个请求返回的数据是否正确，还需要监测被测服务器的 CPU、内存、磁盘、网络等资源的使用情况，以及事务响应时间、每秒点击数、每秒事务数、吞吐量等指标是否符合预期。

（1）安装监听器插件

JMeter 中集成了很多监听器插件来对测试结果数据进行抓取和显示，这些插件需要通过插件管理器（Plugins Manager）来进行添加和管理。默认情况下，JMeter 是不带 Plugins Manager 的，需要在 JMeter-plugins.org 上下载，并将其放在 JMeter/lib/ex 目录下，然后重启 JMeter，会在菜单"选项"下多一个 Plugins Manager 菜单，打开菜单即可对插件进行卸载、安装、升级操作。

在 Plugins Manager 界面的 Available Plugins 选项卡里，选择监听器插件"PerfMon（Servers Performance Monitoring）""Auto-Stop Listener""3 Basic Graphs"和"5 Additional Graphs"，点击"Apply Changes and Restart JMeter"按钮来进行上述插件的安装。其中，PerfMon（Servers Performance Monitoring）插件用于服务器的 CPU、内存、磁盘、网络等资源的监控；Auto-Stop Listener 插件用于设置测试自动停止的触发条件；3 Basic Graphs 插件集成了"Average Response Time""Active Threads""Successful/Failed Transactions"三个指标的图形监控；"5 Additional Graphs"插件集成了"Response Codes""Bytes Throughput""Connect Times""Latency"和"Hits/s"五个指标的图形监控。插件安装完成后，可以在 Plugins Manager 界面的 Installed Plugins 选项卡里看到刚安装的插件，如图 9-22 所示。

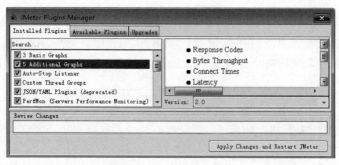

图 9-22　新增 JMeter 插件

（2）添加 PerfMon 监听器

首先，在被监控的服务器上开启 ServerAgent 程序，该工具用来收集服务器相关性能指标（CPU、memory、TCP 等）以及 jmx 的 metrics 信息，然后通过 TCP 或 UDP 协议来发送给 JMeter。启动后，默认监听 4444 端口。ServerAgent 是一个文本协议，可以使用任何客户端发送/接收 metrics 数据信息。ServerAgent 程序下载解压后进入目录，执行 startAgent.sh（Linux 环境）或 startAgent.bat（windows 环境）即可启动 agent。

然后，右击线程组，选择添加|监听器|jp@gc-PerfMon Metrics Collector 命令，打开 jp@gc-PerfMon Metrics Collector 配置界面；在该配置界面，添加对 CPU、内存、磁盘和网络的监控。

最后，运行线程组脚本，jp@gc-PerfMon Metrics Collector 配置界面就会以图形化曲线的形式显示各个资源的使用情况，如图 9-23 所示。

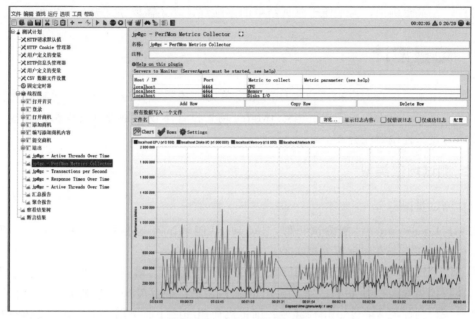

图 9-23　PerfMon 监听器设置

（3）添加其他指标监听器

在性能测试运行过程中，测试人员需要判断事务响应时间、每秒点击数、每秒事务数、吞吐量等指标是否符合预期。因此，在本案例中，添加多种指标监听器来获取性能指标数据，包括 "jp@gc-Active Threads Over Time"（运行的并发用户数）、"jp@gc-Transactions per Second"（每秒事务数）、"jp@gc-Hits per Second"（每秒点击数）、"jp@gc-Response Times Over Time"（事务平均响应时间）、"jp@gc-Bytes Throughput Over Time"（吞吐量）、"jp@gc-AutoStop Listener"（测试自动停止的触发条件）等，如图 9-24 所示。

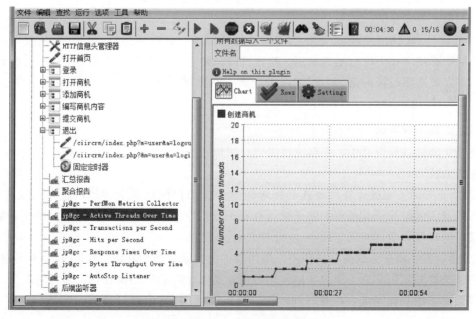

图 9-24　添加其他指标监听器

另外，在本案例中，为了便于测试结果的多维统计，还需要添加聚合报告和汇总报告。

9.2 场景设计

场景是用来尽量真实模拟用户操作的工作单元，场景设计源于用户真实操作，JMeter 场景主要通过线程组设置来完成。当然 JMeter 场景设计不仅仅是设置线程组，有些复杂场景还需要与逻辑控制器配合。

9.2.1 测试场景类型

（1）测试类型

与 HP LoadRunner 性能测试相似，JMeter 性能测试有基准测试、配置测试、负载测试、压力测试和稳定性测试等测试类型。

① 基准测试主要用来验证测试环境、验证脚本正确性、得到系统的性能基准，为后续的测试执行提供参考。基准测试通常采用单业务场景、低并发用户数的方式来执行测试脚本，如系统最大能够支持 200 用户并发，则可以使用 50~100 个用户并发来验证测试环境或测试数据的有效性。

② 配置测试可以帮助测试人员分析系统相关性能配置，确保系统配置适合于当前性能需求。配置测试可以选择混合业务场景，也可以选择单业务场景。测试过程是一个实验过程，先是找出不合理配置，然后进行修改，最后进行验证。

③ 负载测试的目的是帮助测试人员找出性能问题与风险，对系统进行定容定量，分析系统性能变化趋势，为系统优化、性能调整提供数据支撑。负载测试是并发性测试的主要内容，通过该类型测试可以确认系统的性能指标是否符合预期要求、系统的性能瓶颈及优化方法以及系统能够支持的最大并发用户数等。

④ 压力测试的目的是测试出系统的最大性能服务级别，即系统在崩溃前或某些资源被耗尽前的最大并发性能。

⑤ 稳定性测试的目的是验证在当前软硬件环境下，长时间运行一定并发负载，系统在满足性能指标的前提下运行是否稳定。稳定性测试通常采用混合业务场景，运行时间越长越好，能够发现隐藏较深的诸如内存泄漏的问题。在测试时间中，稳定性测试通常要运行 24 小时，甚至 7×24 小时。

（2）业务场景类型

在性能测试场景设计中，根据测试需要，可以选择单业务并发测试，也可以选择混合业务并发性测试。

① 单业务场景测试通常选择耗费资源较多的、用户使用较为频繁的业务来实施测试。单业务场景测试排除了其他业务的干扰，有利于分析性能问题。通常情况下，单业务场景测试花费时间较短，运行时间建议在 30 分钟左右。

② 混合业务场景测试通常选择用户使用较多的几条业务放在同一个场景中来实施测试。混合业务场景测试更贴近于用户实际使用习惯，是一个综合的性能评估。通常情况下，混合业务场景用于稳定性测试，花费时间较长，建设设置为 24 小时，或 3×24 小时，或 7×24 小时。

在测试实践中，如果既有单业务场景，又有混合业务场景，则建议测试人员先做单业务场景测试，再做混合业务场景测试。

9.2.2　单业务场景测试

在本案例中，分别选择线索创建和商机创建两个业务放到单业务场景中进行测试，先单独测试这两个业务的并发性能。单业务场景测试主要就是对 JMeter 的线程组进行设置。具体设置为：线程数，即并发用户数设置为 50；Ramp-Up 时间（秒），即启动时间设置为 500；循环次数，即线程运行的次数设置为 10，如图 9-25 所示。该设置的效果是：并发用户是 50 个，每 10 秒启动 1 个用户，每个并发用户迭代运行 10 次。

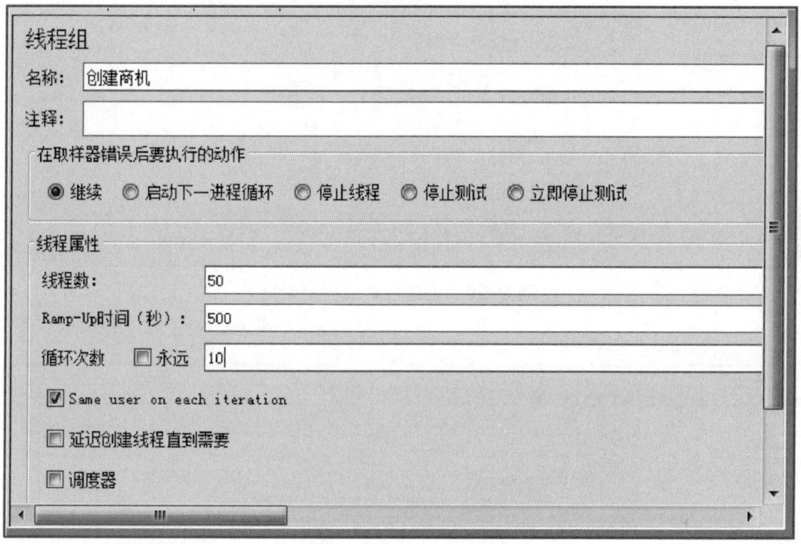

图 9-25　设置线程组属性

9.2.3　混合业务场景测试

混合业务场景是将多个线程组脚本添加到同一个测试计划下，各个线程组可以独立进行设置。在本案例中，将创建商机脚本和创建线索脚本添加到混合业务场景中，总的并发线程数为 50。其中，创建线索线程组并发线程数为 35，占总并发的 70%；创建商机线程组并发线程数为 15，占总并发的 30%，如表 9-2 所示。

表 9-2　混合业务场景

并发线程	线程数	占比
创建线索线程组	35	70%
创建商机线程组	15	30%
总线程数	50	100%

依据表 9-2 的要求，对创建线索线程组的并发情况进行设置，如图 9-26 所示。

依据表 9-2 的要求，对创建商机线程组的并发情况进行设置，如图 9-27 所示。

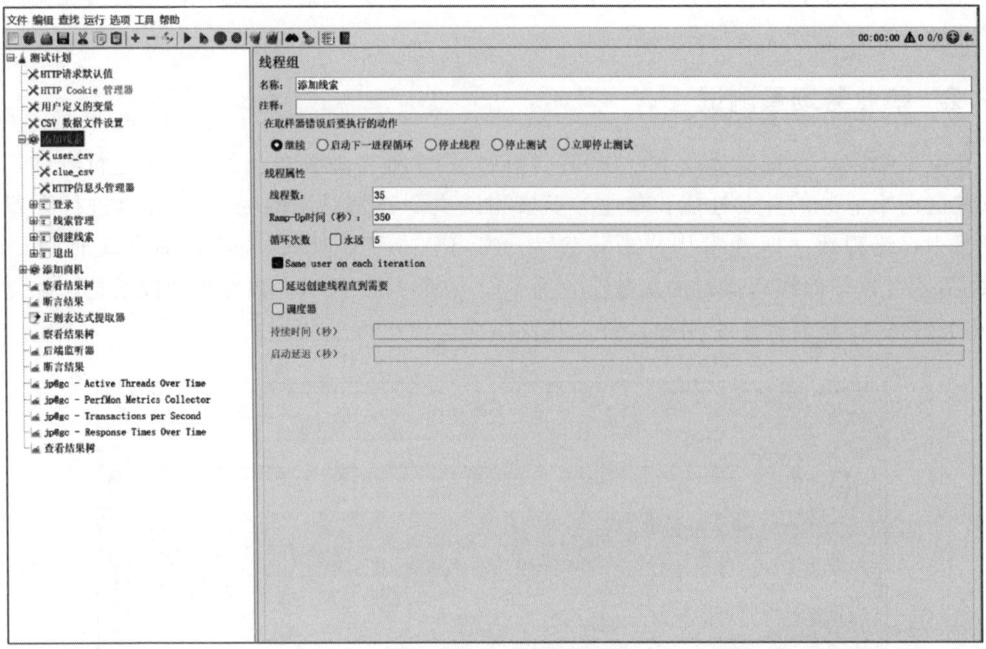

图 9-26　创建线索线程组设置

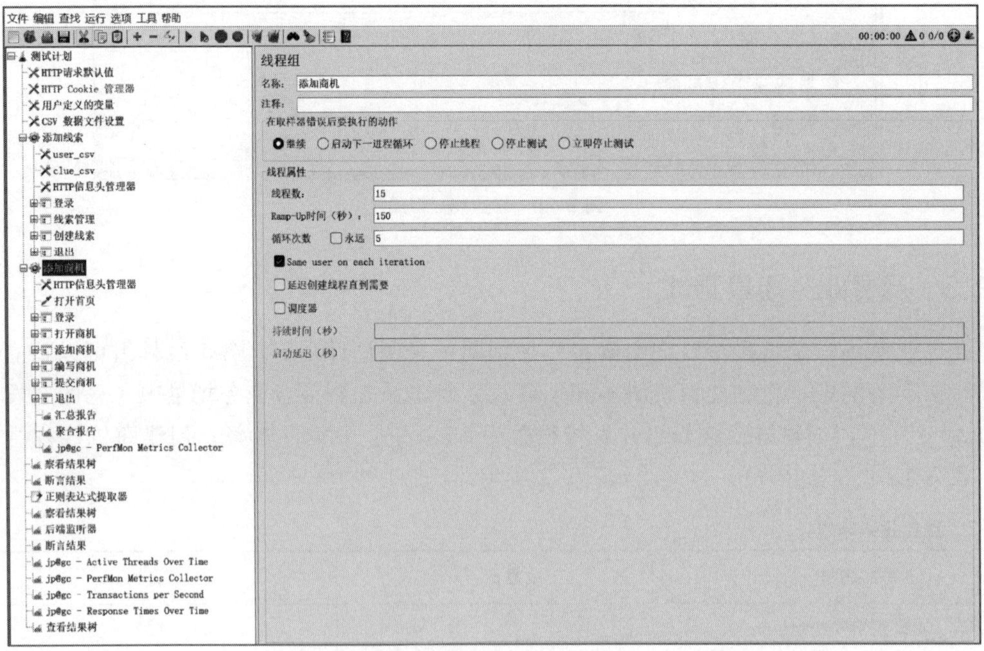

图 9-27　创建商机线程组设置

9.3　场景运行

JMeter 的场景运行方式分为两种，一种是 GUI 界面方式运行，另一种是命令窗口（Windows 的 DOS 命令窗口）运行。JMeter 的场景运行架构分为两种，一种是本地运行，另一种是远程运行。不管是 GUI 方式还是命令行方式都支持本地运行和远程运行。

9.3.1　GUI 运行

GUI 方式直观、可视化好，是最常用的运行方式，方便测试人员以图形化的形式查看脚本的运行状况，如测试结果、运行线程数等。

（1）本地运行

本地运行即只运行本地一台 JMeter 机器，所有的请求通过该机器发送。在 JMeter 的工具栏上，有专门控制运行启动/停止的按钮，如图 9-28 所示。其中，绿色三角是启动按钮，STOP 是停止按钮，扫帚图形是清除运行记录按钮。

JMeter 脚本开始运行时，通过右上角可以查看线程信息，如图 9-29 所示，0 代表没有线程异常，3/50 中的前一个 3 代表当前运行活跃的进程数为 3，后面 50 代表了总共运行了 50 个线程。灰色的圆框如果是绿色的，代表运行正确。

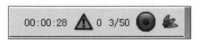

图 9-28　JMeter 启停按钮　　　　**图 9-29**　线程运行信息

（2）远程运行

远程运行是用一台 JMeter 控制机控制远程的多台负载机来产生负载。JMeter 控制机和远程负载机的通信是通过 RMI（Remote Method Invoke，远程方法调用）来完成的，在负载机上运行 Agent 程序（JMeter-server. bat），在控制机上单击"运行"｜"远程启动所有"来运行远程负载机。下面介绍配置负载机的详细步骤。

① 配置 JMeter. properties 文件，告诉 JMeter 控制机要连接的负载机。在"remote_hosts"关键字后面加上远程 JMeter 负载机的 IP 即可（推荐使用 IP 而非机器名），IP 之间用逗号隔开，如图 9-30 所示。

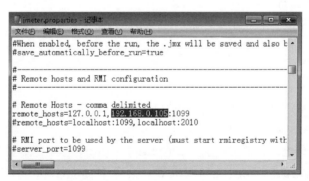

图 9-30　配置 JMeter. properties 文件

② 在负载机上部署 JMeter，确保 JMeter 的 bin 目录下存在 ApacheJMeter. jar 与 JMeter-server. bat 两个文件。启动负载机的 JMeter-server. bat 程序。

③ 在控制机上单击"运行"｜"远程启动所有"来运行远程负载机。负载机的 JMeter-server. bat 程序上会有负载机的使用记录，如图 9-31 所示。其中，Starting the test on host... 表示开始执行 Finished the test on host... 表示执行完成。

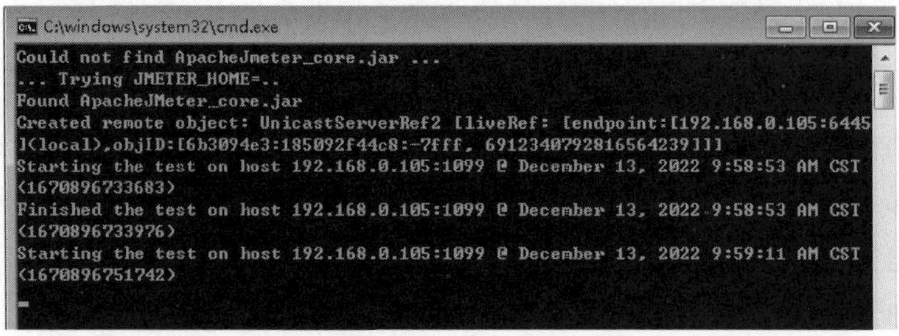

图 9-31 远程负载机的运行记录

9.3.2 非 GUI 运行

非 GUI 运行方式没有 JMeter 界面，通过 DOS 命令窗口运行场景。之所以用纯命令方式运行 JMeter，是因为 JMeter 可视化界面及监听器动态展示结果都比较消耗负载机资源，在大并发情况下 GUI 方式往往会导致负载机资源紧张，会对性能结果产生影响。这个影响不是指被测系统的性能受到影响，而是指负载机的性能受到影响，导致负载量上不去，比如命令模式 200 个线程可产生 200TPS 的负载，而 GUI 方式只产生 180TPS 的负载。所以推荐在进行性能测试的时候，使用命令方式来运行测试计划。

JMeter 非 GUI 运行的命令如下：

① java-jar %JMETER_HOME%\bin\ApacheJMeter.jar-n-t %JMETER_HOME%\script\CreateBus.jmx-r-l result.jtl。

② %JMETER_HOME%\bin\JMeter-n-t %JMETER_HOME%\script\CreateBus.jmx-r-l result，jtl。

上述两条命令都可以运行 JMeter 脚本，其中%JMETER_HOME%必须配 JMeter 的环境变量，%JMETER_HOME%\script\CreateBus.jmx 为 JMeter 脚本名及其存放路径。

JMeter 命令行工具部分参数说明如下：

-n：非 GUI 方式运行；

-t：指定运行的测试脚本地址与名称，可以是相对路径或绝对路径；

-h：查看帮助；

-v：查看版本；

-p：指定读取 JMeter 的属性文件；

-1：记录测试结果到文件，指定名称与路径，可以是相对路径或绝对路径；

-s：以服务器方式运行（远程方式）；

-r：开启远程负载机，远程负载机列表在 JMeter.properties 文件中指定；

-R：开启远程负载机，可以指定负载机 IP，会覆盖 JMeter.properties 中的设置；

-L：定义 JMeter 的日志级别，如 DEBUG、INFO、ERROR 等；

-H：设置代理 IP；

-P：设置代理端口；

-u：设置代理账号；

-a：设置代理账号密码；

-X：停止远程执行；

-J：定义 JMeter 属性，等同于在 JMeter. properties 中设置；

-G：定义 JMeter 全局属性，等同于在 Global. properties 中设置，线程间可相互共享。

9.4　测试结果查看

执行混合业务场景脚本之后，通过聚合报告查看相关指标，如图 9-32 所示。

Label	# 样本	平均值	中位数	90% 百...	95% 百...	99% 百...	最小值	最大值	异常 %	吞吐量	接收 K...	发送 K...
打开首页	2	98	74	123	123	123	74	123	0.00%	1.9/sec	49.83	1.06
/ciircr...	4	138	136	154	154	154	123	154	0.00%	52.9/hour	0.40	0.01
/ciircr...	4	169	167	177	177	177	159	177	0.00%	56.7/hour	0.43	0.01
/ciircr...	14	140	146	166	166	182	73	182	0.00%	19.8/min	9.04	0.38
商机 登录	2	463	461	465	465	465	461	465	0.00%	11.5/min	15.72	0.63
/ciircr...	2	138	128	148	148	148	128	148	0.00%	1.8/sec	49.25	2.04
/ciircr...	4	156	150	174	174	174	150	174	0.00%	7.3/min	3.35	0.14
打开商机	2	457	454	460	460	460	454	460	0.00%	11.5/min	15.73	0.66
/ciircr...	4	166	160	182	182	182	151	182	0.00%	11.9/min	5.46	0.27
添加商机	2	280	279	282	282	282	279	282	0.00%	16.5/min	15.08	0.63
/ciircr...	2	171	165	178	178	178	165	178	0.00%	1.8/sec	48.13	2.01
/ciircr...	2	163	154	172	172	172	154	172	0.00%	1.7/sec	47.87	2.05
编写商机	2	633	622	645	645	645	622	645	0.00%	8.8/min	16.09	0.68
/ciircr...	2	178	174	182	182	182	174	182	0.00%	1.8/sec	48.38	2.02
提交商机	2	669	657	682	682	682	657	682	0.00%	8.8/min	16.05	0.74
/ciircr...	4	114	92	146	146	146	85	146	0.00%	1.1/min	0.50	0.01
/ciircr...	8	119	139	159	165	165	54	165	0.00%	2.2/min	0.96	0.01
退出	4	333	228	465	465	465	212	465	0.00%	1.1/min	1.45	0.03
线索 登录	2	261	224	298	298	298	224	298	0.00%	22.5/min	20.20	0.17
/ciircr...	2	188	120	257	257	257	120	257	0.00%	1.6/sec	44.58	0.62
线索管理	2	358	293	424	424	424	293	424	0.00%	22.2/min	20.21	0.28
/ciircr...	4	162	159	172	172	172	159	172	0.00%	1.2/sec	32.94	0.68
/ciircr...	2	114	100	129	129	129	100	129	0.00%	1.8/sec	49.29	0.70
创建线索	2	439	419	460	460	460	419	460	0.00%	16.1/min	21.92	0.41
总体	80	213	160	460	465	657	54	682	0.00%	17.4/min	11.70	0.37

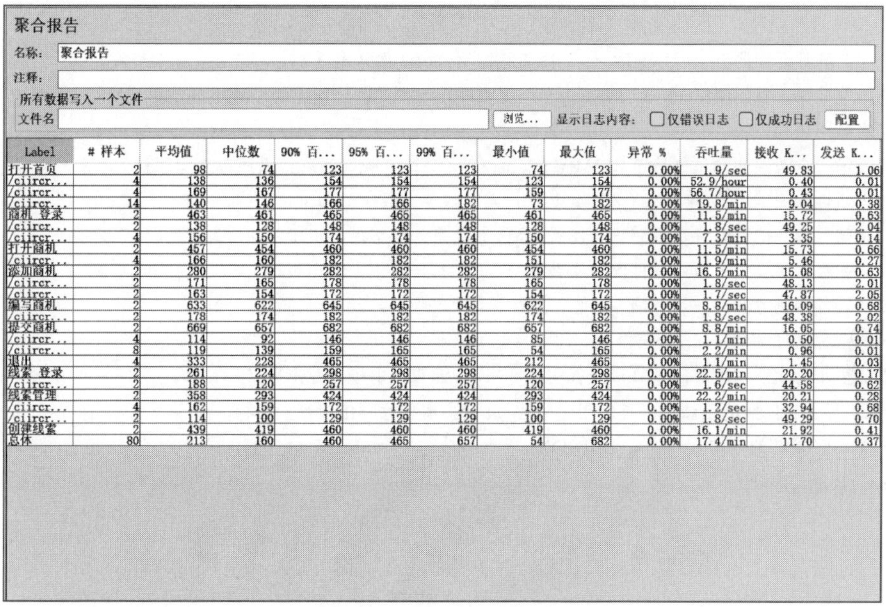

图 9-32　混合业务场景聚合报告

其中，针对具有写操作的线索添加事务出错率较高这种情况，需要进一步定位性能瓶颈。由于性能瓶颈分析在本书其他章节都有介绍，所以这里不再赘述。

9.5　本章小结

本章以 CRM 系统的创建商机业务和线索创建业务为例，讲述了 JMeter 脚本开发、场景设计与执行的过程。相比 HP LoadRunner，JMeter 的功能占资源较少，可以更加快捷地实现性能测试。

练习题

1. 根据具体的测试要求完成单业务场景以及混合业务场景设计。
2. 使用非 GUI 方法运行测试脚本。

参考文献

[1] 王靖，等．软件性能测试——LoadRunner 性能监控与分析实例详解［M］．北京：清华大学出版社，2022.

[2] 黄文高，等．深入性能测试——LoadRunner 性能测试、流程、监控、调优全程实战剖析［M］．第 2 版．北京：中国水利水电出版社，2022.

[3] 陈志勇，等．全栈性能测试修炼宝典 JMeter 实战［M］．第 2 版．北京：人民邮电出版社，2021.

[4] 胡通．大话性能测试 JMeter 实战［M］．北京：人民邮电出版社，2021.

[5] 张伟，王骋，等．信息软件系统测试与实践［M］．北京：清华大学出版社，2017.

[6] 周百顺，张伟，陈良臣．应用软件测试实践［M］．北京：清华大学出版社，2014.

[7] 蔡建平．软件测试方法与技术［M］．北京：清华大学出版社，2014.

[8] 朱少民．全程软件测试［M］．第 2 版．北京：电子工业出版社，2014.

[9] 蔡为东．步步为赢——软件测试管理全程实践［M］．北京：电子工业出版社，2009.

[10] 修佳鹏，等．软件性能测试及工具应用［M］．北京：清华大学出版社，2014.

[11] 基于 Flask 接口的 JMeter 测试［EB/OL］．［2021-3-17］．https：//blog.csdn.net/weixin _ 30074763/article/details/115882594.